注册建造师继续教育必修课教材

水利水电工程

（适用于一、二级）

注册建造师继续教育必修课教材编写委员会　编写

中国建筑工业出版社

图书在版编目（CIP）数据

水利水电工程/注册建造师继续教育必修课教材编写委员会编写．—北京：中国建筑工业出版社，2012.1
（注册建造师继续教育必修课教材）
ISBN 978-7-112-13855-5

Ⅰ.①水… Ⅱ.①注… Ⅲ.①建筑师-继续教育-教材②水利水电工程-继续教育-教材 Ⅳ.①TU②TV

中国版本图书馆CIP数据核字（2011）第254582号

本书为《注册建造师继续教育必修课教材》中的一本，是水利水电工程专业一、二级注册建造师参加继续教育学习的参考教材。全书共分6章内容，包括：水利水电工程项目管理；水利水电专业典型工程；水利水电工程质量与安全生产管理；建造师诚信体系与执业相关制度；水利水电工程法律法规与标准规范；水利水电工程工法与专题。本书可供水利水电工程专业一、二级注册建造师作为继续教育学习教材，也可供水利水电工程技术人员和管理人员参考使用。

责任编辑：刘　江　岳建光
责任设计：叶延春
责任校对：刘梦然　王雪竹

注册建造师继续教育必修课教材
水 利 水 电 工 程
（适用于一、二级）
注册建造师继续教育必修课教材编写委员会　编写

*

中国建筑工业出版社出版、发行（北京西郊百万庄）
各地新华书店、建筑书店经销
北京红光制版公司制版
北京富生印刷厂印刷

*

开本：787×1092毫米　1/16　印张：16　字数：396千字
2012年1月第一版　2013年5月第三次印刷
定价：39.00元
ISBN 978-7-112-13855-5
（21908）

如有印装质量问题，可寄本社退换
（邮政编码　100037）

版权所有　翻印必究

请读者识别、监督：
本书环衬用含有中国建筑工业出版社专用的水印防伪纸印制，封底贴有中国建筑工业出版社专用的防伪标、网上增值服务标；否则为盗版书，欢迎举报监督！举报电话：(010)58337026；传真：(010)58337026

注册建造师继续教育必修课教材

审 定 委 员 会

主　　　任：陈　重　吴慧娟
副　主　任：刘晓艳
委　　　员：（按姓氏笔画排序）
　　　　　　尤　完　孙永红　孙杰民　严盛虎
　　　　　　杨存成　沈美丽　陈建平　赵东晓
　　　　　　赵春山　高　天　郭青松　商丽萍

编 写 委 员 会

主　　　编：商丽萍
副　主　编：丁士昭　张鲁风　任　宏
委　　　员：（按姓氏笔画排序）
　　　　　　习成英　杜昌熹　李积平　李慧民
　　　　　　何孝贵　沈元勤　张跃群　周　钢
　　　　　　贺永年　高金华　唐　涛　焦永达
　　　　　　詹书林
办公室主任：商丽萍（兼）
办公室成员：张跃群　李　强　张祥彤

序

为进一步提高注册建造师职业素质，提高建设工程项目管理水平，保证工程质量安全，促进建设行业发展，根据《注册建造师管理规定》（建设部令第153号），住房和城乡建设部制定了《注册建造师继续教育管理暂行办法》（建市[2010]192号），按规定参加继续教育，是注册建造师应履行的义务，也是申请延续注册的必要条件。注册建造师应通过继续教育，掌握工程建设有关法律法规、标准规范，增强职业道德和诚信守法意识，熟悉工程建设项目管理新方法、新技术，总结工作中的经验教训，不断提高综合素质和执业能力。

按照《注册建造师继续教育管理暂行办法》的规定，本编委会组织全国具有较高理论水平和丰富实践经验的专家、学者，制定了《一级注册建造师继续教育必修课教学大纲》，并坚持"以提高综合素质和执业能力为基础，以工程实例内容为主导"的编写原则，编写了《注册建造师继续教育必修课教材》（以下简称《教材》），共11册，分别为《综合科目》、《建筑工程》、《公路工程》、《铁路工程》、《民航机场工程》、《港口与航道工程》、《水利水电工程》、《矿业工程》、《机电工程》、《市政公用工程》、《通信与广电工程》，本套教材作为全国一级注册建造师继续教育学习用书，以注册建造师的工作需求为出发点和立足点，结合工程实际情况，收录了大量工程实例。其中《综合科目》、《建筑工程》、《公路工程》、《水利水电工程》、《矿业工程》、《机电工程》、《市政公用工程》也同时适用于二级建造师继续教育，在培训中各省级住房和城乡建设主管部门可根据地方实际情况适当调整部分内容。

《教材》编撰者为大专院校、行政管理、行业协会和施工企业等方面管理专家和学者。在此，谨向他们表示衷心感谢。

在《教材》编写过程中，虽经反复推敲核证，仍难免有不妥甚至疏漏之处，恳请广大读者提出宝贵意见。

注册建造师继续教育必修课教材编写委员会
2011年12月

《水利水电工程》

编 写 小 组

指　　导：孙继昌　钱　敏　孙献忠

组　　长：唐　涛

副 组 长：郭唐义　成　银

编写人员：（按姓氏笔画排序）

马东亮　王韶华　冯志刚　成　银

伍宛生　江瑞勇　孙　勇　苏孝敏

李志军　杨　中　何建新　沈继华

张少华　张先员　赵永刚　赵东晓

赵殿信　骆　涛　袁建平　徐　桐

徐坚伟　郭成立　郭唐义　唐　涛

容　蓉　姬　宏　戚　波　韩　新

霍小力

前　言

本书根据《一级注册建造师继续教育必修课教学大纲（水利水电工程）》（以下简称继续教育大纲）编写。本书与一、二级注册建造师继续教育综合科目（包括经济、法规和项目管理）相配合，构成了一、二级注册建造师继续教育水利水电工程专业知识体系。本书分为六个部分：水利水电工程项目管理；水利水电专业典型工程；水利水电工程质量与安全生产管理；建造师诚信体系与执业相关制度；水利水电工程法律法规与标准规范；水利水电工程工法与专题，突出了水利水电工程建设与施工管理的专业特点和时代特点。

本书为一、二级注册建造师水利水电工程专业的继续教育指导用书，也可作为高等学校工科专业的教学参考用书和从事水利水电工程建设管理、勘测设计、施工、监理、咨询、质量监督、安全监督、行政监督等工作人员的参考用书。

在本书的编写过程中，得到了水利部建设与管理司、水利部淮河水利委员会、中水淮河规划设计研究有限公司、长江水利委员会人才资源开发中心、中水淮河安徽恒信工程咨询有限公司等单位给予的大力支持和帮助，在此一并致以衷心的感谢。

本书的编写参考了许多文献资料和一些企业的施工项目管理经验，在此对文献资料的作者和经验的创造者表示诚挚的感谢。由于水平有限，书中难免有不妥之处，恳请读者批评指正，以便再版时修改完善。

目 录

1 水利水电工程项目管理 ⋯ 1
- 1.1 水利水电工程前沿理论 ⋯ 1
- 1.2 水利水电工程实践探索 ⋯ 14
- 1.3 水利工程项目管理 ⋯ 32
- 1.4 水电工程项目管理 ⋯ 51
- 1.5 建设监理在水利水电工程建设中的作用 ⋯ 55
- 1.6 勘察设计在水利水电工程建设中的作用 ⋯ 63

2 水利水电专业典型工程 ⋯ 66
- 2.1 枢纽工程 ⋯ 66
- 2.2 引水调水工程 ⋯ 81
- 2.3 堤防工程 ⋯ 87
- 2.4 泵站、水闸工程 ⋯ 93

3 水利水电工程质量与安全生产管理 ⋯ 106
- 3.1 已建工程的质量与安全事故案例分析 ⋯ 106
- 3.2 在建工程的质量与安全事故案例分析 ⋯ 113

4 建造师诚信体系与执业相关制度 ⋯ 119
- 4.1 水利水电行业诚信体系建设 ⋯ 119
- 4.2 水利水电工程注册建造师执业相关制度 ⋯ 130

5 水利水电工程法律法规与标准规范 ⋯ 154
- 5.1 国家关于水利水电改革与发展的有关政策 ⋯ 154
- 5.2 国家关于水利水电工程建设领域突出问题专项治理工作的相关规定 ⋯ 163
- 5.3 国家和水利水电行业的有关应急预案 ⋯ 171
- 5.4 水利水电工程建设项目招标投标管理有关规定 ⋯ 178
- 5.5 水利水电工程安全管理的有关规定 ⋯ 184
- 5.6 水利水电工程施工质量管理有关规定 ⋯ 192
- 5.7 水利水电工程施工合同管理有关规定 ⋯ 202
- 5.8 工程技术标准体系 ⋯ 225
- 5.9 工程质量创优 ⋯ 237

6 水利水电工程工法与专题 ································· 242

6.1 施工工法 ·· 242
6.2 与工程建设相关的专题 ···························· 245

1 水利水电工程项目管理

1.1 水利水电工程前沿理论

1.1.1 国内外高坝施工发展概况

一般认为，当坝高超过 70m，即可称之为高坝。在 20 世纪 80 年代以前，中国大坝建设以数量多而突出，现在不仅数量上仍居首位，在坝高上也明显增长。根据中国水力发电工程学会统计资料，到 2005 年底，我国 30m 以上已建在建大坝共有 4860 座。按坝高分，坝高 300m 以上有 1 座，坝高 200～300m 有 8 座，坝高 150～200m 有 22 座，坝高 100～150m 有 99 座，坝高 60～100m 有 422 座，坝高 30～60m 有 4308 座。按坝型分，土石坝 2865 座，重力坝 545 座，堆石坝 391 座，拱坝 729 座，其他 330 座。随着国家西部大开发战略的逐步实施以及国家电力能源结构的调整，在我国西南地区掀起又一轮建坝热潮。如已建成的有龙羊峡拱坝（最大坝高 178m）、二滩拱坝（坝高 240m）；近期正在开发的有澜沧江小湾拱坝（坝高 292m）、水布垭面板堆石坝（坝高 233m）、龙滩碾压混凝土重力坝（坝高 216.5m）、金沙江溪洛渡拱坝（坝高 273m）、锦屏一级拱坝（坝高 305m），此外还有大渡河上游的双江口水电站，该工程坝高 322m，为世界最高土石坝，也是世界第一高坝，其坝高超过目前世界上最高的拱坝——格鲁吉亚的英古里拱坝（坝高 272m），且工程规模更大；设计中的白鹤滩（坝高 260m）工程采用拱坝方案。上述 200m 以上级工程许多参数超过了现有规范的范围，没有现成的经验可参考。建坝的类型包括土石坝、拱坝、碾压混凝土坝等坝型。

1.1.2 高坝建设中的前沿理论

坝愈高，大坝承受的水头愈高，相应库容愈大。对于高坝，随之带来的一系列问题更加复杂，如混凝土坝的应力、应变、坝体温控及防裂、库盘变位、坝肩及坝体稳定、基础处理、坝体及坝基渗流控制、绕坝渗流控制等问题；面板堆石坝的面板不均匀变形、堆石体不均匀沉降、堆石体稳定、坝前铺盖变形等问题；土石坝的坝体沉降、坝体稳定、防渗心墙或斜墙的防渗与变形等问题；特别是在地震烈度比较高的地区，更可能成为地震的诱发因素；库内水位提高，向上游淹没里程增加，有可能引发坝址以上的上游生态发生改变；由于筑坝引起水流流态发生改变，从而改变水流输沙状态，使得库内泥沙淤积增加从而减小库容；人为截断一条天然河流，造成上下游河流中的生物不发生回流，使得生态单样化；由于坝高体大，浇筑量巨大，分层较多，所以各填筑分层及分区之间的衔接也是一个重要问题；库内水位较高改变了原来河道中的高、陡边坡的受力条件，故库内高边坡的稳定也是一重大课题。这些问题与传统的较低的拦河坝相比，没有现成的经验可以借鉴，既是高坝的设计和施工中的前沿理论问题，也是目前水利工程高坝建设亟待解决的问题。

1. 土石坝

土石坝对地形、地质条件的要求与混凝土坝相比较低，但高土石坝由于坝体高、水头大，其基底压力也大。在土石坝的设计与施工中，维持坝体稳定的土石体或堆石体质量与控制渗流的心墙或斜墙及防渗面板质量是需要解决的主要课题。

设计及施工中可以运用三维有限元解决以下问题，如大坝应力及变形分析；研究坝体及覆盖层地基在施工期、蓄水期的应力变形特性，尤其是心墙或面板的应力应变规律；进行材料计算参数对应力、变形等的影响的敏感性分析；研究水力劈裂发生的可能性、影响水力劈裂发生的因素及相应规律等；填筑土石料的力学特性，大坝坝坡稳定及坝体应力变形分析，心墙底部混凝土垫层的抗裂性能；水力劈裂分析；渗流分析等。对于面板坝也可以进行三维有限元应力变形分析、堆石体的流变对面板受力变形的影响、面板坝应力变形分析等。通过采取上述分析手段，可以使得土石坝施工过程中填筑更加合理、防渗墙及防渗面板设计更加合理。高土石坝的设计与施工中除了传统理论方法外，还有以下一些较新的理论方法：

(1) 材料选用

运用三维有限元计算大坝的应力、变形、坝体沉降、渗流等。根据计算结果合理设计坝体各部位的填筑料及填筑方式、施工程序。对于高面板坝而言，筑坝材料的选用与变形控制至关重要。为控制大坝变形，可以在设计中对主次堆石区分界线进行敏感性分析。深入研究堆石体特性，适当提高填筑密实度。从止水材料和结构方面考虑，为尽量减小坝体变形，使周边缝位移控制在已建工程的原型观测值范围内，则堆石料应具有低压缩性、高抗剪强度和良好的透水性。

(2) 渗流及变形控制

运用三维有限元计算土石坝的心墙或斜墙或面板的渗流及变形，根据计算结果确定心墙或斜墙或面板的填筑材料及施工工序。混凝土面板是面板坝防渗的主体结构，对其进行三维有限元分析，全面了解面板的受力特点、工作性状和变形规律，可以为高堆石坝的面板结构、混凝土性能、配合比设计以及施工工艺等方面都提出相应参数。为减轻坝体不均匀沉陷对面板应力应变的影响，设计上对坝体材料，特别是主堆石料、过渡料和垫层料，要严格控制材料质量、级配、密度等，从而控制坝基近趾板范围的变化梯度，避免陡变。为减轻垫层对面板的约束，垫层上游保护可采用喷乳化沥青，以改善面板基础约束状态。根据三维计算分析面板应力应变规律，结合已建工程经验，为抵抗基础不均匀沉陷对面板的影响，在下部近趾板区采用双层双向配筋，以增强混凝土面板的抗裂性能。对于土坝的防渗心墙和斜墙而言，要重视其填筑密实度，尤其是在三维有限元渗流分析中，要注意其渗流临界值，禁止出现渗流通道，以达到好的防渗效果。

(3) 裂缝控制

面板结构裂缝按其出现的位置可以分为：①周边缝附近平行趾板的弯曲性裂缝，在不同高度的坝都曾出现，主要原因是由于堆石薄、地基不平整、堆石厚度变化大引起的；②中央顶部弯曲性水平裂缝，主要出现在高坝，通常离坝顶（0.15~0.20）H，发生的原因是堆石徐变产生面板的脱空趋势；③中央顶部拉伸性水平裂缝，离坝顶（0.25~0.30）H，由上、下游堆石的沉降差引起。为防止趾板附近面板结构性裂缝出现，可以通过控制基础面不平整度和堆石厚度变化及采用反铲液压振动板施工等措施。防止中央面板顶部水平弯曲性结构裂缝的主要措施有：采用较高碾压参数，合理规划面板浇筑工期。防止中央面板顶部水平拉伸性结构裂缝的主要措施有：选择坝轴线时要避开下降基础地形，加大主堆石区宽度，减小主、次堆石的压缩模量差，合理规划终期蓄水日期。

（4）集中渗漏控制

高坝面板容易发生集中渗漏，垫层料要起限漏的第二条防线作用。其级配要对粉细沙及河道悬移质等起反滤作用，必须是连续的、内部渗透稳定的。垫层料的最大含砂量及最大粒径的选择要符合防止施工时分离的要求，细粒的含量及其塑性要符合防止垫层料开裂的要求。

（5）过渡料选用

过渡料要起竖向排水作用，不要让渗漏水进入其下游的堆石，并对其起软化作用。过渡料不宜用含有小于5mm的颗粒，最大粒径可以为层厚。在施工程序上，要先填过渡料，再填垫层料，在过渡料的上游界面清除超径石后才允许在其上游填筑垫层料。超径石粒径可规定为10～20cm，具体视过渡料的实际级配而定。

（6）观测设计

为适时了解堆石坝顶部的徐变及不均匀沉降产生的堆石体顶部向下游弯曲，应加强观测设施设计。坝顶部沉降及水平位移仪观测线的垂直间距适当加密，防浪墙基础堆石体在接近防浪墙建基面处可增加一条沉降及水平位移观测线。

2. 拱坝

新中国成立以来修建了大量拱坝，按规范进行设计、施工的拱坝都能安全运行，说明我国已掌握一般拱坝的技术。20世纪80年代开始，已修建240m高的二滩拱坝，并正在向300m级的高拱坝攻关。国际上有些坝工技术人员认为，超过200m的拱坝和百米左右的拱坝有本质的不同。200m以上的高拱坝与较低的拱坝的本质区别在于：低拱坝总体应力水平较低，特别是压应力的安全储备较大；高拱坝总体应力水平高，压应力的储备较小。一旦拱坝产生局部开裂，应力重分布，低拱坝的调整余地较大，因此，整个坝体仍是安全的；而对于高拱坝，就很可能造成应力普遍超限，从而导致坝体的破坏。另外，高拱坝在温度应力、地震作用以及泄洪消能方面都有高拱坝的特殊问题，如果解决不好，都会造成致命的破坏。目前，主要理论和方法有：

（1）减小拉应力

拱坝设计中最使人担心的是过分集中的拉应力，尤其在临水面。因为混凝土的抗拉强度不仅低而且不稳定、变化大。但拉应力是避免不了的，特别在几何体型不连续处，拉应力有较大的集中，采取周边缝方案，把坝和基础切开，可消除奇点和拉应力。留缝后消除了缝面上的拉应力，但是人为地削弱了拱坝的整体性和刚度，降低了拱坝的超静定度和应力调整的潜力。周边缝是坝体结构体系中强度最低的部位，抗拉强度接近于零，抗剪强度也被极大地削弱了，只能承受与缝面正交或接近正交的力。如果这种反力分布不能与外载平衡，坝体就要失稳，或者虽能平衡但安全度会降得很低。因此，不能简单地肯定或否定周边缝，尤其对于高拱坝，应进行具体分析，才能得出妥当的结论。可以采取"中间路线"的做法，即采用局部的人工缝，既消除了拉应力，又不太削弱拱坝的整体性。

（2）拱坝优化

拱坝优化是在满足某些约束条件下使某一目标函数取极值。对于拱坝来讲，所谓约束条件主要是保证坝的安全，而目标函数则是坝的体积最小或造价最低。因此，拱坝优化的基本思路就是在保证坝体安全的条件下使坝的体积（或造价）取极小值。在进行高拱坝设计时，对其优化问题宜进行更多的思考。首先，约束条件与目标函数的表述有本质上的区别，这两类要求是两套系统，前者是模糊的（如将拱坝上允许出现的最大拉应力减小或增大 0.1MPa，究竟对坝体安全度起多大的影响是说不清的）；后者（体积或造价）则有十分明确的概念以及确定值。其次，在目标函数取极值点的附近区域，"坡度"是平缓的，即偏离理论最优点一定距离，对目标函数的影响不大，对整个工程来讲，甚至是无足轻重的。近来，不少专家倾向于把拱坝优化的问题倒过来提，即在混凝土量不超过某一限制的条件下，使坝体具有最高的安全度（这里的混凝土量的限值可以经过初步的常规优化来拟定）。这一思路容易为高拱坝的设计者以及业主单位所接受，但这种优化的难度比常规优化更高，原因就在于坝体的"安全度"以什么函数来表示，是单纯的最大应力，还是综合的可靠度指标，还是另外的什么特征。对于不同体形和地质、地形条件的拱坝，其破坏机理是不同的，如何选择合理的安全指标，是一个需要进行深入研究的课题。

拱坝属于高次超静定的整体性空间壳体结构，只要地形、地质等条件有利，就能充分发挥拱坝混凝土材料的强度，减小坝体厚度，节省工程量。所以，从经济上，拱坝是一种很优越的坝型。拱坝的体形是决定拱坝稳定和安全的主要因素之一，相同的坝体方量，不同的拱坝体形，拱坝的安全度差异可能会很大。由于拱坝（特别是双曲拱坝）的空间结构体形很复杂，确定其体形的参数很多，加之影响拱坝体形的因素很多，所以传统的经验性的设计方法很难兼顾安全性与经济性的要求。正是基于上述原因，拱坝（特别是高拱坝）体形的优化设计具有重要的现实意义，拱坝体形的几何模型由坝轴线位置与形状、拱冠梁剖面形状和水平拱圈形状三部分组成。水平拱圈形状的类型有：单心圆拱、双心圆拱、多心圆拱、抛物线拱、椭圆拱、双曲线拱、对数螺旋线拱及混合线型拱等。这些拱圈形状都可以用统一的二次曲线来表示，二次曲线方程中参数的不同取值，对应着上述某种特定类型的拱圈形状。拱坝体形优化时将以拱坝几何模型中的这些参数为自变量进行优化。与一般优化问题一样，拱坝体形优化的数学模型包括目标函数和约束条件两大部分。

拱坝体形优化的目标函数根据不同的需要有以下 3 种类型：经济型（最经济，即坝体方量或工程造价最小）、安全型（最安全，即在一定坝体方量的限制下安全度最大）、兼顾经济与安全型（即多目标规划，通过加权可化为单目标规划）。针对最常用的经济型目标函数，约束条件有几何约束条件、应力约束条件和稳定约束条件。其中几何约束条件包括：坝轴线位置的限制、坝顶最小宽度及坝底最大宽度的限制、坝面倒悬度的限制、坝面保凸要求、坝顶或坝中溢流时冲坑与下游坝趾的距离要求等；应力约束条件是指坝体和坝基中拉应力与压应力的限制；稳定约束条件包括坝肩岩体抗滑稳定要求、拱座推力角和拱圈中心角的限制等。优化求解前，要对这些约束条件进行筛选及标准化处理。针对拱坝体形优化的数学模型（非线性规划问题），可采用的优化求解方法有 3 种：序列线性规划法（SLP）、罚函数法、序列二次规划法（SQP）。统计资料表明，拱坝采用优化设计方法可比传统设计方法节省坝体混凝土方量 5%～30%。

总之，在高拱坝建设上，安全与造价两者之间相比，安全更为重要。

（3）拱坝的动力分析

我国许多高拱坝都修建在强震区，地震作用及抗震设计成为高拱坝研究的重要问题。大坝动力分析的发展，大体上经历三个阶段：第一阶段是把地震活动对坝体的影响简单转化为静力表示，按静力分析来进行设计（拟静力法）；第二阶段以动力分析作为设计计算手段，在频域上或时域上作分析，但所考虑的条件比较简单；第三阶段是在动力分析中考虑更多的耦合影响、非线性影响、地基的无限大影响和地震动参数的合理输入问题等。

目前拱坝的抗震安全评价仍以稳定安全系数和限制应力不超过容许应力来表示。在抗震设防标准方面，有单级设防与两级设防两大类。由于高拱坝在强震作用下动力反应的特殊性，高拱坝抗震分析具有以下特点：高应力水平引起非线性，叠加原理不再适用，需研究静动作用组合分析方法；需考虑高应力水平引起伸缩横缝张开与闭合；需考虑坝址地基实际状况及地基辐射阻尼的影响、坝基各点地震动的差异及厚淤沙层对坝面动水压力的影响；坝肩岩体抗震稳定分析尤为重要；需研究基于随机理论的抗震可靠度分析。关于静动作用组合分析方法，一般将静力作用视为特殊的动力作用。先将静力作用作为突加的阶跃函数，在考虑近域地基边界约束的条件下通过阻尼效应求得其稳定状态后，再施加动力作用进行求解。关于伸缩横缝张开与闭合的模拟，三维平面接触单元模型采用非线性的动态子结构法进行求解，该法以缝面两边结点的相对位移量和假定的法向接触刚度来确定接触力。为克服三维平面接触单元模型的缺点，分别考虑动、静摩擦的动力接触单元模型。关于地基辐射阻尼的影响，以往采用偏于安全的无质量地基法。人工透射边界理论，采用二阶透射公式，将总场分解为自由场和外行散射场进行求解。有限元（坝体）边界元（近域地基）无限边界元（远域地基）耦合方法进行分析，以反映地基的影响。一般来说，拱坝坝顶的动力放大系数为5～7倍。由于地震荷载的随机性很大，开展此项研究具有很高的理论与实用价值。

高拱坝的抗震工程措施研究目前仍处于起步阶段。拱坝工程中已采用的抗震工程措施包括：在拱坝横缝中安装被动能量耗散装置（包括黏弹性阻尼装置、软钢阻尼装置等）来代替抗震钢筋；分析混凝土（包括碾压混凝土）材料三轴动力特性；采用多级设防标准；分析局部开裂后拱坝抗震安全；开发符合高拱坝强震反应一切主要特性的非线性仿真动力分析软件；将结构控制技术应用于高拱坝的抗震分析。

（4）拱坝的"上滑失稳"

所谓拱坝的"上滑失稳"即拱坝沿建基面滑动失稳是可能的，在水压作用下整个拱坝向下游并沿着岸坡上爬。建基面是拱坝结构系统中的一个薄弱面，沿薄弱面应进行稳定核算。由于拱坝是个空间整体结构，要核算其沿建基面失稳的安全度非常复杂。对于河谷较宽、曲率半径较大、岸坡较平缓、建基面上的抗剪强度特低或有平行于建基面的连续断裂，以及建基面平滑顺直的拱坝，应对拱坝沿建基面失稳问题进行深入的研究，必须弄清这种失稳的机理和发展过程。拱坝受载后，在建基面上各点都产生了剪应力，如荷载不断增加（或强度不断降低），有一些点进入屈服状态，造成应力重分布。这些屈服区逐渐发展，连成片，坝体应力分布及工作条件不断恶化，最终导致失稳。失稳时，坝体也将被撕裂成块，不可能是"整体滑动"。所以，"滑动核算"和"应力核算"是分不开的。要真正弄清问题，只能通过仿真的有限元非线性分析，一步步追踪在荷载增大过程中坝体的反应过程，直到坝体破坏。这也是对拱坝最终承载力的研究。条件不同的拱坝其破坏机理和发展过程也不一致。有的从坝体断裂开始，发展为全面破坏；有的从坝肩基岩大变形开始导致破坏；也有的可能从建基面上屈服开始发展成坝体应力的恶化而破坏。应针对不同情况，用不同的方法分别研究它们的破坏机理和破坏轨迹。

(5) 拱坝的模型试验

用结构模型试验来指导拱坝设计，是常用的有效方法。早期，国外有些拱坝主要依靠模型试验来设计，现在虽然设计和计算技术发展了，但对一些重要工程仍常用模型试验来验证，而且给人以拱坝变形和破坏机理的直观印象。

高拱坝的模型试验中，要使得成果能反映真实情况，就必须考虑各种非线性影响，而这一点是很难实现的。如果拱坝较低，坝体和地基内的应力水平也很低，基本上在弹性范围内，试验就比较方便。但对于高拱坝，非线性的影响就更为重要，要找到完全符合相似率的模型试验材料是相当困难的，这也是阻碍结构模型试验向前发展的最大障碍。另外，对破坏试验的一些做法，很多专家也提出了异议，因为水压荷载根本不可能无限提高，材料强度也不可能无限降低，因此这样的超载试验能否给出定性的结论是值得怀疑的。今后除应继续提高模型试验技术外，利用计算机仿真计算，从可靠度的概念出发，去追踪坝体和地基的破坏轨迹，可能更能说明问题。

(6) 仿真分析与应力控制标准

近年来，施工过程的高拱坝仿真应力分析与研究愈来愈受到各国学者的重视。由于混凝土拱坝是分块分层浇筑的，且施工期较长（数年之久），所以要进行较精确的仿真应力（特别是温度应力）分析，一般需要划分许多单元，计算许多时段。有时由此而引起的计算规模会达到令人无法接受的程度，更没有可能在个人计算机上进行计算，从而也达不到实用的目的。在满足一定精度要求的前提下，出现了许多减小计算规模的高坝仿真应力分析方法，如仿真并层算法（或浮动网格法）、分区异步长算法、排水孔与冷却水管的等效算法等。并层算法（或浮动网格法）主要是针对温度应力仿真分析应运而生的。由于上部刚浇筑的混凝土层内温度梯度较大，且热学与力学性能指标的变化也大。而下部混凝土随着龄期的增长，性能指标的变化越来越小，温度梯度相对稳定，所以在某一计算时刻，通常将浇筑坝块由上部到下部划分为 4 个区域，即密集单元区域、单层单元区域、复合并层单元区域和均质并层单元区域。在密集单元区域内，将每个浇筑层（30～50cm 厚）划分为 3～5 层单元；在单层单元区域内，将每个浇筑层划分为 1 层单元；在复合并层单元区域内，将性能指标较接近的数个浇筑层并为 1 层划分单元；在均质并层单元区域内，将超过一定龄期的最下部浇筑层视为均质，按大网格剖分单元。随着计算时段的迭代，每个浇筑层都要经过密集单元、单层单元、复合并层单元和均质并层单元这 4 个区域（故也称浮动网格法），区域之间的划分和过渡主要是依据混凝土的性能指标与龄期的关系曲线而确定的。

控制拱坝设计主拉应力和设计主压应力分别在混凝土可用抗拉强度和可用抗压强度范围内的方法。在设计主应力中，以计算主应力为基础，按拉、压分别考虑了计算方法和程序软件修正系数、荷载修正系数、建筑物重要性系数、超载系数、荷载和计算仿真修正系数以及结构系数。在可用强度中，以试件的抗拉（压）强度为基础，按拉、压分别考虑了试件形状、尺度、湿筛影响修正系数、混凝土龄期修正系数以及持载时间效应系数。这样，可初步解决这些问题。此外，将有限元法应用于拱坝设计的研究结合仿真应力分析方法，提出更接近客观实际的高拱坝应力控制标准。

(7) 破损机理与安全度分析

总结已发生的拱坝失事及破坏实例，可将拱坝破损机理划分为以下几种典型的类型：

1) 坝基（肩）失稳

以法国 Malpasset 拱坝失事为代表。关于该坝的失事原因与破坏机理，有多种理论，而且至今仍为坝工界所争论。但是与大坝破坏痕迹相符且为大多数专家学者所公认的破坏机理如下：左岸坝踵开裂→渗流进入坝基→滑动楔形体受向下游的压力作用→断层区渗透系数降低为原来的1‰（阻水）→滑动楔形体受很高的静水扬压力→滑动楔形体局部失稳→左岸重力墩向下滑移→大坝沿右岸扭转弯曲→溃坝。由此可以看出，坝基坝肩稳定是拱坝成立的前提。此坝的破坏机理也说明了进行坝区动态的渗流场与应力场耦合研究的重要性。

2) 库岸滑坡

以意大利 Vajont 拱坝库岸大滑坡为代表。分析得出的此库岸大滑坡的破坏机理为：左岸倾向河床的岩层层面与卸荷裂隙、断层及古滑坡面组成一个大范围的不稳定岩体，层面上的黏土夹层和软弱岩层是主要诱因；蓄水后由于岩溶发育，与断层、裂隙相连形成地下水补给集中区，使滑坡体扬压力和下滑力增大，而抗滑力减小。水位升高至710m后又骤降至700m，内水外渗，形成向水库的渗透力；且连续降雨十几天，滑坡体完全饱和，从而触发大滑坡。此例也表明了库区治理工程在大坝工程中的重要性。

3) 坝体开裂

以奥地利 Kolnbrein 拱坝的开裂破坏为代表。该坝开裂的破坏机理为：坝体过薄（在200m拱坝中柔度系数最大），在水压力作用下，上游坝踵附近形成较大的拉应力，并超过混凝土抗拉强度而产生受拉裂缝，渗流进入后又使裂缝进一步扩展。

4) 强震开裂

以美国 Pacoima 拱坝开裂破坏为代表。该坝的开裂主要是因为在强震（已接近该地区最大允许地震）作用下，坝体与重力墩之间的垂直接缝（类似于横缝）严重开裂；修复后，在1994年强震中该处再次开裂。

5) 上滑（浮）失稳

以我国福建梅花拱坝溃决失事为代表。该坝溃决的破坏机理为：设周边缝后降低了拱坝的整体性，且周边缝面涂沥青大大降低了抗滑能力，溢流时在高水头作用下坝体沿周边缝上滑（浮），从而引起溃坝。

6) 安全度分析

Malpasset 拱坝的失事和奥地利 Kolnbrein 拱坝的开裂破坏引起对拱坝整体安全度评价的研究。瑞士著名坝工专家 Lombardi 最早提出拱坝柔度系数 C 的概念：

$$C = A/(VH)$$

式中 A——拱坝中剖面（拱冠梁断面）面积；

V——拱坝体积；

H——最大坝高。

Lombardi 认为对相同的坝高，C 越小，坝越安全。

为了反映坝高的影响，中国专家朱伯芳提出拱坝应力水平系数 $D(D = CH)$ 的概念，认为 D 越小，坝越安全，并由奥地利 Kolnbrein 拱坝提出应力水平系数 $D = 3500$ 为破坏的临界点。

实际上，这些指标只能大体上作为拱坝能否安全运行的经验判据，是从几何尺寸角度衡量拱坝安全度的，只能作为拱坝设计时体形优化参数，不能反映拱坝运行时的应力、变形及稳定性，只能衡量拱坝坝身的安全，不能判断拱坝坝肩岩体和拱坝沿建基面的稳定性。

3. 碾压混凝土坝

20世纪60年代，世界各国开始碾压混凝土的试验研究，碾压混凝土筑坝技术是世界筑坝史的一次重大突破。1981年，日本建成世界第一座碾压混凝土坝——岛地川（高89m）。虽然只有20多年的历史，但碾压混凝土坝的发展极其迅猛，截至1999年底，世界上30个国家已建和在建的坝高为15m以上碾压混凝土坝已有220余座。我国从20世纪80年代初开始探索，从1986年建成第一座碾压混凝土重力坝，至2002年底已建成碾压混凝土坝45座，其中拱坝7座，重力坝38座，100m以上有11座。在建碾压混凝土坝15座，其中拱坝3座，重力坝12座，我国的龙滩水电站碾压混凝土重力坝是目前世界上最高的碾压混凝土坝，坝高216.5m。经过近20多年的研究与实践，我国碾压混凝土筑坝技术已达到世界先进水平，在有些领域已达世界领先水平。解决200m以上级高碾压混凝土重力坝和100m以上高碾压混凝土拱坝关键技术是未来的发展方向。大仓面碾压混凝土斜层推铺筑法、高温和多雨条件下的碾压混凝土施工措施、碾压混凝土拱坝接缝重复灌浆技术、碾压混凝土拱坝埋管降温技术、高碾压混凝土重力坝设计方法、高碾压混凝土重力坝渗流分析和防渗结构、碾压混凝土材料性能和耐久性、高碾压混凝土拱坝分缝及建坝材料特性、碾压混凝土拌合设备研制、高碾压混凝土拱坝快速施工、碾压混凝土高拱坝现场快速质量检测技术研究以及碾压混凝土高拱坝原型观测等技术已有长足的进展。

(1) 施工方面的计算理论

采用系统分析理论与算法，提出碾压混凝土高拱坝施工过程仿真程序，将数字模拟技术运用于施工规划与控制。采用深度缓冲区消隐技术，开发了碾压混凝土拱坝施工过程二维仿真模拟图形，实现坝体施工过程的二维动画。采用模糊网络计划理论，分析碾压混凝土高重力坝的发电工期和总工期的可行性、关键工序和线路，实现科学的施工组织管理。

碾压混凝土施工层面处理和坝体快速施工技术方面，可采用节理强度模型分析碾压混凝土的层面胶结机理，进而提出具体影响因素。采用模糊网络计划理论分析大坝发电工期和建设总工期；采用计算机仿真技术，开发大坝碾压混凝土浇筑施工计算、系统仿真程序，完成了摊铺机整机方案和工作装置设计；编制高碾压混凝土坝施工过程随机模拟模型和计算程序。

(2) 机具和施工工艺

通过龙滩、沙牌、普定等碾压混凝土坝的设计与施工的实践与研究，在施工机具及施工工艺上都有较大的创新，如深槽高速皮带机的使用，实现了高速、大槽角的碾压混凝土输送；改装的移动式塔式布料机，以塔式起重机为基础机，加设内、外旋转皮带机组成五连杆机构，利用塔式起重机的起重、回转、大小车移动功能完成皮带机在水平、垂直方向的布料，设备实用、造价低。改进负压溜槽下料控制装置，有利负压形成，使碾压混凝土在下滑过程中形成相对密实的料仓，实现定量给料。研究开发百米级真空溜槽履带、全封闭的自动弧门及自动控制进料系统，解决了V形河谷建高碾压混凝土坝施工难题。开发了具有中国特色的碾压混凝土筑坝工艺，该工艺具有设备投资小、施工简单、速度快等特点，施工中，在碾压混凝土坝下部采用自卸汽车直接入仓，中部采用汽车加真空溜竹加汽车入仓，上部采用汽车加缆机入仓。碾压混凝土斜层施工工艺。200m^3/h 双卧轴连续强制式碾压混凝土搅拌系统，搅拌机结构型式为双卧轴连续强制式。整个搅拌设备呈一字形三阶式布置，即配料、搅拌、出料各为一阶，它们通过进、出料皮带联结成一个整体，采用工业 PC 机系统＋PLC 控制台组成全自动控制系统。系统能按要求生产不同强度等级的二级配、三级配碾压混凝土，也能生产常态混凝土，生产能力为 100～200m^3/h。

高温与多雨环境条件下碾压混凝土坝施工技术方面，以上几个工程通过室内试验并结合现场测试，系统研究了环境变化及多雨天气对碾压混凝土连续施工的影响，建立了上述条件下碾压混凝土施工质量评价指标体系和控制标准。定量地提出高温（包括太阳辐射）、湿度、风速等对碾压混凝土连续施工的影响，明确了环境因素与允许间隔时间的定量关系。通过试验研究比较了不同高效缓凝减水剂的效果，明确了不同降雨强度与碾压混凝土 VC 值、压实表观密度及其影响范围的关系。在碾压混凝土坝施工现场，采用斜层平推法进行碾压混凝土铺筑，缩短了层间间歇时间，提高了施工覆盖速度和层间结合质量。

（3）施工速度

编制碾压混凝土高拱坝施工计算机模拟程序，可合理地选择施工方案。使用真空溜管管带，采用超磨软橡胶带，将负压溜槽系统的关键部位下料控制装置改成全封闭的自动弧门，可解决弧门漏浆、漏气及维修困难、易磨损等问题。优化上、下游模板设计，确保了碾压混凝土连续施工；根据具体工程需要，合理选用水泥、粉煤灰净浆配合比与最佳净浆掺量；制定改性混凝土施工的作业指导书。碾压混凝土高重力坝施工中使用斜层铺筑法的原理和工艺，可在高气温和多雨环境条件下连续施工。

（4）碾压混凝土高坝的温控

在碾压混凝土重力坝温度应力分析和防裂措施方面，根据碾压混凝土高重力坝的温度应力和温控特点，可分析某些通仓浇筑坝体产生劈头裂缝的原因，以及横缝间距、止水设置和上游面保温板对防止劈头裂缝的效果。采用三维有限元浮动网格法和非稳定温度场分区异步解法相结合的方法，使繁杂庞大的温控计算得以在计算机上进行，大大提高了计算效率，可仿真高碾压混凝土重力坝施工期和运行期坝体温度场和徐变应力场的分布规律，以及随时间的变化规律等。

要满足碾压混凝土拱坝坝高、工程量大及全年连续施工的要求，除在坝体结构上合理分缝外，还要在高温季节浇筑的、温度拉应力超过规定的坝体部位，埋设高强度聚乙烯冷却水管，利用当地河水温度较低的有利条件，通水降低混凝土的最高温升。

（5）碾压混凝土高拱坝的分缝

在收集和分析国内外碾压混凝土拱坝结构分缝的设计和施工实践经验的基础上，结合各具体工程的施工进度、材料特性等条件，优化碾压混凝土拱坝的结构分缝方案。一次应用预制混凝土重力式模板结构形式的成缝新技术，以及在诱导缝靠近坝面处增设边缘切口的构造措施，有利于发挥碾压混凝土快速施工的优势和降低诱导缝的缝面强度。使用预埋高强度聚乙烯冷却水管的技术，可解决高温季节碾压混凝土高拱坝施工温度应力过大的难题。为合理解决碾压混凝土拱坝的分缝问题，建立了以断裂力学为基础的诱导缝强度模型，提出了诱导缝开裂分析的理论依据和开裂的判别式，深化了诱导缝设置的理论。分析碾压混凝土的本构关系破坏准则及仿真温度场和应力场的计算理论和方法，结合考虑温度对混凝土材料性能的影响和施工进度及水库水温等边界条件，编制和完善了碾压混凝土带缝拱坝全过程（包括施工期和运行期）三维非线性的仿真分析程序，合理温控设计，以达到减少温度裂缝的目的。采用了光纤传感量测技术，开展了整体模型和混凝土仿真模型试验，结合数值分析计算，对混凝土高拱坝坝体的结构形态、承载能力和开裂破坏机制进行了研究，认为抗裂参数可作为评价碾压混凝土抗裂能力的指标，并得出其随龄期变化的规律。

4. 水库诱发地震监测

修建高坝相应提高了库内水位，诱发地震可能性增大，水库诱发地震是一种特殊类型的地震活动，它具有紧邻水库和大坝、震源浅、衰减快、周期短、烈度高、地震活动持续时间长等特点，因而对水库安全和大坝稳定性有着重要影响。水库诱发地震具有引发直接灾害和次生灾害的双重危险。国内外的水库诱发地震震例研究表明，高坝大库容水库诱发地震概率较高，因而一直是国内外工程界、地震科学界和政府部门高度重视的研究课题。

为解决水库诱发地震监测问题，开展的研究有：库区形变场及其变化研究、库区重力场及其变化研究、库区地震层析成像研究、水库及周边地区深部构造研究。对水库诱发地震机理的研究有：地下流体动力学特征研究、地下流体孕震机制研究、库水荷载所产生的地球动力效应研究、诱发地震的组合环境与成因研究。对预测水库诱发地震的研究有：构造地震与水库诱发地震的量化、鉴别水库诱发地震预测方法研究、建立水库诱发地震的预测模型等。

5. 仿真分析

所谓仿真即是以数学和专业基础理论为基础，通过建立实际系统的模型，并以计算机和各种物理效应为工具，利用所建模型或部分实物，对实际（或设想）系统进行试验研究的过程。仿真的研究对象是系统，系统是各个学科共同使用的一个基本概念。系统包罗万象，难以用简明扼要的文字来准确定义，一个能被普遍接受的说法是：系统是由相互联系、相互制约、相互依存的若干组成部分（要素）结合在一起的具有特定功能和运动规律的有机整体。构成系统的各组成部分可称为子系统或分系统，而系统本身又可看作它所从属的那个更大的系统的组成部分。为了研究系统，从理论上讲可以用实际系统来做试验，但往往出于经济、安全及可能性等方面的考虑，或者系统还处于设计中，实际系统尚不存在等原因，需要借助系统模型进行试验，故系统的模型化是进行仿真的核心和必要前提。而对复杂系统的模型处理和模型求解，离不开高性能计算机。仿真的3个基本要素是：系统、系统模型和计算机。联系这3个要素的基本活动是，模型建立、仿真模型建立和仿真试验。因为仿真是作为分析和研究系统运动行为、揭示系统动态过程和运动规律的一种重要手段和方法，所以众多科技领域对仿真技术都有着迫切的需求。近年来在系统科学、控制理论、信息处理技术及计算机技术的发展推动下，仿真科学在理论研究、工程应用、仿真工程和工具开发环境等许多方面取得了令人瞩目的成就，逐渐形成了一门独立发展的综合性学科。计算机仿真模拟技术是一种高科技手段，它以计算机为工具，将人们根据自己的理解而建立的数学模型，借助于计算机求解的过程，预测未来运行结果。也可以通过调整模型的参数，比较结果而达到优化设计的目的。

近20年来，我国在堆石坝、混凝土坝及大跨度地下洞室等施工技术不断取得进步，诸多设计及施工技术已处于国际领先地位。施工仿真也从最初单一的混凝土坝浇筑发展到土石坝、地下工程、截流等，应用目标从静态的方案优选发展到动态的实时控制等。仿真理论从模拟计算机仿真、数字模拟混合计算机仿真发展到全数字计算机仿真，嵌入专家系统的多方向知识的仿真，使设计、施工仿真更加智能化、一体化和工程化。

坝系形成发展过程的仿真模拟，就是将坝系工程中的骨干坝作为主要研究对象，建立起集信息采集、数据处理、动态过程模拟和优化设计为一体的综合系统，以计算机软件系统为支撑，以专家系统为技术支持，对坝系工程的建设、淤积、效益等动态演变过程进行预测模拟，并采用三维直观的方式通过计算机表现出来。在模拟运行的过程中，通过对主要参数指标的不断调整与修正，获得坝系工程的建设密度、布局、规模、效益等一系列规划技术经济指标，达到优化设计的目的。

水利水电工程仿真分析以数学理论和相关的专业理论知识为基础，建立模型。设计软件建立真实三维地形地貌模型（DTM）及三维地质模型（DGM），并进行三维水工设计（大坝模型、强度计算等），建立整个水利水电系统模型（包括坝体、导流洞、泄洪洞、地下厂房等建筑以及与此相关联的设备、管线的布置），建立工程概预算、三维工程施工及工程监控仿真模型。建立仿真模型即可在统一的数据库平台上完成以上功能，涵盖从草图设计到工程完工全过程以及运行中的实态（应力应变、温度场、渗流场等）仿真，满足虚拟设计/虚拟制造的要求。

水利工程仿真模拟设计软件采用专业协同设计软件和水利工程计算机辅助设计软件，在同一数据库平台下，解决三维地址地形建模、大坝选址、水工设计、土建施工、机电安装等一系列关键问题，在很大程度上提高仿真精度和时间的要求，完成覆盖软件生命周期的全过程，达到减少设计周期、加深设计深度、提高设计质量及控制成本等目的。

一般情况下大型水利工程建设周期长、投资大、结构复杂、涉及问题多，因此在决策阶段或建设的前期需要预测工程项目实施存在的问题并能够及时加以纠正，降低工程投资风险是人们所希望的。虚拟仿真技术将我们的视野带入三维主体工程空间，采用已获取的基础数据，针对工程项目建立三维的、动态的、可视的虚拟仿真环境。在大型水利工程设计中采用"计算机虚拟仿真系统"是以水利工程的勘测、设计、施工、运行管理为对象，建立贯穿于方案论证、CAD设计、工程进度控制、运行管理全过程的实时显示的仿真系统，使参与项目建设各方都能在此环境下直观地、清晰地看到该项目过程的整体或局部、动态或静态、历史的或现实的以及将来的场景，提出意见要求，并可进行各类信息查询。决策层可在最短的时间内获得准确、可靠的信息并科学地作出判断，采取相应对策处理事件。

总言之，水利水电工程仿真技术是将工程数据管理、几何建模、物理属性建模、应用建模、模型试验、虚拟可视分析集成于一个环境，利用已有的信息建立高精度的水利水电工程三维模型，以此分析、研究在工程规划、设计时的相关事件。如：水利工程规划、方案比选、枢纽总体布置和设计协调等，在工程仿真环境中对所关心的问题进行观察、修改、决策、调度或重组等，使项目在决策或实施过程中更具有科学性、经济性和可靠性。

6. 温控理论

在水工界有一句俗语："无坝不裂"，说明水工混凝土的裂缝控制是一个非常困难的问题。19世纪混凝土诞生以来，就一直有学者进行水工混凝土裂缝的研究。直到20世纪初期，由于水工混凝土的大量应用，混凝土的防裂研究才引起足够的重视。美国1938年3、

4月 ACI 第 34 卷"大体积混凝土裂缝"中提供的资料表明，波尔德坝采取的温控措施包括分缝均为 15m，水泥用量为 223kg/m³，采用低热水泥，浇筑层厚 1.5m 并限制间歇期，以及预埋冷却水管，进行人工冷却等。稍后建筑的大古力坝，除采用改良水泥外，其余温控措施和波尔德坝相同。它们和 1932 年建成的奥威海坝相比，在每英尺长度上出现裂缝的长度，奥威海为 0.75m；大古力为 0.56m；波尔德为 0.22m，没有出现破坏整体的贯穿裂缝。另据"垦务局对拱坝裂缝控制的实施"（ASCE，1959）和"T.V.A 对混凝土重力坝的裂缝控制"（Power division，1960）中可以看出，美国在对水工大体积混凝土温控防裂方面，在 20 世纪 60 年代初已经逐渐形成了比较定型的设计、施工模式，包括：①采用具有低水化热的水泥，或一部分用活性掺合料来代替；②采用低水泥含量以减少总的发热量，一般水泥含量为 178～223kg/m³，水灰比为 0.6～0.8，外部混凝土采用 0.5～0.6；③限制浇筑层厚度和最短的浇筑间歇期；④采用人工冷却混凝土组成材料的方法来降低混凝土的浇筑温度；⑤采用预埋冷却水管，在混凝土浇筑以后，通循环水来降低混凝土的水化热温升；⑥保护新浇混凝土的暴露面，以防止突然的降温，在各种条件下，混凝土的养护，至少在 14d 以上。由于采取了这些措施，到 20 世纪 60 年代末、70 年代初，美国陆军工程师团建造的工程基本上做到了不出现严重危害性裂缝，前苏联直到 20 世纪 70 年代建造托克托古尔重力坝时，采用了"托克托古尔法"，才宣布在温控防裂方面获得成功。此法的核心是用自动上升的帐篷创造人工气候，冬季保温，夏季遮阳，自始至终在帐篷内浇筑混凝土。

我国 1955 年建设响洪甸拱坝时，采用水管冷却、薄层浇筑，建成后裂缝不多。在 20 世纪 60 年代兴建，70 年代建成的丹江口水电站建设初期，出现了大量裂缝，后采取了严格控制基础温差、新老混凝土上下层温差和内外温差；严格执行新浇混凝土的表面保护；提高混凝土的抗裂能力等措施后，没有再发现严重危害性裂缝或深层裂缝。东风电站双曲拱坝（坝高 168m），对高混凝土坝的裂缝与防治进行了系统研究，研究了混凝土原材料、配合比对混凝土抗裂性能的影响，提出了东风拱坝混凝土最优配合比，并把大掺量粉煤灰高强度混凝土应用于该高坝中；研究了混凝土断裂参数的尺寸效应和裂缝扩展的全过程；研究成功新型混凝土裂缝无损检测仪器、低温混凝土生产新工艺、新型保温保湿材料和通水冷却改性胶管等；在国内首次研究了混凝土高拱坝施工和运行全过程仿真，预报温度和应力的变化；研究了水库水温演变数学模型及计算程序等。

在国内研究领域，中国水利水电科学研究院朱伯芳院士为减少碾压混凝土坝的计算工作量，提出了以误差控制为特点的"扩网并层算法"、"分区异步长算法"；丁宝瑛等在温度应力计算中考虑材料参数变化的影响；黄淑萍等则较深入地研究了碾压混凝土层面的温度徐变应力状况。清华大学刘光庭教授和他的学生将断裂力学引入仿真计算中，应用"人工短缝"成功地解决了溪柄碾压混凝土拱坝的温度拉应力问题；曾昭扬教授等系统地研究了碾压混凝土拱坝中"诱导缝"的等效强度、设置位置、开裂可靠性问题，其成果直接被沙牌碾压混凝土拱坝所采用；张国新博士、李荣湘教授在用边界元方法计算碾压混凝土坝结构应用等方面取得了一些进展；天津大学赵代深教授、李广远教授结合国家攻关项目在混凝土坝全过程多因素仿真分析等方面取得了一批成果。河海大学在 1990～1992 年间结合小浪底工程完成了大体积混凝土结构的二维、三维有限元仿真程序系统，该系统具有较丰富的前后处理和图形输出技术；陈里红、傅作新教授等首次在温度应力仿真程序中考虑了混凝土的软化性能。武汉大学黄晓春博士、梁润教授等针对龙滩碾压混凝土重力坝施工温控问题,研究了横缝间距、层面间歇的影响,提出了坝面防裂的温度分析方法;方坤河教授、曾力对碾压混凝土凝结状态的现场测定技术进行了开发;王建江博士提出了旨在减少单元数量的"非均质单元法"。四川大学研究碾压混凝土坝温度应力较早,李国润教授在铜街子工程的温度应力计算中,比较了不同浇筑温度对温度应力的影响。大连理工大学的黄达海等提出仿真分析的"波函数法"。

总而言之,到目前为止,温控理论还是以热传导方程、三维有限元为基础,计算机为工具,提出不同的温控仿真方法。

混凝土的水化放热速率严重依赖于混凝土自身的温度,从水化的物理化学原理出发,可推导等效时间模型,使计算更为精确;此模型应用于淮河入海水道淮安立交地涵的温控防裂计算中,不但使温度预测更趋准确,而且成功地实现了在亚洲最大立交地涵的施工中不出现一条肉眼可见裂缝的防裂目标。

在我国长江以北地区,大多数大体积混凝土在施工过程中会或多或少地出现结构性裂缝,长期来困扰此类工程的建设与耐久性。近年来,随着泵送混凝土施工技术的不断推广应用,大体积混凝土施工期混凝土开裂现象有增不减,有愈演愈烈之势,甚至有专家对水工泵送混凝土的应用产生质疑。水工建筑物中的大体积混凝土工程和水工混凝土薄壁结构工程很多,裂缝问题愈加受到水利工程学术界和工程界的关注,在施工建设中能否成功防止裂缝的出现也已成为工程建设中大家公认的关键性技术之一。在水工混凝土薄壁结构工程中,大体积混凝土几乎是结构形式最为复杂、最不易施工和最易出现裂缝的工程。因此,需要进行水工大体积混凝土泵送混凝土工程裂缝机理、主要影响因素和防裂方法的理论和应用研究,提高工程的建设质量、安全性和耐久性。

混凝土的初龄期,遇到昼夜温差显著或者寒潮袭击时,在混凝土表面形成较大的温度梯度,形成温度裂缝;混凝土振捣完毕后,随着水泥的凝结、硬化,混凝土的水分在空气中慢慢消失,引起混凝土干缩,形成湿度变化梯度,导致开裂;混凝土各组成部分的化学反应也会导致自身体积变形,由于水泥水化反应时消耗水分,水泥供水不足,产生自干燥作用,使混凝土体相对湿度降低,体积减小,导致开裂。另外,还有结构复杂,设计不周,分缝分块过长,施工工序控制不严,运行期超载等原因导致的裂缝。

大体积混凝土的裂缝会给建筑物带来各种不利的结果,如产生渗漏,加速混凝土碳化、降低混凝土的耐腐蚀能力、加快钢筋的腐蚀、影响混凝土结构物的结构强度和稳定性等。围绕水工大体积混凝土混凝土温度场和应力场的三维仿真分析、混凝土热学、力学性能以及大体积混凝土的温控防裂方法提出不同的仿真方法。

Monte Carlo 法实现了对混凝土表面散热系数的模拟,并找到可模拟风速分布的随机分布函数——波尔兹曼函数。利用模拟的表面散热系数进行温度场应力场的仿真计算,可更精确地描述外界环境对温度场应力场的影响,为更精确地预测混凝土的温度场应力场提供了更为科学的依据。

非线性热传导理论解决了混凝土热传导的非线性问题,将此应用于淮河入海水道二河新闸的温控与防裂研究中,实现了在水闸施工中不出现一条肉眼可见裂缝的防裂目标。

考虑弯管与表面散热的水管冷却三维模拟计算方法,不但使计算更为精确,而且处理也较为简单。针对水管模拟计算工作量大的难题,采用水管冷却模拟计算的"部分自适应精度法"与"自生自灭单元法",已应用于目前世界上最高的碾压混凝土重力坝——龙滩碾压混凝土重力坝,并取得了成功,为水管冷却的精确模拟计算在大型工程中的应用提供了先例。

湿度场干缩应力场的仿真计算和参数取值方法。此方法应用于石梁河水库新泄洪闸闸墩裂缝成因机理及防治措施研究中,成功地解释了裂缝发生发展的机理,为防裂研究指出了新的方向。

同时获得多个温度计算参数的试验新方法——立方体温度参数试验法,从理论上证明了此法的可行性,并通过具体试验得到了验证。应用此法,不但可大大节省试验成本,而且试验更简便,试验精度更高。另外,温度参数可通过现场测试反分析的手段获得。

1.2 水利水电工程实践探索

1.2.1 土石坝工程

1. 国内外土石坝的发展进程

用当地土石材料修堤筑坝,古已有之,但由于泄洪或渗透稳定问题没有解决,直到20世纪20年代,还没有出现过100m高的土坝。而1910年美国就建成了100m高的拱坝,1915年建成了106m高的重力坝。20世纪50年代末,高土石坝在高坝中所占比重仅31%;20世纪60年代,比重逐渐上升;20世纪70年代,比重已大大超过重力坝和拱坝。根据1990年全球已建成坝按不同坝高统计各重坝型所占比重,坝高在60m以下的坝,土石坝比重在66%以上;60~150m的坝,土石坝占42%以上,比重力坝或拱坝所占比重高;150~200m的坝,土石坝所占比重高于重力坝,低于拱坝;200m以上的坝虽然土石坝所占比重低于拱坝,但230m以上的坝则土石坝占优势。目前世界最高的坝仍为土石坝,坝高达325m。

中国利用土石材料修堤筑坝历史悠久,但是用现代技术修建土石坝,则还是从19世纪30年代修建的甘肃鸳鸯池土坝才开始的,1947年基本建成,并在20世纪50年代几次扩建加高,形成最终坝高37.8m,库容1.1亿m^3。据1982年的不完全统计,全国共建成15m以上的大坝18595座,其中土石坝占93%,但在100m以上的高坝中,混凝土坝占了绝大多数,而土石坝当时只有甘肃碧口和陕西石头河坝两座。20世纪70年代中后期以后,随着土力学理论及筑坝技术和机具的发展,高土石坝建设才有了突破性进展,坝高发展到200m量级,坝型以碾压式为主。据不完全统计,到1998年底,已建和在建的坝高大于70m的高土石坝有59座,其中坝高大于100m的有21座,高土石坝中尤以土质心墙堆石坝和混凝土面板堆石坝为主要坝型。沥青混凝土防渗土石坝的建设已步入高土石坝建设行列,土工膜防渗土石坝已开始用于中低坝。土质心墙堆石坝已建成最高的是小浪底土质斜心墙堆石坝,160m;在建最高的是糯扎渡水电站土质心墙堆石坝,高261.5m。混凝土面板堆石坝已建成最高的是天生桥一级,高178m;在建最高的是水布垭大坝,高233m。沥青混凝土心墙堆石坝,已建成最高的是党河水库沥青混凝土心墙砂砾石坝,高58m;在建最高的是冶勒水电站大坝,高125m。这些都是大江大河上的大型骨干工程,其规模和技术难度都居于世界前列。近年随着我国经济社会的发展,水利水电工程建设突飞猛进,土石坝坝高开始向300m级高度研发和建设。尤其对筑坝技术难题的攻克,我国已积累了大量的工程建设经验,并在理论上有所突破。以下对我国土石坝的发展创新和科技成果予以简述。

2. 土质心墙堆石坝

(1) 运用情况

土质心墙堆石坝是现代土石坝的代表坝型之一,在20世纪国外修建的坝高大于200m的高土石坝,都采用这种坝型,最大坝高达325m。我国坝高大于100m的土质心墙堆石坝只有已建成的碧口、石头河、鲁布革及最近才建成的小浪底、金盆等,在建的主要有四川普布沟和云南糯扎渡工程,其中糯扎渡工程坝高261.5m,是我国最高的土石坝工程。随着这些工程的建设和运行,将使我国土石坝筑坝技术再上一个新台阶。

(2) 防渗土料

防渗土料是选定土料防渗土石坝的决定性条件。我国南北东西的不同地区,土质也不尽相同,加上气候冷暖,雨水多少,给防渗土料的选用、施工方式及质量,带来不少难题。一般冲积黏土的使用比较简单。西北地区有湿陷性黄土及黄土类土和分散性土,鄂皖中原地区有较多膨胀土,南方多雨地区有含水量较高的南方红黏土,有些地区则为冰碛土。国内结合不同地区的特定条件,经过工程实践,采取不同的相应措施,都有不少成功经验。分散性土可增加石灰或水泥改性,并要求做好反滤;膨胀性土要求在一定范围内,即其临界压力值附近,采用非膨胀性土压重,都可得到有效解决。例如,黄土类土加强压实功能,在黄河小浪底工程斜心墙的使用。云南云龙工程,坝高77m,心墙土料的多种土体团粒结构,干密度差别大,其最优含水量相差也大,最大在20%以上,采用混合使用,也得到较好解决。近些年对宽级配砾质土、碎石土分化料作为防渗土料的应用,如鲁布革工程,坝高103.8m,为分化土料心墙坝,又拓宽了用作防渗土料的范围。不同土料在施工上采取相应的有效措施,工程建设都是成功的。

(3) 施工

在近期建成的高土石坝中,可以看到我国施工机械化水平的发展进程。以不同时期建成的鲁布革心墙堆石坝(1989年建成)、天生桥一级面板堆石坝(2000年建成)、小浪底斜心墙堆石坝(2001年建成)为例,可见:

鲁布革土坝,总填筑量为222万m^3,以20t自卸汽车为主;最高月强度为22.33万m^3,约为总填筑量的1/10。

天生桥一级大坝,填筑方量为1800万m^3,以30t自卸汽车为主体;最高月强度为118万m^3,约为总填筑量的1/15。

小浪底大坝,填筑方量为5158万m^3,以60t自卸汽车为主体;最高月强度为157万m^3,约为总填筑量的1/35。

这三个工程的堆石填筑都使用全重为17t、碾重约11t的自行式振动碾,心墙料用凸块振动碾,鲁布革大坝用的是全重为13t、碾重约8.6t的自行式振动碾,小浪底用的是全重为17t、碾重约11t的自行式振动碾。现在已有总重为25t、碾重约16t的自行式振动碾。以上标志着施工设备已达到很高水平,可以在合理工期内完成大型土石坝工程的建设。

3. 混凝土面板堆石坝

(1) 运用情况

我国在20世纪80年代开始进行混凝土面板堆石坝建设,起点就比较高,如西北口、沟后、成屏一级和株树桥等，都在 70m 以上，有的接近百米级。其发展非常快，目前，坝高在 50m、60m 以下的工程非常普遍，坝高百米级的也已很多。已建浙江珊溪工程利用开挖料石筑坝，坝高 132.5m，白溪工程坝体填料为开挖料，坝高 124.4m，云南茄子山工程坝体填料为花岗岩石料，坝高 107m，在建的新疆吉林台工程砂砾石面板坝，坝高 157m，黄河公伯峡面板堆石坝，坝高 132.2m。坝高接近 200m 级，且超高 200m 级的也不少。已建成的天生桥一级面板堆石坝，采用溢洪道开挖料石分期分区填筑，坝高 178m，四川紫坪铺工程坝高 156m，在建的贵州洪家渡工程坝高 179.5m，湖南三板溪工程坝高 185.5m，湖北清江水布垭工程坝高 233m。面板堆石坝如此快的发展并非偶然，它很好地体现了这些年我国大量科研成果的结晶和工程实践的成果。

(2) 防渗面板及趾板

面板堆石坝的成功经验是多方面的。其核心是保证面板少出现裂缝和不出现裂缝，特别是不要出现贯穿性裂缝，还要尽可能减少分缝之间的渗漏。虽说面板坝完全不漏水是不可能的，但必须保证渗水不大，并不影响正常运行或能够自愈止渗。

近些年，很多工程采取改良混凝土，增强其抗裂性能。浙江珊溪和白溪工程，一个是加微膨胀剂、引气剂，另一个是在部分面板混凝土中增加聚丙烯纤维，再加强浇筑后的养护，效果不错。青海公伯峡掺加减缩剂，贵州洪家渡工程在满足抗渗抗冻要求的基础上增加微膨胀剂和引气剂，还掺用了粉煤灰。在混凝土面板表面涂养护剂，面板及趾板裂缝采用帕斯卡堵漏剂处理，也是很好的经验。湖北清江水布垭工程面板混凝土，也采用了添加高效多功能复合外加剂和 I 级粉煤灰 15%～25%，并研究了掺加纤维混凝土的措施，用以改善混凝土抗裂性能。岩基上趾板多不设永久缝，为减少趾板裂缝，采用两序浇筑，第一序较长，浇筑一定时间后，在第一序的两个浇筑块之间，用一小段微膨胀混凝土填筑。整体趾板上再填筑一层粉细土，以备有裂缝时，能自愈合不渗。这些都是减小混凝土裂缝的重要措施。临近坝体的混凝土建筑物与面板的连接缝，采用高趾墙处理，公伯峡工程高趾墙最高约 50m，都能提供很好的经验。

4. 沥青混凝土防渗土石坝

(1) 运用情况

沥青混凝土防渗土石坝有斜墙和心墙两类，从施工工艺的不同又可分为碾压式和浇筑式两类。由于沥青混凝土不透水性高，适应变形性能好，而被广泛应用于水工防渗材料。据不完全统计，我国已建造了 50 余座沥青防渗的土石坝，其中斜墙 30 余座，心墙 10 余座。但是真正采用现代技术修建的沥青防渗土石坝，还是浙江天荒坪抽水蓄能电站上库沥青混凝土斜墙堆石坝，坝高 72m，于 1997 年建成。而沥青混凝土心墙土石坝，除意大利公司承包建设的香港高岛坝外，大陆上采用现代技术建成最早的是三峡茅坪溪防护坝，坝高 104m，已建成的还有东北尼尔基水利枢纽，正在建设的还有冶勒水电站（高 125m）等。

(2) 沥青混凝土斜墙堆石坝

沥青混凝土斜墙设置在上游坝面，使水荷载通过上游坝体传给地基，以整个坝体承受水荷载，提高了抗滑稳定性。但坝体沉降及不均匀沉降，将导致沥青混凝土防渗体与刚性建筑物（如齿墙、溢洪道边墙、各种进水口等）的连接处破坏。如南谷洞、里州峪、石砭峪等工程，都因坝体不够密实，使沥青混凝土斜墙承受过大变形而发生上述问题，石砭峪更因过大变形而导致沥青混凝土斜墙破裂,致使在其上游面粘贴土工膜防渗。这些工程或因坝体未使用振动碾,或因是定向爆破的堆石坝,导致坝体不够密实。

天荒坪抽水蓄能电站沥青混凝土斜墙坝,坝高72m,坝坡坡度1:2～1:4,将整个上池库底都用沥青混凝土覆盖防渗,护砌面积达28.6万 m^3。斜墙整平胶结层厚度,库底8cm,坝坡10cm,上覆盖10cm的防渗层。工程施工引进德国先进技术和设备,于1996年4月开工,1997年9月顺利竣工,至今已投入运行近11年,效果很好。这为抽水蓄能电站库盆建在软弱基础上进行全面防渗,选用沥青混凝土面板防渗,以及沥青混凝土面板与边岸的连接,库底与库坝坡的弧面过渡处理等,创造了非常好的经验。目前正在建设的多座抽水蓄能电站上、下库均采用这种防渗形式。

(3) 沥青混凝土心墙堆石坝

沥青混凝土心墙有碾压式和浇筑式两种。我国在20世纪70年代开始建造浇筑式心墙,比碾压式的沥青含量大(8.5%～16%),成型无需碾压,施工简便易行,我国早期应用的多是浇筑式心墙。近代用现代技术施工的多是碾压式。已建成的百米级三峡茅坪溪工程为碾压式沥青混凝土心墙土石坝,高104m,坝顶长度1840m;在建的四川冶勒工程坝高125m,河床不对称覆盖层厚大于420m;东北尼尔基混凝土心墙坝,虽然坝不高(41.5m),但其工程量很大,而且同时采用碾压式沥青混凝土和浇筑式沥青混凝土,将碾压式沥青混凝土断面扩大、清理,然后进行浇筑式沥青混凝土施工,将两者连接在一起。这些工程的建设将为今后进一步发展沥青混凝土防渗,提供极为宝贵的经验。

5. 土工膜防渗土石坝

(1) 运用情况

用土工膜防渗,过去多用在临时性工程,如水口电站、三峡工程和新疆"635"工程的围堰,以及部分江河堤防的修补工程和水渠工程。对用于永久性工程或较为重要建筑物挡水工程,尚有诸多顾虑。20世纪80年代以后才推广应用于土石坝的防渗结构。汉江王甫州工程采用土工膜用作水平铺盖和坝体防渗,总面积120万 m^2,该工程坝高21m,至今已正常运行多年。黄河西霞院工程,是小浪底工程的反调节池,坝高21m,土工膜防渗面积16多万 m^2,基础覆盖层为混凝土防渗墙,土工膜与混凝土防渗墙联合防渗。泰安抽水蓄能电站上库为混凝土面板堆石坝,库底为土工膜防渗,水头约40m,整体上库是土工膜与混凝土面板联合防渗。这些工程水头虽说都不大,但都是在大江大河或重要的大型电站挡水建筑物所采用的防渗措施,其工程重要性就可说明其土工膜防渗的重要意义。

(2) 土工膜施工

土工膜施工工艺主要是铺设和接缝焊接或粘接。对土工膜心墙,一般采用之字形方式铺设。坝坡面上,一般用卷材自上而下铺设,连接处以焊接较为方便和可靠,现已有专用焊接机。对复合土工膜要将土工织物剥离后将土工膜连接好,再将土工织物缝合。由于接头处一般土工织物较为疏松,对土工膜保护作用削弱,有可能使该处土工膜损坏,要谨慎从事。土工膜与地基、两坝接头及其他刚性建筑物的连接处,是薄弱环节,要按规范要求做好连接结构,保证形成封闭体系。

1.2.2 碾压混凝土坝

1. 碾压混凝土筑坝技术的应用

碾压混凝土筑坝技术是20世纪70年代末、80年代初国际上发展起来的一种新的筑坝技术，至今已有30年历史，据资料统计，至1998年末，世界上28个国家完建、在建超过15m坝高的碾压混凝土坝已有210余座，其中以中国（43座）为最多，日本（40座）、美国（31座）次之，欧洲以西班牙为最多（25座），目前全世界已建成碾压混凝土坝323座。

碾压混凝土筑坝技术具有工艺简单、上坝强度高、工期短、造价低、适应性强等特点，产生了巨大的经济效益，已经成为最有竞争力的坝型之一，在世界大坝建设中得到了大力发展和广泛应用。中国于1986年建成了第一座碾压混凝土坝——坑口重力坝，在此之后的20年，碾压混凝土筑坝技术在我国得到了快速发展，无论理论研究或工程实践都有大量的创新与突破。目前中国已建成各类碾压混凝土坝92座，碾压混凝土重力坝高由50m发展到100m级、200m级，坝体碾压混凝土方量由4万余立方米发展到500万余立方米；碾压混凝土拱坝高由75m，发展到100m级、130m级，坝体碾压混凝土方量由10万余立方米发展到50万余立方米。据不完全统计，截至2005年，我国已建、在建的坝高超过30m的碾压混凝土大坝70余座。广西龙滩大坝（坝高216.5m）和贵州光照大坝（坝高200.5m）的建设，标志着我国碾压混凝土筑坝技术已经跨进200m级水平。沙牌碾压混凝土拱坝高132m，三峡工程三期碾压混凝土围堰高121m，体积110万m^3，拦蓄库容达124亿m^3，在一个枯水期内完成，解决了施工难题。中国在建的大坝有34座为碾压混凝土坝，正在设计规划中的大坝，很多将采用碾压混凝土筑坝技术。

已建成的碾压混凝土坝，大都运行正常，坝体渗漏量非常小，远低于设计指标，坝体基本没有产生危害性裂缝，建坝是成功的。我国碾压混凝土施工技术一直是在发展中求进步，在实践中获发展，筑坝技术还需不断完善，如冬期、夏期和雨期施工坝体水管冷却，有些还有待时间的考验。总的来讲，我国碾压混凝土筑坝技术已走在世界的前列。

2. 碾压混凝土筑坝技术的发展趋势

目前碾压混凝土坝技术开发与发展趋势主要有以下几个方面：

（1）坝越筑越高，百米级高坝数量不断增多。完建的百色和索风营坝高130m和122m，江垭大坝高达131m。正在兴建的龙滩工程的坝高为216.5m，将是世界上最高的碾压混凝土重力坝。

（2）坝型由重力坝发展到拱坝。由于设计上突破了拱坝温度应力及分缝技术难题，采用碾压混凝土高拱坝工程越来越多，现已建成7座，正在兴建的尚有3座。拱坝已占碾压混凝土坝总量的1/6，且主要发展了高拱坝和薄拱坝，10座拱坝中有4座坝高超过百米（沙牌、石门子、蔺河口、招徕河）。碾压混凝土双曲拱坝和薄拱坝技术进步快速，已建和在建的达6座之多（沙牌、溪柄、蔺河口、龙首、招徕河和鱼简河）。大坝采用全坝面浇筑整体成拱技术，首次在新疆玛纳斯和甘肃张掖高寒、高地震烈度区修建了石门子109m高碾压混凝土拱坝和龙首82m高双曲拱坝。

（3）碾压混凝土量占坝体比重越来越大。已建成的观音阁重力坝历时3年多，碾压混凝土达124万m^3，占总体积62.9%。江垭重力坝碾压混凝土体积为75.6万m^3，占坝体混凝土总量67%。龙滩坝碾压混凝土339万m^3，占总量63.7%，百色坝碾压混凝土214.5万m^3，占总量72%。

（4）高掺粉煤灰，少用水泥。高掺粉煤灰可减少水化热，缩小温差、防止裂缝。如石漫滩重力坝水泥用量53kg/m^3，汾河二库坝最低的水泥用量57kg/m^3，百色坝最低水泥的用量仅为 50kg/m³。

（5）碾压混凝土配合比建立了数据库。由于有 40 多座坝的实践和大量的室内外试验成果，已经有条件建立碾压混凝土配合比数据库，可以在具体工程条件下，预选比较合适的配合比，仅用少量的室内试验，即可取得合适的配合比，大大减少试验工作量和时间。

（6）掺用外加剂。采用外加剂可以提高碾压混凝土的性能和耐久性，尤以复合外加剂最为有效，并已在普定、大朝山、棉花滩等工程应用。

（7）尽量减少常态混凝土。由于常态混凝土与碾压混凝土施工工艺不同，施工时常互相干扰，在材料制备、结构分缝、温控等方面也不相同，增加了出现裂缝的可能性。目前在设计中尽量减少使用常态混凝土，如垫层尽量减薄，并迅速覆盖碾压混凝土。大朝山重力坝取消了垫层常态混凝土。

（8）采用变态混凝土。1990 年变态混凝土（又称改性混凝土）先后在荣地和普定碾压混凝土坝应用于坝上游面或止水片预埋件附近，主要是在靠近上游面模板处。碾压混凝土坝与两岸坝肩连接处、电梯井、通气孔、廊道连接部位，过去都用常态混凝土，现都可改用变态混凝土。

（9）研制适合中国国情的施工设备。由于进口设备价格过高，多年来我们研制了一批适合中国国情的施工设备。如水平连续拌合机在沙牌坝试用；深槽皮带运输机在石漫滩坝试用，并已完成 BW 型振动碾的试制。其中最有特色的是垂直运输用的负压溜槽，其高度在江垭为 72m、沙牌为 67.5m、大朝山为 86.6m，应用效果良好。

（10）进行了大量的分缝研究工作。根据我国各种不同气候条件，从早期的不分缝到后期的拱坝分缝，采用的间距和结构有很大改进。从结构上看大体有 3 类：①机械切缝，如用于铜街子、观音阁、江垭、大朝山等工程；②正常分仓工作缝，如桃林口、汾河二库坝；③诱导缝，又分 3 种：第一种用间隔打孔削弱断面，如天生桥二级、石漫滩等工程；第二种是用涂沥青木板间隔，如岩滩工程；第三种是专门为拱坝设计采用的，预制混凝土模板设有灌浆系统，沙牌坝还专门研究采用重复灌浆系统。

（11）层面处理有不少成功措施。在碾压混凝土坝中，特别是高坝，层面处理不仅影响到坝身的整体强度，也影响到防渗效果，层面抗剪强度过低甚至会影响到大坝安全。为提高层面间的连接性，已在普定、江垭、汾河二库坝工程中采用了不少措施，经钻取的芯样证明效果很好。

（12）排水孔设计、施工、钻孔取芯探索了新的途径。排水孔是降低坝体扬压力的重要结构，施工时，曾用过刚性管道、无沙混凝土管、塑料短管填沙拔管和其他办法造孔，但经碾压后，一般都会出现变形、错位，很难贯通。为了检验碾压混凝土坝质量，需钻孔取芯，因此可以结合留孔作排水用，但钻孔技术要求较高，特别是高坝，保持垂直到位通往廊道工艺比较严格，有时也难以做到，需作进一步探索。石漫滩大坝不高，用钻孔的办法简单可靠；白石工程已经研制出制孔钢模，直径为 100mm，可以径向收缩，免除了拔管困难，使用效果很好。

（13）采用"斜坡平推法"碾压铺筑。江垭工程施工初期，由于仓面过大，拌和楼容量不足，以致使用一般通仓薄层铺筑法难以保证在下层初凝前完全铺盖上层进行碾压，因而提出了斜层平摊铺筑法。这种施工方法可以缩短覆盖时间，提高上升速度，防止预冷混凝土吸热过快，也相应降低了工程造价。

3. 混凝土及原材料

(1) 采用高掺粉煤灰和低水泥用量中等胶材用量的混凝土

碾压混凝土坝的内部三级混凝土中，胶凝材料用量通常为 140～160kg/m³，其中水泥用量为 50～60kg/m³，粉煤灰掺量为 60%～65%。外部二级配碾压混凝土，由于抗冻抗渗要求，胶凝材料用量一般为 180～220kg/m³，其中水泥用量为 75～85kg/m³，粉煤灰掺量为 55%～60%。

由于水泥用量少，内部混凝土水化热温升明显减少，与同强度常态混凝土相比，混凝土温升量减少 35%～40%，最大温升值通常在 12～16℃；低温季节施工时，水化热温升仅为 9～12℃。碾压混凝土水化过程缓慢，混凝土放热升温也缓慢，对形成坝内预压应力很有利，可用以简化大坝混凝土温控措施。这是碾压混凝土坝温度控制工作中具有明显效益的技术。

外部混凝土增大胶凝材料用量，主要是使混凝土有足够多的浆体，以确保上游区混凝土层面有良好的结合，从而提高碾压混凝土本体和接合面的抗渗性能。

在广西百龙滩水电站左岸近 40m 高的碾压混凝土坝工程中，首次在内部采用总胶凝材料为 99kg/m³ 的贫胶材料碾压混凝土，水泥用量 40kg/m³，粉煤灰 49kg/m³，混凝土的强度完全满足设计 R90100 的要求，层面结合也能达到坝体抗剪断指标。大坝建成后运行正常。这为 40～50m 高中低混凝土坝合理选用混凝土胶材用量，进一步降低工程造价提供了新经验。

(2) 掺用 PT 料（磷矿渣与凝灰岩混合料）

在大朝山碾压混凝土坝工程中，由于粉煤灰产地很远，造价较高，经过探索研究，开发出用磷矿渣与当地出产的凝灰岩按 1:1 的比例混合磨细成粉，代替粉煤灰作掺合料，其掺量达胶材用量的 60%，用它拌制的大坝内部和外部碾压混凝土，其抗压强度、抗拉强度、极限拉伸、弹性模量、温升及热学性能与通常掺用粉煤灰拌制的碾压混凝土很相似。混凝土质量和层面结合质量均满足设计要求，抗压强度保证率达 97% 以上。这一成果开拓了碾压混凝土用非活性材料代替部分活性掺合料的新途径，是一项有潜在发展的技术成果。

(3) 采用低 VC 值混凝土

原施工规范规定碾压混凝土的稠度 VC 值应控制在 5～20s 范围内，将 VC 值低于 5s 的混凝土视为废料。江垭、汾河二库水利枢纽和红坡水库等碾压混凝土坝施工中，发现 VC 过大容易产生层面结合不良现象，而采用 VC 值稍低于 5s 的混凝土反而有助于改善层面结合，不影响混凝土强度，不宜视为废料。为此，新版施工规范将 VC 值改为 5～15s，在仓面可按 5±3s 进行控制，实际上已较多采用 3～5s 的 VC 值，使碾压混凝土的工作性能得到更好发挥。

(4) 适当提高混凝土的石粉含量

试验结果表明，砂中小于 0.15mm 的粉状物，以 18% 为最优含量，最高可允许达 22%。江垭、汾河二库、棉花滩等碾压混凝土坝，采用人工骨料和干法制砂，石粉含量得以实现 18% 的要求。大朝山工程采用石粉回收措施，使石粉含量达到 18% 的要求，特别是使 $d \leqslant 0.08$mm 的微细颗粒含量达到 8% 的要求。高石粉含量的碾压混凝土，具有较好的抗分离性能，层面易泛浆，有利于层间结合，对改善混凝土密实性、抗裂、抗渗性能也有较好作用，已全面推广应用。

(5) 变态混凝土

以往在碾压混凝土坝的上游面、廊道周边等细部结构部位采用常态混凝土，由于施工中两种混凝土的运输、浇筑手段不相同，混凝土性能有差异，不仅施工作业不方便，而且容易产生异种混凝土结合不良现象。自从在普定碾压混凝土拱坝施工中初步摸索出变态混凝土的施工工艺和性能后，在石漫滩、江垭、汾河二库等工程中，对变态混凝土从浆体材料配合比、掺用量、掺铺方法、振捣工艺等方面，又不断加以改进完善，现已形成一种较成熟的配套技术，普遍应用在碾压混凝土坝的上游面、孔洞结构周边、混凝土与岩石边坡结合等部位，由变态混凝土替代常态混凝土，是我国独创的，也是在世界上领先的技术。

变态混凝土是在碾压混凝土摊铺浇筑过程中通过掺入适量的水泥胶浆，经强力插入式振捣器密实而形成的，其性态已由干性混凝土变成低坍落度（1~2cm）常态混凝土，所以混凝土表面比较光滑密实。混凝土的层面经过强力振捣后，其层面的结合质量实际上和常态混凝土已没有区别，不再存在薄弱层面和容易渗漏等问题。和常态混凝土相比，其优点是混凝土用水量少，干缩小，抗拉性能好，不易产生表面裂缝。掺用引气剂后同样可达到F200、F300高抗冻融性能要求。因此，变态混凝土与碾压混凝土相互交错结合，没有明显界面。

变态混凝土无论是本体还是水平结合层面，抗渗性均可满足S8~S10的要求，江垭工程大坝上游面的变态混凝土渗透系数平均达 8.9×10^{-10} cm/s，超过S10的技术要求。

（6）外加剂

碾压混凝土常用的外加剂与常态混凝土基本相同，由于对混凝土缓凝要求较高，施工中采用复合型缓凝减水剂或高效减水剂，使混凝土缓凝时间延长到14h以上。在较高气温下施工时，一般的缓凝减水剂缓凝效果明显下降。为此，通过科技攻关研制出适合于35℃以上高气温条件下碾压施工的高温缓凝剂，缓凝时间在高气温下可延长到4~6h以上，从而为百色、龙滩等南方高温地区的碾压混凝土夏期施工提供了有利条件。

碾压混凝土高抗冻融性能，在早期并未解决。桃林口工程以后，在寒冷地区的新疆石门子、甘肃龙首碾压混凝土拱坝工程中，通过加大引气剂掺量，克服粉煤灰吸附作用后，使碾压混凝土获得了足够的含气量，满足了F300的高抗冻融要求。

4. 施工技术

（1）"斜坡平推法"碾压铺筑技术

江垭碾压混凝土坝施工仓面比较大，有时超过3000m²，采用常规的平面铺筑法施工，在规定时间内往往来不及覆盖上一层新混凝土，势必造成层面结合问题，夏期施工时尤为突出。为此，经过试验探索，开发出新的"斜坡平推法"碾压浇筑方法，即将碾压混凝土大仓面演变成1:10~1:15的斜坡面，在斜坡面上按30cm厚的铺筑层进行摊铺碾压，并向前逐层推进。实施过程中解决了防止坡脚骨料碾碎及层面结合不密实容易产生渗漏通道等问题，使该铺筑技术逐渐完善。斜坡平推碾压方法的优点：减少了混凝土铺筑面的面积（通常可在1000m²以下），缩短了层面覆盖时间，提高了层间结合质量，缓解了夏期施工中混凝土因水分蒸发快对层面结合的影响。同时，还能加快施工速度，江垭大坝原来每月浇筑面上升6m，采用这项技术后每月上升达9m左右。

"斜坡平推法"碾压铺筑技术是我国独创的新技术，生命力强且经济实用，在许多高碾压混凝土坝工程（如大朝山、棉花滩、汾河二库等）中已普遍采用。

（2）造缝技术

早期在铜街子工程采用履带式振动切缝机切造诱导缝，设备笨重，仓面干扰大，费用高。岩滩工程改用预埋隔离板方法，简便实用。天生桥二级坝则在已凝固的混凝土水平面钻似邮票孔的诱导缝。棉花滩工程坝施工中创造了更简便的方法，即用振动夯改装的手提式振动刀板，将PVC编织布条带振压到混凝土内，形成诱导缝，仓面干扰小，操作轻便，成本低。这些简化了的造缝技术，使碾压混凝土重力坝的坝段分缝和仓面面积选择增加了很大的灵活性。

在碾压混凝土拱坝中，诱导缝需进行灌浆，在普定工程首创了用预制混凝土组合块埋到混凝土中造诱导缝，预制组合块中配有灌浆管路。在沙牌工程中，进一步研究制造出可进行重复灌浆的预制混凝土组合块和组合块固定方法与埋设工艺等一套诱导缝造缝技术，且该技术在石门子、龙首、蔺河口碾压混凝土拱坝中已推广应用。龙首拱坝应用后，坝体在诱导缝处按设计预期开度张开，得以及时灌浆并缝，灌浆效果良好。为防止预制块碾压变位、管道变形破坏及预制块周边碾压不实等问题，今后有待不断改进诱导缝埋设方法，使造缝结果更可靠有效。

（3）温控措施

高温天气碾压混凝土施工中面临的主要是混凝土表面水分蒸发快、失水多影响层面结合和混凝土温度控制问题。除在混凝土中掺用高温缓凝剂和采用斜坡平推法碾压施工外，在仓面建立小气候条件，即采用喷雾方法改善仓面湿度和降低仓面温度，也是一项有效的措施。江垭工程在已有的喷雾技术基础上，研制采用了高压喷枪式造雾设备，成雾半径达5～10m，雾型均匀，适合于工人在雾中作业。后期又研制出圆筒形风扇式高压喷雾筒造雾方法，成雾半径达10～20m。

碾压混凝土浇筑的温度控制多已简化，通常采用诸如骨料洒水、高骨料堆、防阳棚等简易措施，石门子工程首次采用冷水拌合降低出机温度，预冷骨料降低浇筑温度。为消减坝内已浇筑混凝土的温升，水口电站施工中初次试用碾压混凝土埋设冷却水管技术获得成效。随后在大朝山碾压混凝土围堰和石门子、蔺河口碾压混凝土坝施工中，采用水管冷却获得4～6℃的削减温峰效果。碾压混凝土浇筑的埋管技术已基本解决，而通水制度、控制标准等尚待研究完善。

碾压混凝土施工规范对冬期施工的温度控制，一直沿用低于－3℃气温时停止浇筑的常规标准，这对碾压混凝土的施工工期仍是个制约。在龙首碾压混凝土拱坝冬期施工中，首次采用混凝土预热提高浇筑温度、掺用防冻剂及层面保温等措施，进行露天仓面浇筑，在－13℃条件下进行低温施工，延长了施工时期，大坝得以提前半年发电。这一技术已有初步开端，为在寒冷地区快速建造碾压混凝土坝拓宽了道路。

（4）连续浇筑上升

碾压混凝土浇筑每一个升程的间歇期至少有3～4d时间，在全坝单一仓面的碾压混凝土坝工程中，如拱坝或窄河谷的重力坝，如何减少每升程之间的间歇期是个新课题。普定碾压混凝土拱坝施工中，采用了翻转模板技术，实行升程连续浇筑方法，即上、下两个浇筑块各用一套模板，在浇筑一个浇筑块的同时，将下层的模板拆卸翻转到上一层混凝土块位置进行预安装，当浇筑3m高一个升程后，接着连续浇筑下一个升程，创造出连续40多天不间歇浇筑、一次上升15m的快速碾压混凝土施工方法，减少了半个月的施工缝面间歇时间。这种方法需要较多的模板费用投入，但对快速建坝、减少缝面处理工作量和保证缝面结合质量是有利的。该连续浇筑上升技术，已在溪柄工程中得到应用，在一些工期紧迫必须抢时间快速上升的工程（如碾压混凝土围堰、拱坝等）中实用有效。

(5) 高压水冲毛技术

施工缝层面处理工作对仓面准备工作影响较多。江垭工程在层面处理工作中采用了30～50MPa的高压水冲毛技术，处理速度很快，冲毛质量也好。该工程对混凝土启动冲毛时间及相应的冲毛压力也进行了探索，提出了不同季节适合冲毛的混凝土强度条件或允许起冲时间，这种设备已具有实际推广应用价值。

棉花滩工程在每个层面还采用了混凝土表面处理剂进行层面处理，实用方便，混凝土冲损少，成本低。

(6) 砂料干法生产工艺

通常湿法生产的砂料往往使砂中保持的石粉、特别是细石粉大量流失，还要设法回收、脱水，得以使石粉量满足要求。在江垭和棉花滩工程，首先采用干法破碎和干法筛分生产砂料。为使粗骨料颗粒表面干净，可采用湿法筛分或对干法筛出的骨料再进行冲洗，堆入成品料堆。这种生产工艺在蔺河口工程已较完善，在白色工程更发展到对成品骨料进行二次冲洗和脱水后再上拌合楼。与传统的全湿法筛相比，这种工艺更为经济，可大量节省筛分用水，特别是可有效地保留砂中石粉，经济实用。对干法加工过程粉尘污染周边环境问题，仍待研究解决。

5. 施工工具

(1) 负压溜槽装置

在碾压混凝土坝垂直运输系统中，最早采用负压溜槽装置。经过不断研究改进，在江垭工程大量配套采用，溜槽最大落差约50m。在70m的垂直落差中，采用了上部和下部各配置一条35m高差的溜槽用接力方式输送混凝土。两溜槽衔接部设有容积12m³的中转料斗，配有卸料控制弧门，对落料进行调节控制。接力方式缓解了高落差真空度难以控制、出料速度过快和混凝土分离问题，中转料斗还有输送储料的调解作用。

在大朝山工程开发落差达80m的负压溜槽装置，采用了抗磨损性高和弹性变形性能强的新型材料盖带，使盖带寿命提高了约1倍以上。在蔺河口工程碾压混凝土拱坝施工中采用坡度高达50°的负压溜槽，混凝土未发生明显分离，使用效果较好。现在对溜槽形状、坡度、橡胶盖带厚度、橡胶带变形性能和耐磨性，以及防止落料分离措施等方面都有很多改进。当前在碾压混凝土坝施工中，几乎全部采用负压溜槽装置，在设备构造上也各有特点，每条溜槽输送能力可达200～300m³/h。

(2) 皮带输送机

在万安、岩滩、石漫滩等工程，早已采用传统的皮带运输机输送混凝土。在江垭工程施工中，采用了新开发的高速槽型皮带输送机运输混凝土，带速达3.2～3.4m/s，带宽达800mm，输送能力可达240m³/h。在机头部位安装有硬合金质刮浆刀片，使皮带几乎没有漏浆损失，机身结构已趋轻型方向发展，是国产皮带运输机中的较先进技术。

(3) 连续式强制拌合机

碾压混凝土通常采用分批拌合的自落式或强制式拌合机，拌合系统的结构很笨重。运输安装费力、费时，生产率相对较低，占用场地大，基础要求高。近期专门研制成一种连续式强制混凝土搅拌系统，可以按重量进行连续配料，进行强制连续拌合，生产能力达160～200m³/h，该系统共由四部分组成：

1) 骨料仓及下部配套的连续配料称量系统。
2) 水、水泥、粉煤灰料仓及连续配料系统。
3) 配料皮带运输和水平式的强制式连续拌合系统。
4) 操作控制系统，整个拌合系统为分阶式。

配好的料用皮带机送入拌合机进行连续搅拌，拌制出的混凝土再用皮带机连续送出或进入混凝土储料斗汽车转运。搅拌机本身短小、轻巧，机体高约 1.8m、长约 4m、宽 1.8m，重约 2t，运输方便，安装快捷，全部系统安装调试工作不超过一周，机内部件损失不大，生产能力高，造价较低，可拌制碾压混凝土，也可拌制常态混凝土，拌出的混凝土较均匀，质量符合设计要求。这是一种高强度快速施工的新型混凝土拌合设备，有发展前景，应大力推广应用。

(4) 汽车摊铺

岩滩碾压混凝土坝施工中，用 20t 自卸汽车运送混凝土卸料时有较多分离现象，为此专门研制带有可控卸料门启闭的自卸汽车，并可控制料门开度，使卸料直接摊铺成 35cm 厚的料层。用它铺料可减少混凝土分离现象，减少平仓机工作量和平仓机的配置。因造价关系，在长距离运输中大量配置使用有困难，但在仓内用来运转、摊铺很便宜，增加投入不多，效果明显，有推广前景。

1.2.3 堤坝防渗加固

1. 混凝土防渗墙与帷幕灌浆结合进行防渗处理

某水库为大（2）型，工程等别为Ⅱ等，主要建筑物包括大坝、溢洪道、泄洪洞及输水洞进口等。大坝全长约 4070m，坝型采用黏土斜墙石渣坝与均质土坝，最大坝高 34.70m，坝顶宽 8.0m。

坝址区地质构造较为发育，大坝地基为第四系（$Q_1 \sim Q_4$）冲洪积堆积物覆盖层，下伏基岩为第三系（N）黏土质砂岩和泥质砂岩，大坝桩号 4+300～4+600 段为现代河槽及右岸残留阶地，除阶地表部有薄层低液限粉土（一般厚 2.0～5.0m）外，其余覆盖层为 Q_4、Q_3 卵石混合土层，厚 8～13m，渗透系数为 $5.2 \times 10^{-2} \sim 2.11 \times 10^{-1}$ cm/s，属强透水层。覆盖层之下为顺河向断层破碎带和断层影响带，破碎带构造岩岩性复杂，除灰岩角砾外一般为弱胶结，胶结物以岩粉、泥质为主，灰岩角砾岩中夹有松软壤土。注水试验表明微～极微透水、弱透水、中等透水区均存在，透水性大小在空间分布上没有明显的规律性，如此规模巨大的顺河向断层直接位于坝基部位，在国内外工程中均为少见，该区段为本工程防渗的重点部位。

针对河槽坝段的地质情况，坝基防渗采用混凝土防渗墙和帷幕灌浆结合的垂直防渗方式。防渗墙厚 0.8m，防渗墙体入岩 15.0m，墙深 31.0～36.0m，基本穿过顺河大断层的软弱破碎带，将卵石混合层截断，并进入黏土质砂岩一定深度，防渗墙下设 1 排帷幕灌浆孔，设计标准按灌浆后基岩的透水率小于 5Lu 控制。断层破碎带和第三系黏土质砂岩砂砾岩部位，孔距 2.0m，强、弱风化安山岩段孔距 1.5m。帷幕深度按墙下 15.0m 控制。根据大坝渗流验算结果，在各种工况下坝体和坝基均满足渗透稳定要求。

防渗墙采用 CZ 型冲击钻造槽，泥浆下直升导管浇筑混凝土。造槽采用 "两钻一抓" 法，接头孔采用 "钻凿法" 劈孔。防渗墙施工完成后，分别采取混凝土抗压试块检测、钻孔注水试验、多道瞬态面波法、高密度地震影像法、高密度电法、垂直反射法、声波透射法等对成墙质量进行了综合检测，经检测，墙体各方面质量完全满足设计要求。

防渗墙下帷幕灌浆采用自上而下、分段阻塞、孔内循环灌浆、分序加密的灌浆法进行施工，浆液浓度由稀到浓，逐级变换，浆液水灰比采用5∶1、3∶1、2∶1、1∶1、0.8∶1、0.6∶1、0.5∶1七个比级。钻孔采用地质岩芯钻和金刚石钻头钻进，灌浆采用SGB6-10三柱塞泥浆泵，灌浆记录采用GJY-Ⅳ自动记录仪，灌浆段长按2.0m、6.0m、7.0m控制，灌浆压力由0.2~1.5MPa按逐序、逐段梯度上升的原则控制。采用32.5级普通硅酸盐水泥。灌浆结束条件为设计压力下注入率不大于0.4L/min(或1.0L/min)时，继续灌注60min(或90min)结束。灌浆结束14d后，打检查孔，采取自上而下分段阻塞进行"单点法"压水试验，经试验，透水率全部小于5.0Lu，满足设计要求。

水库防渗面及帷幕灌浆横断面见图1.2-1。

2. 塑性混凝土防渗墙与帷幕灌浆结合进行防渗处理

某水库位于山西省黄河干流上，工程由枢纽工程和输水工程两部分组成。枢纽工程等别为Ⅱ等，主要建筑物：拦河坝、导流泄洪洞、溢洪道及供水发电洞进水口等为2级。拦河坝为黏土斜心墙堆石坝，坝顶高程763.8m，最大坝高72.2m，坝长627.0m，坝顶宽10.0m，坝体中部设黏土斜心墙防渗体。

坝址处地质情况复杂，坝轴线处河床宽约300m。坝址右岸为侵蚀岸，基岩岸坡较陡；左岸为堆积岸，岸坡较缓，有一单薄山梁长约1000m，地表有第四系土层大面积覆盖。坝址区河谷地貌单元有河床、河漫滩和阶地。坝址区地下水类型为碎屑岩类裂隙水和第四系松散岩类孔隙水。基岩中砂岩层节理裂隙发育，构成赋水空间；而分布不稳定的泥质粉砂岩、砂质泥岩构成相对隔水层。基岩的渗透性与构造发育情况、风化程度、岩性组成等条件有关，两岸基岩透水性较河谷小，河谷坝基岩体透水性在横向上表现为左段最小、中段最大、右段居中。构造上，向斜核部透水性较弱，背斜轴部透水性较强。每一段均存在极强~强透水带，透水率>100Lu。拦河坝左岸分布的底砾石层渗透性较大，底砾石层与上覆低液限黏土构成双层结构地基，存在接触冲刷、接触流失破坏问题。

为解决拦河坝左岸Ⅲ级阶地上砾石层容易在渗流作用下引起接触冲刷、接触流失等渗透破坏，在左岸底砾石层和上覆土层内设置了塑性混凝土防渗墙，厚度80.0cm，墙体深入基岩不小于2.0m，墙顶伸入黏土心墙的高度为2.0~4.0m。坝基左岸坡采用单排帷幕，深度16.0~70.0m，帷幕轴线与混凝土防渗墙轴线重合。双排灌浆，灌浆孔距3.0m，排距2.4m；帷幕灌浆的灌浆次序为先下游排，后上游排；先Ⅰ序孔，后Ⅱ序孔，最后Ⅲ序孔。

施工单位根据设计要求，对防渗工程进行了现场生产性试验和室内测试和检验。对设计参数，施工工艺，施工中可能存在的问题进行试验论证。试验结果表明，设计技术参数合理，各种施工用材符合相关规范要求，施工工艺能满足施工需要，可以用于防渗工程施工。

在防渗墙施工过程中，按要求进行了混凝土抗压强度、渗透系数、弹性模量等技术指标的取样试验，防渗墙完工以后进行了钻孔注水试验。

帷幕施工完成后，根据相关规范要求，基本按灌浆孔数的10%布置帷幕检查孔，进行钻孔取芯和压水试验。根据试验结果，帷幕检查孔全部达到了透水率5Lu的防渗指标，且有98%的孔段小于3Lu，满足设计要求。大坝防渗墙及帷幕灌浆布置见图1.2-2。

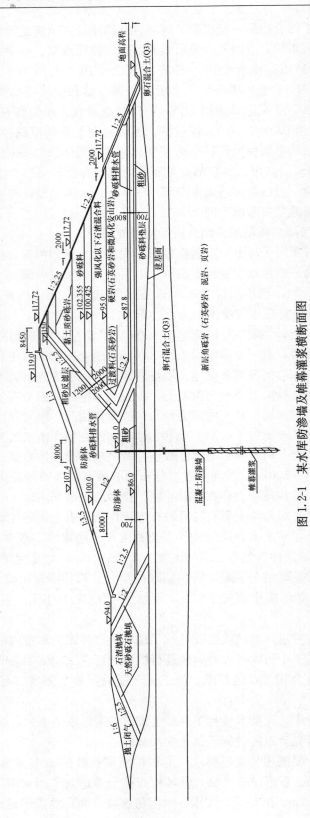

图 1.2-1 某水库防渗墙及帷幕灌浆横断面图

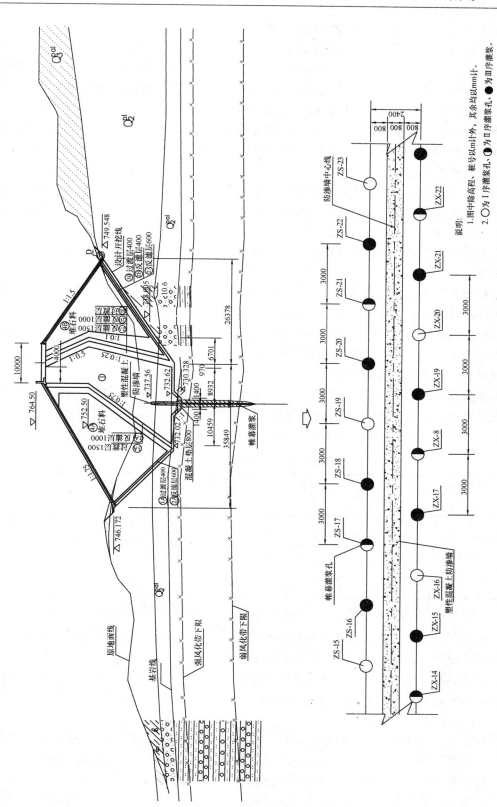

图 1.2-2 塑性混凝土防渗墙及帷幕灌浆布置图

3. 多头小直径水泥搅拌桩防渗墙进行防渗处理

某水库始建于1958年，大坝为均质土坝，上库设计库容1.8亿 m^3。调节灌溉面积73.65万亩，设计水位1031.15m；相应库容1.8亿 m^3，淹没面积108.0km^2，坝线总长56.59km，主坝顶高程1032.50m，防浪墙高1.0m，最大坝高7.93m，坝顶宽8.0m。

库区内为第四纪全新统冲积物，地形平缓，西南高，东北低，坡降1/1000～1/2000。地层岩性以粉细砂、粉质黏土为主，次为砂壤及中壤土层，各岩性土层交互沉积，粉质黏土主要分布于0～5.0m之间，5.0m以下为粉细砂，厚度大，局部为壤土透镜体，属无限深透水地基，渗透系数为0.5～8.0m/d。地下水位0.5～1.5m，矿化度5～20g/L。

防渗墙厚度的确定：水泥土防渗墙渗透破坏比降不小于200，取设计允许渗透破坏比降为70，水库运行最高水头6.6m，最小防渗墙厚度为 6.6×1000/70＝94mm，取最小成墙厚度160mm，钻头直径≥200mm。

多头小直径深层搅拌防渗墙顶端伸入重力式挡土墙前齿20cm，形成坝基与坝体的完整防渗系统。

本工程水泥土防渗墙技术指标：水泥掺入比≥15%，最小成墙厚度160mm，单元搭接长度100mm，90d抗压强度大于1.0MPa，墙体渗透系数 $K<A\times10^{-6}$ cm/s（1<A<10），渗透破坏比降大于200。水泥掺入比和水灰比，根据内地同行所取得的成功经验值，水泥掺入量在12%～15%，水灰比视地层结构，一般在0.9:1～1.5:1之间。结合本工程段地质结构，采用水泥掺入量采用15%。

多头小直径深层搅拌防渗墙属隐蔽工程，为了克服施工的盲目性，使工程顺利实施并能满足设计要求，首先进行了现场试验段试验。以确定适合实际情况的设计施工参数，如：浆压及供浆量，旋转速度、提升速度等，见表1.2-1。

防渗墙施工试验参数　　　　　　　　　　　　表1.2-1

水灰比	浆液密度 (g/cm^3)	供浆量 (L)	浆压 (MPa)	转速 (r/min)	提升速度 (m/min)	施工工艺	返浆量
0.6:1	1.84	729	36～38	37	0.2	四搅两喷	几乎不返浆
0.7:1	1.74	766	36～38	37	0.2	四搅两喷	微微返浆
0.8:1	1.7	948	36～38	37	0.2	四搅两喷	返浆较多
0.9:1	1.5	1055	36～38	37	0.2	四搅两喷	大量返浆

注：设计水泥用量210kg/m^3，掺入比15%；四搅两喷为：先两搅两喷，后两搅；返出的泥浆为水泥土浆。

多头小直径深层搅拌防渗墙施工参数的确定根据工程地质和水文地质条件，首先进行了试验段施工试验，以确定适合实际情况的一系列参数。

通过现场试验，0.7:1到0.8:1的水灰比较合理。采用0.8:1的水灰比浆液进行施工试验，取样进行试验，其抗压强度指标为4.0MPa；渗透系数为 1.6×10^{-7} cm/s，渗透比降150，均符合设计要求。

制浆站按设计水灰比0.8:1配制搅拌成水泥浆，水泥浆随配随用，将配制好的水泥浆泵送至储浆罐；同时桩机就位、调平、固定；搅拌下沉，同时开启输浆泵，至设计桩底高程，定位搅喷3s，然后搅喷提升至桩顶高程。此过程以地面微微返浆为最好，否则应调整提升速度；验孔合格，完成一个单元墙体施工，关闭搅拌机械；移至下一孔位，使前一单元墙体和后一单元墙体的搭接不少于 100mm，重复以上步骤。

本工程钻机采用加重型钻具及稳定的钻机底盘，在严格整平及孔口导向的作用下，具有理想的孔斜控制，孔斜率均控制在 0.35% 以内。在喷浆过程中，要严格控制喷浆量，这就要求根据不同的工程地质条件，分段采用不同的施工参数。

为检查施工质量，共布置 6 个检查孔，基本布置在主坝段。从检查孔取样进行了抗压、抗渗两项指标的试验。抗压强度 2.2～8.8MPa，k 值为 5.7×10^{-7}～9.8×10^{-8}cm/s，满足设计要求。

漏水量观测：施工日期 2004 年 4 月 15 日～2004 年 11 月 15 日，2004 年 12 月 15 日，库水位 1030.65m，坝后明流消失，和原来坝后情况相比，效果显著。

1.2.4 安全监测工程

各种水利水电工程建筑物大多建造在地质构造复杂、岩土特性不均匀的地基上，在各种力的作用和自然因素的影响下，其工作性态和安全状况随时都在变化。根据工程等级、规模、结构形式及其地形、地质条件和地理环境等因素，设置相应的监测项目及设施，以及时掌握建筑物的工作性态。国内外大量工程实践表明，对水利水电工程进行全面的监测和监控，是保证工程安全运行的重要措施之一。同时，将监测和监控的资料及时反馈给设计、施工和运行管理部门，又可为提高水利水电工程的设计及运行管理水平提供可靠的科学依据。

1. 监测工程内容

监测工程由以下几部分组成：

（1）监测工程中，为仪器安装埋设、电缆敷设、巡视观测、仪器设备维修等项目所做的土建工程；

（2）仪器组装率定与安装埋设工程；

（3）电缆敷设工程；

（4）仪器设备及电缆维护工程；

（5）观测与巡视及其有关工程；

（6）监测自动化系统工程；

（7）资料整理分析、反馈、安全预报及其有关工程。

2. 监测工程的施工组织设计

监测工程是隐蔽性较强、精度和准确度要求较高的工程，且贯穿在总体工程之中。施工组织设计是监测工程设计的重要组成部分，是编制工程概、预算和招、投标文件的主要依据，是工程施工的指导性文件。它对于正确确定监测系统布置、优化设计方案、合理组织施工、保证工程质量、避免与总体工程干扰、缩短工期、降低造价都有十分重要的作用。监测工程的施工程序和方法，常常受到相邻工程施工的影响，因施工条件的变化而变化，因此，施工程序和方法需要准备多种方案，以适应多变的施工条件。施工进度计划需在编制施工组织和作业循环图表、各种仪器设备安装埋设设计的基础上进行编制，并同时考虑工程总进度的要求。编制的施工技术规程应包括：土建施工规程、仪器设备组装检验率定规程、仪器设备安装埋设规程和观测与资料整理分析规程。此外，在技术规程中，应对监测工程施工有影响的施工条件提出有限定要求的文件。

3. 观测仪器设备安装埋设

监测工程施工的中心内容是观测仪器设备的安装埋设。监测工程施工必须按照设计要求精心施工，保证安装和埋设的质量。

(1) 仪器安装埋设设计

仪器安装埋设前，首先要根据监测系统的技术要求、施工组织设计和施工技术规程，提出仪器设备安装埋设施工大样图、仪器与测站连接系统图和附件加工图等。并提出技术准备和材料准备要求，以及电缆连接和仪器编号要求。这项工作一般需要在现场进行，可以根据现场实际条件作出切实可行的方案，有效地克服各种影响因素，确保质量和设备安全。

(2) 定位放样

放样前，应根据放样点的精度要求、现场作业条件和仪器设备状况，选择合理的放样方法，正确定位、定向。对有相对位置和方向要求的监测设备的安装，在现场放样时，应严格控制坐标位置。

(3) 土建施工

仪器安装埋设的土建工程包括：填筑、钻孔、开挖、整平、灌浆等。仪器埋设、安装有各种不同的要求，而且常有一些特殊要求，施工标准和工艺比较高，施工时，应严格规范操作。

(4) 仪器检验率定与试安装

仪器安装埋设前，应进行检验，有的需要通过率定检验。在准备工作完成之后，进行仪器试安装工作。通过检验率定和试安装，不仅可以检查仪器和附件是否合格，还可以熟悉安装埋设业务，检查准备工作是否充分。

(5) 安装埋设仪器

仪器的安装埋设应按施工图和技术规程进行，要严格遵照设计中所规定的仪器布置图和结构组装图。为了证明仪器完好性，必须在安装前后进行跟踪检测并记录。仪器安装埋设时的主要操作人员（包括监理人员），应熟悉设计布置的意图，熟悉监测系统和工程特性，并掌握仪器性能和结构特性。

(6) 观测电缆敷设

电缆敷设时，要严格按照仪器安装埋设设计书中所拟定的仪器与观测站的连接系统图、电缆连接敷设技术要求和走线程序进行施工。

(7) 安装埋设记录

仪器安装埋设和电缆敷设应做好记录，绘制现场安装埋设草图，在仪器和电缆埋设后应及时绘制竣工图，填写考证表，编写技术报告。

4. 监测工程质量控制方法

(1) 初期控制。在设计阶段必须通过必要的勘测、试验和研究得出参数，用于确定仪器布置位置、深度和数量。工程施工开始前，还必须进行各种试验，确定合理的标准和仪器安装工艺参数，以保证满足设计和规范要求。

(2) 施工控制。在仪器安装埋设的全过程中，必须对仪器、传感元件、材料、设备工艺等进行连续性的检验，以保证它们质量的稳定性，并做好以下安装记录：

1) 仪器的种类、型号、编号和说明；

2) 仪器的位置、坐标和高程；

3) 仪器安装的时间和日期；

4）气候、温度、风和雨的情况；
5）安装期周围施工状况；
6）钻孔（挖槽）时的记录、岩芯、地下水观测和任何例外观测的描述；
7）安装过程中的记录、方法、材料和任何例外的观察；
8）绘制按比例的平面和剖面图表示仪器埋设所在的位置、电缆的准确位置、电缆所有接头的部位和仪器安装所用的材料；
9）安装期间的调试及其测试数据；
10）测取初始读数。

安装记录应由承包商和监理工程师双方签字。

（3）监测控制。包括数据采集记录、数据处理与反馈、仪器维护与标定。这个阶段，首先根据规定的读数频率，满足系统性和时间上的连续性要求，以仪器的精度和准确度为标准检测或判定数据的偏差是否正常。定期进行现场标定，以检查仪器工作状态，及时维修和校正。监测自动化系统调试时，应与人工观测数据进行同步比测，并将监测自动化的基准调整到与人工观测相一致，应进行整机和取样检验考核。

（4）合格控制。合格控制可分为仪器安装合格验收和工程交付使用前的合格验收。控制监测工程合格质量水平的一个重要环节，是控制仪器性能的均值及其标准差能满足设计规定的最小变化速率要求。

5. 监测技术发展

水利水电工程安全监测是一个新兴的专业，近几十年来发展很快，这一方面是因为世界各国对水力资源的不断开发和利用，兴建的大坝及其他类型的水工建筑物已达数十万座，工程的安全问题已成为公众关心的重大问题之一；另一方面也因为工程安全监测技术涉及很多专业，有众多专业人士的积极参与和配合。

随着科学技术的飞速发展和投入力度的不断加大，进入 21 世纪以来，我国在大坝安全监测技术方面得到了迅速的发展，主要表现在安全监测仪器产品质量的提高和新产品、新技术的不断出现。目前我国差阻式仪器由 3 线制改为 5 线制测量方式，仪器电阻、电阻比测量精度、遥测距离、抗干扰能力均优于国外厂家，处于国际先进水平；数据采集和数据传输技术已经接近世界先进水平。我国大坝安全监测自动化系统研究工作是从 20 世纪 80 年代初起步的。近年来，随着科学技术的发展，大坝安全监测自动化系统也得到了长足的发展，目前，比较有代表性的大坝安全监测系统有南京南瑞公司开发的 DAMS—Ⅳ大坝监测系统、南京水文自动化研究所开发的 DG 型大坝监测系统等；观测资料分析已经进入软件化阶段，直接服务于大坝安全；建立在大坝安全监测自动化系统之上的各种信息系统也已出现。

工程安全监测服务于工程建设，与建设过程密不可分，有很强的工程性，同时它又涉及多个学科和多个专业，有很强的技术综合性。它有自己的专业特点，但又依附于多个专业而发展（包括水工结构、岩土力学、仪器仪表、计算机技术、自动控制、数值计算、系统科学以及工程设计与施工等），可以认为它是一个跨学科、跨专业的综合性工程科技领域。

从工程安全监测的发展趋势来看，其主要目的已从当初的验证设计转为监视工程安全，并且越来越强调对建筑物及其地基整体性状进行全过程（即从施工到蓄水、运行）的监测。由于水利工程建设环节多，任何一座水工建筑物从施工到完建必然隐含了诸多风险，近几年人们开始从风险分析的角度来看待工程管理。从这一观点出发，安全监测的目的就是要及时发现和处理因这些风险因素可能造成的工程安全事故，进而杜绝事故或把事故的损失降低到最低程度。为了适应安全监测系统功能需求的不断提高，监测仪器及数据采集方式已从人工测读向自动化方向发展，监测资料分析逐渐从被动性的后处理向主动性的实时分析过渡，安全监测的重点也从监测向监控转变。这些都要求我们用全新的观念去研究、设计、布置、管理工程安全监测系统。

1.3 水利工程项目管理

1.3.1 南水北调工程

1. 南水北调工程建设管理组织机构

正在建设的南水北调工程是一项长距离、跨流域的特大型调水工程。南水北调工程总体规划是分别从长江的下游、中游和上游调水约 450 亿 m^3，通过东线、中线、西线三条调水线路，使长江、黄河、淮河、海河四大江河相连，形成"四横三纵"的总体格局，以实现中国水资源的南北调配和东西互济的目标。南水北调工程既具有公益性性质，又具有一定的经营性性质，具有跨流域、跨地区、涉及范围广、投资大、周期长等特点。建设管理涉及技术、经济、环境、社会等诸多方面。

南水北调工程建设管理组织机构由政府管理机构、专家咨询服务和工程建设管理三个层面构成，具体由南水北调工程建设领导机构和办事机构、专家咨询委员会、项目法人管理机构等组成。其中：

(1) 政府管理机构由中央建设管理组织机构和地方建设管理组织机构构成

1) 中央建设管理组织机构为国务院南水北调工程建设委员会。该组织是南水北调工程建设的高层次决策机构，其任务是决定南水北调工程建设的重大方针、政策、措施和其他重大问题。国务院南水北调工程建设委员会的具体办事机构为国务院南水北调工程建设委员会办公室。其主要职能为：研究提出南水北调工程建设的有关政策和管理办法，起草有关法律法规草案；协调南水北调工程建设的有关重大问题；负责南水北调主体工程建设的行政管理；负责主体工程投资总量的监控和年度投资计划的实施；协调、落实和监督主体工程建设资金的筹措、管理和使用；协调、指导和监督、检查南水北调工程建设工作，负责主体工程建设质量监督管理；负责南水北调主体工程的监督检查和经常性稽察等工作；具体承办南水北调主体工程阶段性验收、单项（单位）工程验收的组织协调工作及竣工验收的准备工作。

2) 地方建设管理组织机构为省市南水北调工程建设领导机构及办事机构。南水北调工程沿线 7 省市设立了南水北调工程建设领导机构及办事机构，其主要任务是：贯彻落实国家有关南水北调工程建设的法律、法规、政策、措施和决定；负责组织或协调征地拆迁、移民安置；参与协调省、自治区、直辖市有关部门实施节水治污及生态环境保护工作，检查监督治污工程建设；负责南水北调地方配套工程建设的组织协调，提出配套工程建设管理办法。

(2) 专家咨询机构由国务院南水北调工程建设委员会专家委员会构成

国务院南水北调工程建设委员会专家委员会的主要任务：

1) 对南水北调工程建设中的重大技术、经济、管理及质量等问题进行咨询；

2) 对南水北调工程建设中的工程建设、生态环境（包括污染治理）、移民工作的质量进行检查、评价和指导；

3) 有针对性地开展重大专题的调查研究活动。

(3) 工程建设管理组织机构由项目法人（项目业主）和专业项目建设管理机构构成

1) 南水北调主体工程的项目法人（项目业主）主要有南水北调东线江苏水源有限责任公司、南水北调东线山东干线有限责任公司、南水北调中线水源有限责任公司和南水北调中线干线工程建设管理局（南水北调中线干线有限责任公司）。建设期间项目法人的主要任务是对工程的质量、安全、进度、筹资和资金使用负总责。其主要任务为：依据国家有关南水北调工程建设的法律、法规、政策、措施和决定，负责组织编制单项工程初步设计，负责落实主体工程建设计划和资金，对主体工程质量、安全、进度和资金等进行管理，为工程建成后的运行管理提供条件，协调工程建设的外部关系。

2) 专业项目建设管理机构是指按照国务院南水北调工程建设委员会办公室《南水北调工程代建项目管理办法（试行）》以及《南水北调工程委托项目管理办法（试行）》选择的专业性项目建设管理单位。专业项目建设管理机构受南水北调工程项目法人委托，按照合同约定，代表项目法人对南水北调1个或若干单项工程的建设进行全过程或若干阶段的建设管理。

2. 专业项目建设管理机构

(1) 实行代建制的项目管理机构

南水北调工程代建制是指在南水北调主体工程建设中，南水北调工程项目法人（项目业主）通过招标方式择优选择具备项目建设管理能力，具有独立法人资格的项目建设管理机构或具有独立签订合同权利的其他组织（即项目管理单位），承担南水北调工程中一个或若干个单项、设计单元、单位工程项目全过程或其中部分阶段建设管理活动的建设管理模式。南水北调工程涉及省（市）边界等特殊项目需要实行代建制的，经国务院南水北调工程建设委员会办公室（以下简称国务院南水北调办）同意，项目法人可以通过直接指定的方式选定项目管理单位。

南水北调工程项目管理单位实行资格条件审查，只有通过项目管理资格条件审查的，才可以承担相应工程项目的建设管理。项目管理单位按基本条件分为甲类项目管理单位和乙类项目管理单位，其中甲类项目管理单位可以承担南水北调工程各类工程项目的建设管理，乙类项目管理单位可以承担南水北调工程投资规模在建安工作量8000万元以下的渠（堤）、河道等技术要求一般的工程项目的建设管理。

甲类项目管理单位必须具备以下基本条件：

1) 具有独立法人资格或具有独立签订合同权利的其他组织，一般应从事过类似大型工程项目的建设管理；

2) 派驻项目现场的负责人应当主持过或参与主持过大型工程项目建设管理，经过专项培训；

3) 项目现场的技术负责人应当具有高级专业技术职称，主持过或参与主持过大中型水利工程项目建设技术管理，经过专项培训；

4) 在技术、经济、财务、招标、合同、档案管理等方面有完善的管理制度，能够满足工程项目建设管理的需要；

5）组织机构完善，人员结构合理，能够满足南水北调工程各类项目建设管理的需要；

6）在册建设管理人员不少于 50 人，其中具有高级专业技术职称或相应执业资格的人员不少于总人数的 30%，具有中级专业技术职称或相应执业资格的人员不少于总人数的 30%，具有各类专业技术职称或相应执业资格的人员不少于总人数的 70%；

7）工作场所固定，技术装备齐备，能满足工程建设管理的需要；

8）注册资金 800 万元人民币以上；

9）净资产 1000 万元人民币以上；

10）具有承担与代建项目建设管理相应责任的能力。

乙类项目管理单位必须具备以下基本条件：

1）具有独立法人资格或具有独立签订合同权利的其他组织，一般应从事过类似中小型工程项目的建设管理；

2）派驻项目现场的负责人应当主持过或参与主持过中小型工程项目建设管理，经过专项培训；

3）项目现场的技术负责人应当具有高级专业技术职称，主持过或参与主持过中小型水利工程项目建设技术管理，经过专项培训；

4）在技术、经济、财务、招标、合同、档案管理等方面有较完善的管理制度，能够满足工程项目建设管理的需要；

5）组织机构完善，人员结构合理，能够满足渠（堤）、河道以及中小型水利工程项目建设管理的需要；

6）在册建设管理人员不少于 30 人，其中具有高级专业技术职称或相应执业资格的人员不少于总人数的 20%，具有中级专业技术职称或相应执业资格的人员不少于总人数的 30%，具有各类专业技术职称或相应执业资格的人员不少于总人数的 70%；

7）工作场所固定，技术装备齐备，能满足工程建设管理的需要；

8）注册资金 400 万元人民币以上；

9）净资产 500 万元人民币以上；

10）具有承担与代建项目建设管理相应责任的能力。

（2）实行委托制的项目管理机构

南水北调工程建设管理委托制是指经国务院南水北调工程建设委员会办公室核准，南水北调工程项目法人（项目业主）将南水北调部分工程项目的建设管理工作直接委托项目所在地（有关省、直辖市）项目建设管理单位负责。负责委托项目建设管理的项目建设管理单位由项目所在地省（直辖市）南水北调办事机构指定或组建。

项目建设管理单位是委托项目实施阶段的建设管理责任主体，依据国家有关规定和建设管理委托合同对项目法人负责，对委托项目的质量、进度、投资及安全负直接责任。项目建设管理单位的基本要求：

1）法人或具有独立签订合同权利的其他组织；

2）派驻项目现场的负责人应当主持过或参与主持过大中型水利工程项目的建设管理并经过相关专项培训；

3）派驻项目现场的技术负责人应当具有高级专业技术职称及相应的执业资格，从事过大中型水利工程项目建设技术管理并经过相关专项培训；

4）技术、经济、财务、招标、合同、档案管理等方面有完善的管理制度，能满足委托项目建设管理的需要；

5）组织机构完善，人员结构合理，具有各类专业技术职称的人员不少于总人数的70%，能够满足委托项目建设管理的需要；

6）拥有适当的机构支持以及办公场所；

7）具有承担与委托项目建设管理相应责任的能力。

3. 代建制的项目管理

(1) 项目管理单位依据国家有关规定以及与项目法人签署的委托合同，独立进行项目建设管理并承担相应责任，同时接受依法进行的行政监督及合同约定范围内项目法人的检查。项目管理单位与项目法人在项目管理方面的主要职责划分：

1）项目法人通过招标方式择优选择南水北调工程项目勘察设计单位和监理单位，其勘察设计合同和监理合同可由项目法人委托项目管理单位管理。

2）项目管理单位通过招标方式择优选择南水北调工程项目施工单位以及重要设备供应单位。招标文件以及中标候选人需报项目法人备案。

3）项目法人与项目管理单位、项目管理单位与监理单位的有关职责划分应当遵循有利于工程项目建设管理，提高管理效率和责权利统一的原则。

4）项目管理单位在合同约定范围内就工程项目建设的质量、安全、进度和投资效益对项目法人负责，并在工程设计使用年限内负质量责任。项目管理单位的具体职责范围、工作内容、权限及奖惩等，由项目法人与项目管理单位在项目建设管理委托合同中约定。项目法人应当为项目管理单位实施项目管理创造良好的条件。

5）项目管理单位应当为所承担管理的工程项目派出驻工地代表处。工地代表处的机构设置和人员配置应满足工程项目现场管理的需要。项目管理单位派驻现场的人员应与投标承诺的人员结构、数量、资格相一致，派驻人员的调整需经项目法人同意。

6）项目工程款的核定程序为监理单位审核，经项目管理单位复核后报项目法人审定。项目工程款的支付流程为项目法人拨款到项目管理单位，由项目管理单位依据合同支付给施工承包单位。

7）项目法人与项目管理单位签订的有关项目建设管理委托合同（协议、责任书）应当体现奖优罚劣的原则。项目法人对在南水北调工程建设中有突出成绩的项目管理单位及有关人员进行奖励，对违反委托合同（协议、责任书）或由于管理不善给工程造成影响及损失的，根据合同进行惩罚。

(2) 实例一，南水北调中线京石段应急供水工程（北京段）北拒马河暗渠工程项目建设管理招标。

2008年5月，项目法人南水北调中线干线工程建设管理局对该项目的建设管理进行国内公开招标。

1）工程概况，北拒马河暗渠由河北省涿州市西村北起，经北拒马河至北京房山区大石窝镇北拒马河北支北岸止，是南水北调中线总干渠冀京交界的连接建筑物和穿越北拒马河中支、北支的大型交叉建筑物。工程为Ⅰ等工程，主要建筑物为1级建筑物。该段总干渠长度1781.05m，由渠首枢纽、暗渠、退水系统三部分组成，暗渠设计流量$50 m^3/s$，加大流量 60m³/s，退水建筑物设计规模为 25m³/s。本工程计划总工期 23 个月。

2) 招标内容。南水北调中线京石段应急供水工程（北京段）北拒马河暗渠工程项目建设管理工作。

3) 资格要求符合甲类项目管理单位基本条件。实行资格预审，不接受联合体投标。

4) 资格预审文件的主要内容：

①投标人营业执照（需交验副本原件，留存加盖公章的正本复印件）；

②投标人从事过类似大型工程项目的建设管理业绩证明材料；

③拟派驻项目现场的负责人情况（需提交专业技术职称证书、主持或参加过的大型建设工程项目管理的业主证明材料）；

④拟派驻项目现场的技术负责人情况（需提交高级专业技术职称证书、主持过或参与大中型水利工程项目建设技术管理的业主证明材料）；

⑤投标人现有的技术、经济、财务、招标、合同、档案管理等方面管理制度清单；

⑥投标人组织机构、人员结构情况；

⑦投标人现有技术装备情况；

⑧投标人近三年财务报表及 2004 年审计报告；

⑨其他能证明投标人履约能力、业绩和信誉的材料。

(3) 实例二，南水北调中线干线工程京石段应急供水工程（石家庄至北拒马河段）代建项目建设管理Ⅰ标、Ⅱ标招标。

2008 年 8 月，南水北调中线干线工程建设管理局对该工程代建项目建设管理Ⅰ标、Ⅱ标进行国内公开招标。

1) 招标内容。项目建设管理Ⅰ标（合同编号：ZXJ/DJ/HBD-001）包括京石段应急供水工程（石家庄至北拒马河段）直管或代建项目施工第三标、第四标的项目建设管理工作。

项目建设管理Ⅱ标（合同编号：ZXJ/DJ/HBD-002）包括京石段应急供水工程（石家庄至北拒马河段）直管或代建项目施工第九标的项目建设管理工作。

2) 工程概况。京石段应急供水工程（石家庄至北拒马河段）直管或代建项目施工第三标位于河北涞水县，自下车亭隧洞进口至西水北南沟排水，全长 5.88km，计划施工总工期 21 个月；京石段应急供水工程（石家庄至北拒马河段）直管或代建项目施工第四标位于河北涞水县，自高子坨公路桥至七二六石公路桥，全长 6.745km，计划施工总工期 18 个月。

京石段应急供水工程（石家庄至北拒马河段）直管或代建项目施工第九标为沙河（北）倒虹吸工程，设计流量 165m³/s，加大流量 190m³/s。工程由穿河建筑物、退水闸、连接渠及附属建筑物等组成，总长 2834m，计划施工总工期 25 个月。

3) 资格要求符合甲类项目管理单位基本条件。实行资格预审，不接受联合体投标。潜在投标人可就上述一个或两个标段申请参加资格预审。

4. 验收管理

为加强南水北调工程验收管理，明确验收职责，规范验收行为，根据国家有关规定，结合南水北调工程建设的特点，国务院南水北调工程建设委员会办公室 2006 年和 2007 年先后印发了《南水北调工程验收管理规定》和《南水北调工程验收工作导则》NSBD 10—

2007。主要规定有:

(1) 南水北调工程验收分为施工合同验收、设计单元工程完工验收、部分工程完工(通水)验收和南水北调东、中线一期主体工程竣工验收以及国家规定的有关专项验收。

(2) 验收工作的依据是国家有关法律、法规、规章和技术标准,主管部门有关文件,经批准的工程设计文件及相应的工程设计变更、修改文件,以及施工合同等。

(3) 国务院南水北调工程建设委员会办公室(简称"南水北调办")负责南水北调工程竣工验收前各项验收活动的组织协调和监督管理。省、直辖市南水北调办事机构根据南水北调办的委托,承担相应监督管理工作。

(4) 施工合同验收是指项目法人(或项目管理单位)与施工单位依法订立的南水北调工程项目施工合同中约定的各种验收。包括:

1) 施工合同验收包括分部工程验收、单位工程验收、合同项目完成验收。项目法人(或项目管理单位)可以根据工程建设的需要,适当增加阶段验收以及其他类型的验收并在合同中提出相应要求。

2) 施工合同验收由项目法人(或项目管理单位)主持,其中分部工程验收可由监理单位主持。项目建设管理委托或代建合同中应明确项目管理单位有关验收职责。

经南水北调办确定的特别重要工程项目的蓄水、通水、机组启动等阶段验收由南水北调办或其委托单位主持。

3) 施工合同验收工作由项目法人(或项目管理单位)、设计、监理、施工等有关单位代表组成的验收工作组负责,必要时可邀请工程参建单位以外的专家参加。

4) 施工合同验收的主要成果性文件分别是"分部工程验收签证书"、"机组启动验收鉴定书"、"单位工程验收鉴定书"以及"合同项目完成验收鉴定书"。阶段验收的主要成果性文件是"阶段验收鉴定书"。

(5) 设计单元工程按照批准的初步设计全部完成且通过所有施工合同验收后,项目法人应及时申请设计单元工程完工(竣工)验收(即《南水北调工程验收管理规定》中的"设计单元工程完工验收")。

其中,南水北调中线干线工程中委托地方负责建设管理的项目,申请设计单元工程完工(竣工)验收前,南水北调中线干线工程建设管理局应组织进行设计单元工程项目法人验收。相关验收程序、工作内容和成果性文件格式等要求参照合同项目完成验收执行。验收完成后,南水北调中线干线工程建设管理局应将验收报告及时报送南水北调办,同时抄送相关省(直辖市)南水北调办。

(6) 完工(竣工)验收可分两阶段进行,即先进行技术性初步验收,再进行完工(竣工)验收。技术复杂的工程应组织技术性初步验收。南水北调办或其委托单位根据需要确定是否组织技术性初步验收。

(7) 完工(竣工)验收的依据是南水北调办、国家及行业有关规定,经批准的工程设计文件及相应的工程设计变更文件、施工合同等。

(8) 技术性初步验收由完工(竣工)验收主持单位组织成立的初步验收工作组负责,工作组可以根据工程需要分设若干专业组按专业进行工程技术性检查。技术较复杂的项目,可以成立专家组或委托具有资质的单位承担技术性检查工作。

(9) 工程移交包括施工单位向项目法人(或项目管理单位)移交以及项目管理单位向

项目法人移交。移交的内容包括工程实体和其他固定资产以及应移交的工程建设档案。

通过合同验收的项目原则上应移交项目法人（或项目管理单位）管理并进入工程质量保修期，施工合同另有约定的除外。

实施委托或代建的项目，设计单元工程完工验收通过后，项目管理单位应将工程项目移交项目法人管理。

工程参建单位应完善工程移交手续。工程移交时，交接双方应有完整的文字记录并有双方代表签字。

（10）实行委托或代建管理的项目，工程项目"设计单元工程完工（竣工）验收鉴定书"或"合同项目完成验收鉴定书"是工程全面移交项目法人管理的依据。移交工作应在委托或代建合同约定的时间内完成。

（11）工程质量保修期以工程通过合同项目完成验收或完成工程移交后开始计算，但合同另有约定的除外。对工程不同项目可以根据项目完成情况分别计算保修期，也可以按全部合同项目完成后计算保修期。

（12）工程移交后，由于设计、施工、材料以及设备等质量问题造成的重大质量问题，应由工程项目接收单位负责组织处理，其他工程参建单位按照各自合同确定的责任承担具体处理工作和相应的处理经费。由于使用不当以及管理不善等原因造成的事故，应由工程项目接收单位负责处理，其他工程参建单位应协助处理。

1.3.2　太仓港区六期围滩吹填工程

1. 工程概况

苏州港太仓港区六期围滩吹填工程（简称太仓六期工程）位于江苏省太仓市璜泾镇，长江口南支上段，新太海汽渡与新泾河口之间。主要开发新泾河口以上长约2835m的长江岸线，本工程由西侧堤、纵向围堤、东侧堤组成，并形成圈围。工程完成后共形成围堤总长3996m，形成岸线总长2835m；圈围中吹填成陆，可为港区形成陆域面积280.97万m²（约合4214.3亩），总投资约5.68亿元人民币。工程总体布置见图1.3-1。

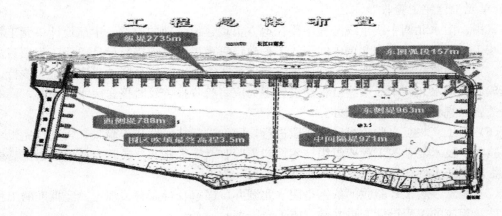

图1.3-1　工程总体布置图

根据《防洪标准》GB 50201—1994，太仓六期工程等别属Ⅱ等，防洪标准为50年一遇风暴潮。主要建筑物围堤的等级为2级，设计标准为50年一遇高潮位加50年一遇设计风速。龙口为临时建筑物，等级为4级。

主要工程项目包括堤基处理、抛石护脚、软体排、围堤填筑、滩地吹填、护坡工程以及防浪墙和路面等。工程于 2005 年 11 月 19 日开工，2007 年 1 月 9 日完工。

本工程采用设计采购施工总承包（EPC）模式建设。EPC 工程总承包的管理模式在国外较为普及，但国内目前的管理模式的主流依然是项目法人自行管理，即由项目法人成立工程建设单位负责整个项目的实施与管理。EPC 工程管理模式的核心是承包商的管理模式，实行的是"交钥匙工程"。

太仓六期工程的项目法人是太仓华电开发建设有限公司（简称太仓华电公司），总承包单位是长江勘测规划设计研究院（简称长江设计院）。太仓华电公司主业是电力工程，而太仓六期工程属跨行业的工程，一是从缺乏水利工程经验，需要找一个经验丰富、实力雄厚的总承包单位；二是从降低工程成本和保证工程质量两方面考虑，决定采用工程总承包（EPC）模式建设本工程。

在太仓前五期围滩吹填工程中，长江设计院曾分别参与了其中四期的设计，掌握了大量的第一手资料。长江设计院与太仓华电公司于 2003 年初签订设计施工总承包框架协议。

2005 年 11 月 18 日，太仓华电开发建设有限公司与长江设计院正式签定了《苏州港太仓港区六期围滩吹填工程设计施工总承包合同》。本工程施工分为Ⅰ、Ⅱ两个标段，由两个施工分包单位承担。

2. 项目法人与总承包单位的职责划分

太仓华电公司的主要职责：

（1）在前期项目决策阶段，组织项目建议书、可行性研究的编制及相关的报批立项等；组织初步设计审查，作出投资决策；负责政府关系的协调，办理各种许可证；建设资金筹措及风险管理，选择总承包单位并签订合同，提供施工条件；按规定向总承包商支付工程费用等。

（2）在建设阶段进行总体控制，监督和控制项目建设过程中的投资、进度、质量与安全，对工程项目管理多采用间接而非直接方式。

（3）项目建成后负责人员培训、生产经营、归还贷款等。

总承包单位的工作分为项目策划、设计、采购、施工、验收等五阶段，各阶段主要职责：

（1）项目策划阶段，参与建设单位的前期项目审查立项工作；分析承担 EPC 管理的可行性；做好投标报价等工作，提交履约担保，签订 EPC 总承包框架协议；现场考察、项目策划、合同谈判与签定。

（2）项目设计阶段，配备专业齐全的设计管理部门与人员；进行项目的初步设计和施工详图设计等及其优化设计工作，开展全过程的设计与管理工作；对设计阶段的质量、进度和费用控制；对设计与采购、施工环节的交叉管理；编制设计变更控制程序等。

（3）项目采购阶段，制定项目材料控制计划；建立材料控制基准；进行各类询价、议价、招标等活动，选定设备和材料供应分包商；设备材料的数量、质量、进度跟踪与控制；协调设计、采购、施工等部门之间在物资管理与控制方面的关系。

（4）项目施工阶段，通过招标投标选择施工分包商，审核各个分包商的工作；协调项目实施过程中各分包商之间的关系，保证工程的顺利进行；对工程项目进行全面的质量、进度、安全、环境保护等控制管理，达到规定的预期目标，并对其结果负责；针对总承包商所需承担的设计、施工、经济、自然环境、分包商等风险,制定风险管理及应对计划,并根据实际情况确定实施措施;项目实施过程中自觉接受建设单位(监理工程师)的监督检查;提供建设单位(监理机构)需要的各种统计数据和报表,及时完整地移交有关工程资料档案。

(5)项目验收阶段,协助建设单位组织工程的竣工验收等工作,并对验收中发现的问题及时进行改进;修补工程中任何缺陷,对已完工程的做好保护工作,直至办理完工程移交手续;及时办理验收移交手续等。

3. 总承包现场组织机构

总承包单位在现场成立项目部,项目部由项目经理、副经理、总工程师、副总工程师及工程部、质量安全部、技术部、综合部和施工标段项目部组成。现场项目部组织机构如图1.3-2所示。

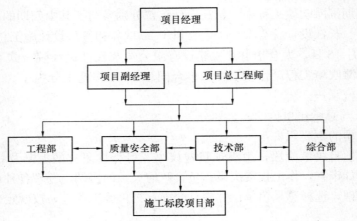

图1.3-2 现场项目部组织机构

项目部主要负责人及各部门职责:

(1)项目经理

代表总承包单位履行设计施工总承包合同,进行项目管理。主要岗位职责包括:

1)负责项目生产组织协调及资源配置,对项目质量、进度、费用控制全面负责;

2)确定建设工程总承包项目部的人员分工和岗位职责,负责制定项目部各项规章制度并监督实施;

3)组织编制工程项目施工组织方案和项目总承包实施计划,负责总承包单位管理项目的日常工作;

4)审查施工分包单位的资质,并提出审查意见;

5)负责贯彻总承包单位质量管理体系文件,确保质量管理体系在本项目范围内有效运行;

6)主持项目部的工作会议,签发项目部的文件和指令;

7)负责质量目标的制定和考核;

8)负责总承包单位授权范围内的合同签订。

项目副经理受项目经理委托,对分管的工作负责。

(2)项目总工程师

1) 采取有效措施保证总承包单位质量管理体系在本项目中的持续有效的运行；
2) 负责制定项目工程质量、生产安全、环境保护控制体系及措施，并监督实施；
3) 负责制定施工技术措施，负责处理实施过程中的施工技术问题；
4) 负责组织编制和审查施工组织设计；
5) 负责组织编制项目的工程结算与决算报告，审查施工分包单位提交的计量支付、合同变更、工程决算报告；
6) 负责审定项目的《施工月报》、《质量安全月报》；
7) 负责审查施工分包单位提交的施工方案、措施、作业指导书等；
8) 负责审查施工分包单位提交的工程质量、安全事故报告；
9) 负责审查施工分包单位制定的施工质量安全目标、控制措施；
10) 负责审查施工分包单位制定的施工安全、环保、文明施工目标及控制措施；
11) 负责审查施工分包单位提交的技术总结、竣工报告等技术文件；
12) 负责施工过程中工程质量、安全事故处理；
13) 负责竣工验收资料整理、资料的归档工作。

项目副总工程师受项目总工程师委托，对分管的工作负责。

（3）工程部

1) 负责施工组织设计、施工进度计划、竣工报告等，对施工进度进行控制和协调，每周召开施工例会，检查和安排每周的工作计划，协调解决施工中存在的问题，确保每周计划按期完成；
2) 与项目法人、监理单位、施工分包单位、地方政府及相关单位进行沟通，协调施工干扰；
3) 审查施工分包单位报送单项施工方案及施工测量成果；
4) 施工现场管理，监督检查施工分包单位合同执行情况；
5) 合同管理，办理工程项目计量与支付，组织编制工程决算报告；
6) 办理合同变更与索赔；
7) 工程项目信息的收集、整理、统计和发布，组织编制《施工周报》、《施工月报》；
8) 组织编制技术总结、竣工报告、决算报告等技术文件。

（4）质量安全部

1) 对各标段的工程质量和安全生产进行统一管理，负责制定项目部的质量和安全工作目标、计划，并组织贯彻实施；
2) 对施工分包单位的工程质量、安全生产及环境保护进行监督管理，审查各施工分包单位专职质量和安全管理人员的资质，指导施工分包单位进行质量与安全生产管理制度建设，定期将质量和安全生产情况向项目部领导报告；
3) 组织开展质量、安全生产和环境保护宣传教育工作，协助项目部总工程师组织进行质量和安全生产规程、规定的学习，督促施工分包单位对新入场的施工人员的质量安全教育；
4) 定期巡视各施工作业面，对检查出来的质量和安全隐患及时提出书面整改意见，督促施工分包单位整改到位，并做好原始记录；
5) 督促施工分包单位的施工机械（机具）、交通车辆和水上作业船舶的施工安全。以及施工分包单位的防火防爆安全管理工作；

6）不定期召开施工分包单位质量与安全工作的例会；协调Ⅰ、Ⅱ标段施工分包单位的质量与安全工作；

7）参加各类事故的调查处理工作，并做好质量安全报表；

8）参与施工过程的质量跟踪检查和工程验收工作。

（5）技术部

1）负责项目前期各阶段勘察设计工作；

2）负责进行施工详图阶段设计工作，根据现场施工实际进度及时提供设计文件；

3）提供施工期技术支持，参加设计交底，负责设计变更或变更设计工作；

4）参与工程管理、质量管理和计量支付工作；

5）参与工程各阶段的验收工作；

6）负责编写技术报告，参加竣工验收报告。

（6）综合部

1）负责项目部内部行政、人事管理、生活服务及保卫工作，内、外部关系协调和对外接待工作；

2）负责管理项目财务及内部会计工作，办理纳税；

3）负责项目工程资金的筹集、调度、结算支付和债务偿还及管理；建立健全各类统计台账，负责项目进度款支付；

4）负责项目投资的核算和管理，协助项目工程竣工决算的编制，参与项目的经营决策和各类经济合同的洽谈、招标投标工作；

5）负责工程资料、文函管理、归档工作；

6）负责办理工程及人身保险业务；

7）负责印章管理，设备、资产购置及管理。

（7）施工标段项目部

施工标段项目部由标段项目经理负责组织本标段的施工，标段项目经理负责人员的调配，组织材料供应及现场施工，建立及落实各项规章制度等事宜。施工标段项目部的主要职责：

1）负责本标段的项目工程质量、进度、生产安全、环境保护控制体系及措施，并监督实施；

2）负责本标段施工技术措施制定和落实，处理实施过程中的施工技术问题；

3）负责组织编制本标段施工组织设计；

4）负责本标段项目的工程结算与决算报告，审查本标段提交的计量支付、合同变更、工程决算报告；

5）负责本标段与其他标段及相关单位的协调；

6）负责编制本标段的施工方案、措施、作业指导书等；

7）负责本标段施工过程中工程质量、安全事故处理；提交工程质量、安全事故报告；

8）负责确定本标段的施工质量安全目标，制定控制措施；

9）负责本标段的施工安全、环保、文明施工目标及控制措施的落实；

10）负责本标段的技术总结、竣工报告等技术文件编制；

11) 负责本标段竣工验收资料整理、资料的归档工作。

4. 施工质量管理

(1) 工程质量目标

本工程质量总体目标为工程施工质量达到《港口工程质量检验评定标准》JTJ 221—1998 优良等级。其具体目标为各类原材料符合设计要求,合格率100%;各类检测资料齐全,砂浆、混凝土试件强度合格率100%;分项工程一次验收合格率100%,优良率达85%以上,全工程无重大质量责任事故。

(2) 工程质量管理体系

工程质量管理体系建立的原则是紧紧围绕质量目标,制订切实可行的质量措施,坚持"以人为本",通过相应的组织保证措施和有效的质量管理体系,实现项目施工整个过程的动态质量控制。工程质量管理体系如图1.3-3 所示。

(3) 工程质量主要控制措施

1) 向施工分包单位进行质量交底,向施工分包单位落实施工控制工序和质量控制点;

2) 每天对施工现场进行质量巡查,并做好施工记录;

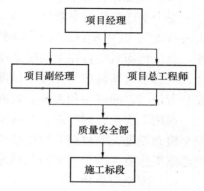

图 1.3-3 工程质量管理体系

3) 督促各标段质量管理部门制定具体质量控制及保证措施;

4) 定期检查各标段项目部在施工过程中质量保证措施的落实情况,若有违规者,督促其整改,并做好书面检查记录;

5) 对原材料、中间产品进行见证取样、检测、验收;

6) 对各道工序进行验收;

7) 现场巡查过程中,发现质量隐患时,及时通知相应标段专职质量员,督促其进行现场处理,并做好现场记录;

8) 发现重大质量隐患,立即通知相应标段质量管理部门,并报告项目部领导;

9) 发现各标段有违章作业和违章指挥时,立即进行制止。

(4) 工程质量验收程序

1) 单项工程验收;

2) 自检合格并有完整的施工记录;

3) 填写单项工程质量评定表;

4) 项目经理部验收合格;

5) 填写验收评定结果;

6) 总承包单位验收合格并申请验收;

7) 监理工程师验收;

8) 签署验收意见。

5. 施工安全管理

施工安全管理主要从施工全过程安全管理入手,认真贯彻安全生产方针、全面贯彻执行《中华人民共和国安全生产法》等有关法规,建立健全各项安全生产管理制度,完善安全生产技术措施,加强对施工区和生活区的管理,创造良好的文明施工和安全生产环境。

(1) 建立健全安全管理体系

实行项目经理部、施工队、作业班(组)三级安全管理,各级机构第一管理者亲自抓。安全作业层成立相应的安全管理机构,配齐专职安全员,负责制订安全工作计划,开展多层次、多形式的安全教育和岗位培训及安全生产竞赛活动增强全员安全意识。定期组织安全生产检查、召开安全会议,总结安全生产情况、分析安全形势,研究和解决施工中存在的问题。

(2) 落实各项安全生产管理制度

安全生产责任制对项目各级部门及人员的安全职责作出明确规定,做到"安全生产,人人有责"。其中项目经理是本项目施工安全的第一责任人,项目副经理具体分管安全工作,总工程师对项目施工的安全技术负领导责任,各施工队队长是本队安全生产的第一责任人。总承包项目部与标段项目部、标段项目部与施工队、施工队与施工班组层层签订了安全责任书,同时与相关地方政府主管部门签订了安全协议。

在施工安全管理中进一步落实施工现场职工的健康检查与教育制度、安全培训制度、安全检查制度、事故报告制度和劳动保护制度。在安全生产管理中要重视加强安全教育,规范施工作业,落实安全防范措施和制定安全应急预案。

(3) 安全应急预案

为保证太仓六期工程施工顺利进行,确保工程安全,成立由项目法人、总承包项目部、两标段项目部组成的联合安全应急领导小组,负责施工过程中遇到的一切安全事务。落实每天24h值班制度,确保在发生问题时能迅速作出反应,减少事故损失。

本工程施工的安全应急调度流程如图1.3-4所示。

安全应急预案中包括水上安全应急预案、火灾事故应急预案、施工现场电器事故及施工人员触电的应急预案、发生海事事故时的应急预案等。在本工程中的防台防汛工作尤为重要,因此水上安全应急预案是应急预案中的重要部分。

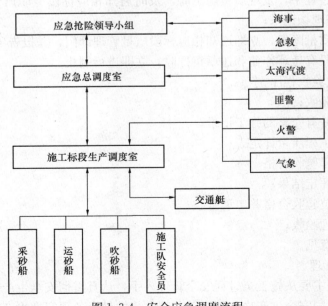

图1.3-4 安全应急调度流程

水上安全应急预案中的主要内容包括：

1) 建立现场安全总调度室，负责安全调度，总调度室设在总承包项目部，各标段成立分调度室；分调度室服从总调度室的调度；

2) 各标段成立应急抢险小组，并随时处于待命状态，各标段分别配备一艘满足救援要求的交通船；

3) 当遇到风力≥6级时，立即相互通报，各标段调度室通告各自的施工船舶，每条船只必须明确回复，并准备应急措施的实施；

4) 所有投入正常施工的船舶及船上作业人员人数每天早上8点以前以报表的形式上报总调度室，备案待查；

5) 各级调度室每天做好安全值班记录，主要内容包括：天气情况、施工船舶的数量、特殊气候情况的处理等；

6) 总调度室、各标段调度室及每条作业船只必须配备高频电话一部，且24h开通；

7) 发生大风（风力≥6级）时的应急措施：

①采、吹砂船停止作业并做好撤离准备；

②交通船及时到达施工区域实施人员撤离；

③运砂船停止作业并采取就近避风措施。

针对一年一度的长江主汛期，制定了防台防汛管理办法和应急预案，成立了防台防汛工作领导小组和抢险队，积极组织落实了防台防汛物资，圆满地完成了防台防汛任务。

由于措施到位、管理到位、落实到位，本工程施工期间未发生人员伤亡及以上事故，工程区及大堤处于稳定状态，较好地实现了工程安全目标。

6. 施工进度管理

本工程合同工期自2005年11月19日至2007年1月18日，共425d，实际施工自2005年12月19日至2007年1月9日，共387d，较合同工期提前10d完成施工任务。

本工程采砂量较大，且6~9月为长江禁采期，因此工期较紧。由于施工初期审批的船机数量不多，施工中期又遇三次台风袭击，因而对施工进度管理提出了更高要求。

(1) 关键节点工期控制

1) 龙口合龙工期目标：实现2006年4月7日龙口合龙既定目标；

2) 防汛抗台断面工期目标：台风到来之前，完成围堤二级平台以下的护坡工程；

3) 完工工期目标：于2007年1月15日前完成主体工程所有合同项目的施工。

(2) 施工进度控制框图（图1.3-5）

(3) 施工进度控制程序

1) 确定施工总承包合同工期目标；

2) 标段项目部编制实施性进度计划；

3) 总承包审查批准实施性进度计划；

4) 周计划实施；

5) 周进度实施效果分析与调整；

6) 编制统计报表。

7. 工程成本控制

(1) 工程计量与支付管理程序框图（图1.3-6）

1 水利水电工程项目管理

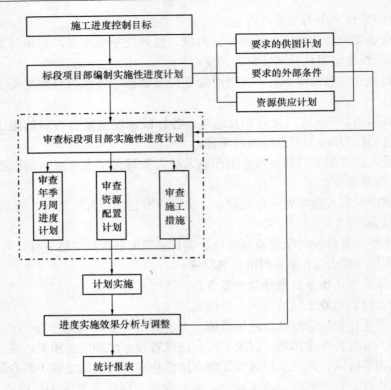

图 1.3-5 施工进度控制框图

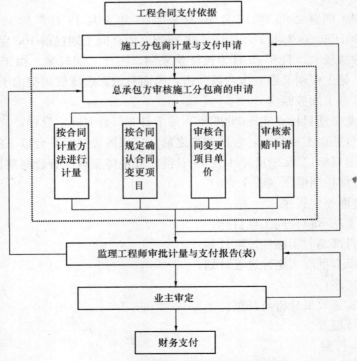

图 1.3-6 工程计量与支付管理程序框图

（2）计量与支付管理措施

1）总承包单位项目部制定工程投资结算月进度款计划；

2）总承包单位项目部制定完整的工程月进度款计量结算办法；

3）各施工标段项目部提交月进度款支付申请；

4）总承包项目部审查施工标段项目部的月进度款支付申请并上报监理单位、项目法人；

5）监理单位、项目法人审批；

6）总承包单位项目部审定支付给施工标段。

根据施工标段提交的月进度款支付申请表，对照生产日报表工程量统计及总承包质量管理人员验收、认定的合格工程量，核实各标段应申报的工程量与价款。

1.3.3 江垭水利枢纽工程

1. 工程概况

江垭水利枢纽工程（简称江垭工程）位于湖南省慈利县江垭镇上游 5km 的澧水一级支流溇水中游，距慈利县城 57km，是澧水流域第一个关键性防洪控制工程，可将沿河两岸及淞澧平原的防洪标准由原 4 年一遇至 7 年一遇提高到 17 年一遇至 20 年一遇，大大缓解洞庭湖区的防洪压力。

江垭工程以防洪为主，兼有发电、灌溉、航运、供水和旅游等综合功能。工程控制流域面积 3711km^2，水库总库容 18.5 亿 m^3，防洪库容 7.4 亿 m^3，电站装机容量 300MW，多年平均年发电量 7.56 亿 kW·h，灌溉农田 8.7 万亩，改善航道 124km，为 5 万人提供生活用水。

江垭工程由拦河大坝、泄洪建筑物、右岸地下电站厂房、左岸岸边通航建筑物及灌溉渠首工程等组成，其平面布置如图 1.3-7 所示。枢纽主要建筑物等级为 1 级。设计洪水标准为 500 年一遇，校核洪水标准为 5000 年一遇。

拦河大坝为全断面碾压混凝土重力坝，坝基和地下厂房围岩为二叠系栖霞灰岩，下伏相对隔水的砂页岩，是坝基防渗的相对不透水层。坝顶高程 245m，建基面高程 114m，最大坝高 131m，坝顶宽度 12m，坝顶长 368m，分为 13 个坝段。河床中央 4 个坝段，布置 4 个表孔和 3 个中孔泄洪。表孔和中孔在平面上集中交错布置，采用高低坎大差动挑流空中碰撞消能。

主要引水发电系统位于大坝右岸，由地下洞室群、地面升压站、地面副厂房组成。地下洞室群由平行布置的主厂房、主变洞、尾调室及其他洞室组成。

江垭工程总投资 33.96 亿元人民币，水利部和湖南省各拨款 10 亿元人民币，作为防洪等社会效益的投资；业主澧水公司贷款 13.96 亿元人民币，作为发电工程投资，其中利用世界银行贷款 9700 万美元。

江垭工程于 1995 年 7 月正式动工并列入国家重点工程，至 1999 年 4 月完成大坝混凝土浇筑，同年 9 月下闸蓄水，年底机电安装具备发电条件，但由于该年汛后来水特枯，到 2000 年 5 月第一台机组才并网发电，并于同年年底竣工。

2. 项目管理

江垭水库大坝施工实际工期为 3 年多，比计划提前 1 年。投资费用基本控制在预算之内。在施工中设计变更，大坝加高，增加了防洪和发电效益，显示了碾压混凝土技术的灵

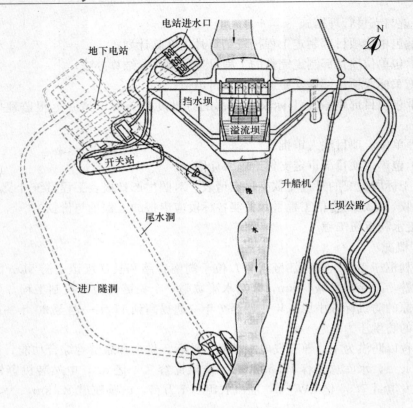

图 1.3-7 江垭水利枢纽平面图

活性。

(1) 项目法人组织结构

江垭水利枢纽工程是部、省联合进行流域开发的第一个工程，为保证江垭水利枢纽工程建设的顺利进行以及建成以后的正常运行，实现澧水流域的综合治理和滚动开发，1992年10月水利部和湖南省人民政府签订了联合开发澧水的协议，组建了项目法人"水利部、湖南省澧水流域水利水电综合开发公司"（简称澧水公司）。项目管理推行"项目法人责任制、建设监理制、招标投标制"等现代工程建设管理新机制。项目管理组织机构如图1.3-8 所示。

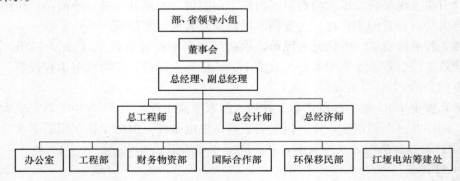

图 1.3-8 项目管理组织机构框图

(2) 世界银行贷款在项目中的作用

世界银行向江垭工程提供的贷款占原总投资概算的 1/3，是江垭工程较快开工建设关键之一。世界银行贷款在本项目的特点一是利率低、还贷期长，二是手续明确、资金到位及时，三是带动内资到位等优点。世界银行要求项目单位每半年提供一份进度报告，且每半年或一年派出检查团到现场了解工程进度，核查进度报告的准确与完整性，帮助解决项目实施中的有关问题，并对下一阶段的实施提出建议，对违反贷款使用规定的情况，要求迅速改正，甚至在必要时有权定性"有问题项目"或决定冻结贷款。世界银行对项目管理的严格要求及参与，极大地促进了业主对工程项目的管理与国际管理模式接轨的步伐。

世界银行贷款主要用于采购土建工程施工、永久设备采购、技术咨询服务等。其采购导则规定贷款项目必须采取国际公开竞争性招标（ICB）。江垭大坝施工、主机及机电设备、国际咨询服务均为 ICB。通过招标择优选择承包商、供货商，提高了工程建设项目的技术水平和质量标准，同时也降低了工程造价。

(3) FIDIC 条款与江垭工程

世界银行规定在项目实施过程中采用国际通用的 FIDIC 条款，作为合同管理的基础条款，确定由项目法人任命的"工程师"（监理）对工程项目的施工进行合同管理。项目法人按 FIDIC 条款要求为江垭工程的监理单位创造了良好的外部环境，赋予监理工程师相应的职责和权力，为监理按合同规定控制项目进度、质量和投资提供了保障，避免了常见的业主和工程师职责不清的问题，初步形成了"小业主、大监理"的格局。按照我国的建设管理体制要求和国际惯例，江垭工程从建设伊始就实行"项目法人责任制、招标投标制和建设监理制"，并且参照 FIDIC 条款，实行全面的合同管理，通过国际国内竞争性招标，并以合同方式组织工程项目的建设。

江垭工程施工合同中不可预见的因素较多，承包商的索赔不可避免。由于我国业主对处理国际工程中的索赔问题经验不足，对 FIDIC 条款的熟悉亦不及发达国家，因而在国际工程中的索赔问题上常处于被动。项目法人在处理江垭大坝施工承包商的索赔时，充分发挥国际咨询专家的咨询作用，以弥补业主本身处理国际工程索赔经验的不足，同时将索赔和补偿连在一起考虑，既大大减少了商务工作量，又取得了双方均满意的双赢结果。

3. 目标管理

江垭工程主体项目及施工准备期比较长的项目，均按照《水利工程建设施工招标投标管理规定》和《湖南省建设工程招标投标管理条例》以及世界银行采购导则要求，实行规范化的招标投标制。通过国际、国内公开、公平竞争，从资质、报价、设备、技术水平、商务等方面择优选择施工承包单位，对保证项目进度和质量、控制工程造价起到了重要的作用。

(1) 进度控制

1) 总进度计划的调整

科学合理的进度计划是工期目标按期实现的前提条件。江垭工程原招标文件对工期的要求过高，在发布开工令时，实际上已不可能达到，但承包商为了中标而承诺，因而开工后进度严重滞后，陷入不能按合同工期施工的局面。1996 年上半年重新确定指导性进度控制目标，在不改变合同条款的原则下，将控制性工期加以调整。

监理单位要求承包商根据项目总计划，编报年度施工进度计划，按审批后的年度计划编报月进度计划。监理单位在审批月进度计划的同时,对承包商的质量保证体系、人员到位情况、设备运行状态、原材料供应及施工方法等条件一并考虑。

为检查监督计划的实施,采取了以下一些措施:

①月例会制。每月25日召开有业主、监理、设计单位和承包商参加的例会,在例会上检查承包商的工程实际进度,并与计划进度进行比较,找出进度偏差并分析偏差产生的原因,研究解决问题的措施,以保证工期目标的按期实施。

②现场协调令制度。通过现场协调会的形式,业主、监理、设计单位和承包商一起到现场解决施工中存在的各种问题,同时加强了相互间的沟通,大大提高了工作效率,确保了进度计划的有效实施。

③推行目标管理。根据工程实际进展情况,将总目标分解成分阶段的小目标,与承包商订立责任目标书作为合同的补充,如果承包商达到了目标则奖励,达不到目标则处罚。承包商针对责任目标编制实施计划,将责任目标进一步分解到月、旬、日,并分解到队、班、组和作业面。这样,工程建设形成了以日保周、以周保月、以月保季的目标管理体系。实行目标管理是江垭工程建设的一大特点,通过签订目标责任书,充分调动了各方的积极性,大大改变了工程施工的被动局面,抢回了原来滞后的3个月工期。

④及时解决施工中的"瓶颈"。对于施工中的重点、难点项目,要求承包商制定专项措施,集中人力、物力,突击攻关;对施工过程中出现的合同外资金问题,在坚持合同为依据原则的前提下,实事求是地解决承包商的困难,只要对调整后的大坝总进度计划实施有利的,决不在细枝末节上纠缠而拖延工期。

⑤大力推广采用新技术。在工程施工过程中,承包商创造性地开发了碾压混凝土斜层平推铺筑法,在确保施工质量的同时,大大提高了施工效率,降低了生产成本,这一新技术的应用是在进度已滞后的情况下保证1997年度目标得以实现的关键措施之一;在大坝上下游面模板、岸坡、止水片、电梯井和廊道周边等部位采用我国首创的变态混凝土代替常态混凝土,减少了施工工序,提高了施工效率;采用高速深槽皮带和负压溜槽联合输送系统解决了高陡边坡混凝土垂直输送问题,既提高了混凝土的输送效率,又大大节省开支。新技术的应用,为总进度计划的实施奠定了基础。

(2) 投资控制

江垭工程建设管理在与国际惯例接轨过程中,以合同为纽带,实行动态投资控制,对江垭工程总投资控制不超概算起到了决定性作用。

1) 施工期投资动态控制模型方法

投资、进度、质量三控制是现代工程建设管理的核心,而这三者是对立统一、密不可分的。因此在建立江垭工程施工期投资控制模型(图1.3-9)时,统筹兼顾,充分考虑进度、质量因素,合理确定投资、进度、质量三大目标的标准,对项目进行投资分解和工期分解,确保项目建设整体目标的实现。

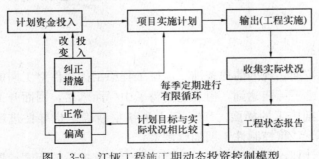

图1.3-9 江垭工程施工期动态投资控制模型

施工期投资控制的全过程是由单个周期性循环过程组成的。根据江垭工程的实际情况，该周期一般为 3 个月。每个循环控制过程可以简要归纳为编制资金使用计划，按计划保证投资顺利实施，收集整理指标资料、分析比较偏差情况，制定行之有效的纠偏措施四个阶段。

2) 工程投资控制的具体措施

为较好地保证江垭工程施工阶段的投资控制，特别是加强对计量计价、工程款支付、工程变更、新增工程费、索赔等方面的控制工作，要求严格控制每个影响工程投资的关键环节，力求节约工程投资。

① 计量、计价控制。由于江垭工程项目在施工过程中受地质条件变化、设计变更、外部环境等多方面的影响，合同工程量与实际工程量有较大的出入，加之主体工程建设工期长达 5 年，不利因素多，因此计量控制是进行投资控制工作的重点之一。实施过程中以合同工程量为基础，对承包商完成工程量报表进行实时计量。对于索赔计量则依据有关合同条款进行，计价则以合同为依据，根据现场实际情况，由监理工程师主持，项目法人、承包商参加，经过多次反复协商，最后依据合同双方都能接受的单价进行结算。计量程序采取承包商上报、监理工程师认证、项目法人审核的方式，做到公平、合理。

② 工程款的支付控制。项目法人对监理工程师签发的工程款支付给予有限授权，并采取工程款支付的逐级审核方式。严格按照合同规定，支付工程预付款、扣还款及每月中期付款，对符合合同条件规定的款项给予及时支付，做到既如实支付又确保工程顺利实施。

③ 工程变更费用控制。由于水利水电工程的复杂性和设计精度等因素，工程变更是不可避免的。成为影响投资目标实现的重要因素之一。为此，根据项目的规模、特点等，首先正确分析和区分引起工程变更的原因，对因承包商引起的则由承包商自己负责；由其他原因发生的或不可抗力等原因造成工程费用变化的则由项目法人承担，并相应顺延工期。工程变更的单价，则采用合同工程量清单中已有的单价；若没有适用于该变更工程的单价，则使用工程量清单中类似项目的单价加以调整或依据有关规定重新定价。

(3) 质量控制

澧水公司按照"项目法人负责，监理单位控制，施工单位保证，政府部门监督"的总体要求，加强承包商、监理单位、质量监督机构的三级质量保证体系，努力强化建设各方的质量安全意识，实行质量一票否决制。项目法人严把工程质量关，坚决支持监理单位认真抓好施工各工序和项目的验收，未经质量监督机构等级核定或核定不合格的工程，不进行后续施工或投入使用。对不符合质量要求的工程坚决返工。监理单位质量控制手段齐备，质控设施和专业人员配备合理，较好地实行了隐蔽工程和大坝 RCC、大坝帷幕灌浆等重点部位施工的旁站监理制度。各承包商加强质量组织建设，实行工程质量领导责任制，健全了以"三检制"为主的质量管理制度。

1.4 水电工程项目管理

以龙滩水电工程为例介绍水电工程项目管理的特点。

1. 工程概况

龙滩水电工程是红水河梯级开发龙头骨干控制性工程，是西电东送的战略项目之一，位于红水河上游的广西天峨县境内，距天峨县城 15km。是目前国内在建的仅次于长江三峡、溪洛渡水电站的特大型水电工程。工程主要由大坝、地下引水发电系统和通航建筑物三大部分组成，以发电为主，并有防洪、航运效益。

工程建设创造四项"世界之最"：最高的碾压混凝土大坝（最大坝高216.5m，坝顶长849.44m，坝体混凝土方量580.28万m^3）；规模最大的地下厂房（长388.5m，宽28.5m，高76.4m）；提升高度最高的升船机（全长1800多米，最大提升高度179m，分两级提升，高度分别为88.5m和90.5m）；最大的空冷水轮发电机组（单机容量70万kW，共9台）。

主体工程于2001年7月1日开工，2003年11月6日完成大江截流，2006年9月30日下闸蓄水，2007年5月第一台机组发电，计划2009年12月全部建成投产发电。

项目法人（建设单位）为龙滩水电开发有限公司（简称龙滩公司），由中国大唐集团公司（占65％）、广西投资（集团）有限公司（占30％）、贵州省基本建设投资公司（占5％）共同合资组建。

2. 工程项目管理

(1) 工程建设管理组织模式

工程管理实行项目法人责任制，发挥核心主导作用。作为建设单位，负责工程的投资、融资、工程建设、生产运行、工程管理和对贷款还本付息等。公司设立总经理工作部、工程建设部、计划合同部、工程技术部、机电物资部、财务管理部、党群工作部、环保移民部、人力资源部九个部门。公司明确各部门的职责范围、管理权限，落实责任制。公司的管理重心和管理力量向工程一线转移和倾斜，各职能部门加大了现场的管理和控制力度。工程建设部是公司的前方管理部门，负责对工程的质量、进度、投资、安全进行控制，负责协调公司与地方、监理、施工单位等关系，保证龙滩水电工程按里程碑目标和工程建设部体进度完成工程建设。公司其他职能部门主要负责合同管理、机电物资采购、融资、工程重大技术保障和人员劳动保障等工作。

在重视自身优势发挥的同时，充分借用和发挥社会专业力量，将部分专业工程委托社会化的专业部门或机构对其实施进行管理，如电站1、2号发变组和GIS设备的日常维护工作和排水系统、高低压气系统、厂房消防系统、厂房通风系统等公用辅助设备的操作、巡视和维护工作，形成了项目法人与社会专业机构以经济关系建立起来的具有特色的大型项目的工程管理模式。

公司利用市场机制为水电站建设管理提供服务，如水电站项目中部分设备的采购、货物的仓储、设备和大宗材料的运输、有关的辅助服务等均通过市场运作、社会化服务来实现，社会化管理大大减少了公司管理工作量，提高项目管理工作的效益，降低管理成本。

(2) 工程招标采购

1) 工程项目招标投标

龙滩水电站工程招标投标的主要特点是：①依法组建评标机构。招标投标委员会由公司有关领导、责任人、专业人员组成，并邀请检察院有关人员参加。依据有关法规制定招标管理办法和相关制度等。②建立和完善评标专家制度。按照有关规定，每次招标从水电系统专家库选择，相关联的专家实行回避制度，确保评标的公正性。③形成严密、科学的招标操作程序和评标办法，实行无标底招标和综合评标方法。④邀请检察机关对招标投标实行全过程监督。

对投资 200 万元以上的建筑安装项目，一般采用公开招标方式；对投资在 200 万元以下的建筑安装项目，一般采用邀请招标的方式，邀请对象为目前正在龙滩工地施工的六家大型施工承包人投标。对部分监理等服务项目和零星机电设备项目，采用询价后的邀请招标方式，邀请投标人不少于三家。

2) 无标底招标办法和综合评标办法

无标底招标办法是公司在严格保密的情况下，确定 3~5 个参考标底方案，开标前，在检察院的监督下，由公司领导集体讨论确定复合标底。综合评标办法是综合评价投标人的报价、分项报价和合理性、施工技术方案的合理性和先进性、项目管理的能力以及风险评价等因素。评标时不设立标底，采用最低评标价法。即由评标委员会对所有标书进行测算，测算投标施工方案所对应项目与投标报价的偏差费用总额，将投标价加上偏差费用总额构成评标价；最低评标价的标获得标价评分项目的最高分，其他高于最低评标的标，按照一定比例扣分。

采用无标底招标和综合评标办法的优点有：一是减少了人为因素的干扰，保证了评标结果的客观性和公正性，二是有利于项目法人在合同管理中针对招标投标方案中存在的各种偏差，采取有效措施，更好地控制工程造价，保证施工质量和进度。

(3) 合同管理

项目管理以合同为核心，建立完善合同管理体系，合同管理从产生、执行、终止全过程始终处于有序和受控状态。合同管理从制度上规范合同管理，制定系统合同管理的有关工作制度和规定，对合同管理的组织、合同管理的程序以及合同的起草、谈判、审查、签订、履行、检查、清理等每一个工作环节均明确规定。选择符合水电站建设特点的工程承发包模式和合同结构，通过合理的合同结构实现和保证水电站项目管理组织的目标结构和运作。水电站的前期主要工程项目上均实行闭口总价合同，强化合同准备，采取有效技术上和经济措施，为实施闭口总价合同的提供前提条件。坚持以施工图进行工程招标，最大限度地避免和减少工程实施过程中的不确定因素和随意性；提供较完备详细技术资料和现场环境条件，使承包单位在公平的环境下进行投标竞争，使其承担最小的风险。确定合理工程合同的界面与工程范围，事前做好风险分析，采取有效的防范风险措施，引导承包单位重视施工方案的优化，充分考虑和保证承包单位的利益。

合同管理的特点：

1) 严格合同的预管理。所谓合同的预管理，就是合同签订前，合同项目的计划立项、招标文件的编制及审查等。招标文件的编制和审查的原则是技术要求合理，商务要求严谨、公平，整体规划可靠。

2) 严格合同的签订程序。所有合同在签订前组织对合同进行研究，公司内部各业务职能部门会审，尤其研究合同的边界条件，合理规避风险，然后甲乙双方要进行平等协商，在相关问题达成一致意见的基础上签订合同，以减少合同执行难度。

3) 严格按合同办事。合同双方是平等的合同主体，一切事务的处理都以合同为准绳。建设单位在管理中树立合同观念，严格按合同办事，建立起甲乙双方互相依赖的关系，施工单位严格按合同约定加强质量、进度、安全、造价、文明施工等管理，监理工程师和设计代表，以及其他服务单位，都在合同规范的范围内履行职责。对于设计变更和自然因素造成的费用增加，依据合同条款规定，本着公平公正的原则进行处理。

4）完善合同清算工作。合同履行结束，逐一对合同进行清算，一方面，各建设相关单位提供符合国家档案管理要求的合同竣工所需的全部资料，另一方面及时对合同费用进行最终决算。

3. 工程管理特点

（1）通过优化设计、加大科技投入、招标投标管理进行有效的投资控制

坚持以设计为重点，反复进行设计方案的比较和优化，减少了投资。坚持以现代科学技术应用为先导，在工程的设计、施工方案、设备选型等工作中，投入科研经费，进行课题研究和科技攻关，开展了大量科学研究、试验和实验，将取得的科研成果应用到工程实践中，既解决了工程难题，又为节约投资提供了条件。围绕工程招标投标工作，建立公平、公正、公开良好的竞争环境，以最合理的合同价，择优选择施工单位，为工程提供工程保障和优化的施工技术方案。

（2）坚持建设监理制，采取"小业主、大监理"的管理模式

工程管理采取了"小业主、大监理"的管理模式，通过招标投标方式择优选择具有甲级水电监理资质的监理单位。根据建设单位委托和监理服务的范围与内容对工程质量进度、投资、安全等方面进行严格控制，按照"公正、独立、自主"的原则开展工程建设监理工作。监理单位根据有关监理管理办法，制定监理规划、监理细则、监理职责，现场监理人员对项目进行全方位、全过程、全天候的监理，维护了委托人和被监理方的合法权益。

同时在所有的工程监理合同中规定：工程监理单位必须同时与施工单位各自独立平行地进行全部工程的质量检测，包括必须使用独立平行的检测仪器和工具；独立平行地实施质量检测；获取独立平行的检测数据和资料；提交独立平行的检测报告等。所有项目都有分别来自监理单位和施工单位的各自独立的两套质量检测与评估报告，可以切实掌握工程质量的真实情况，确保得到一流的施工质量。

（3）依靠科技成果和科学管理手段缩短建设工期

为了保证工程按期完工，首先分析论证进度目标实现的可能性以及存在的主要影响因素，针对关键问题，研究制定解决的方案，提前开展一系列技术实验和系统研究等；第二在工程的实施过程中，做好项目前期的各项准备工作，尤其是设计工作应为项目顺利创造条件；第三以进度里程碑作为控制的关键，保证其关键进度目标；建立工程协调制度，定期或不定期地协调各参建单位之间的进度关系；实施工程进度的动态控制，及时调整进度计划。科学的进度规划和有效的进度控制，确保了龙滩水电站发电目标的按期实现。

（4）加强文档资料的制度化、规范化管理

制定了有关工程文档资料、工程竣工资料等的管理制度和规定，对所有项目档案实行规范化管理。档案管理的成果作为工程合同尾留款支付的条件之一；在工程合同中均约定，预留合同价款3‰～5‰的工程尾留价款，作为工程保证金和工程竣工资料、项目档案的保证金。合同规定，工程参建单位必须严格按照要求收集、整理、归档工程各环节的文件资料；工程竣工资料、项目档案经项目法人验收并签发归档交接单之后，才能获得最终尾留款的支付。

1.5 建设监理在水利水电工程建设中的作用

1.5.1 建设监理的依据和各方的关系

工程建设监理制是同项目法人责任制、招标投标制、合同制一起实施的建设管理制度。工程建设监理是监理单位受项目法人委托，以合同管理为中心，有效控制工程建设项目质量、投资、进度、安全生产和环境保护等为目标，采用信息管理、协调参加建设各方的关系等方法的技术管理行为。是监理单位受项目法人的委托，部分地承担了原来由项目法人负责的事务，属于建设管理的范畴。

建设监理制自1988年推广以来，经历20多年的不断发展完善，在工程建设中起到了很大的作用，保证了工程进度、合理确定和有效控制了工程投资、提高了工程质量，使工程建设基本避免了投资无底洞、质量无保证、工期马拉松等现象的出现。建设监理制在工程建设中取得了很大的成绩，建设监理在工程建设中作出了应有的贡献。

1. 建设监理的依据

建设监理制的实行既有法律、法规的依据，也有合同的依据。

1998年3月1日施行的《中华人民共和国建筑法》第三十条明确规定："国家推行建筑工程监理制度。"第三十二条规定："建筑工程监理应当依照法律、行政法规及有关的技术标准、设计文件和建筑工程承包合同，对承包单位在施工质量、建设工期和建设资金使用等方面，代表建设单位实施监督。工程监理人员认为工程施工不符合工程设计要求、施工技术标准和合同约定的，有权要求建筑施工企业改正。工程监理人员发现工程设计不符合建筑工程质量标准或者合同约定的质量要求的，应当报告建设单位要求设计单位改正。"

2000年1月30日施行的《建设工程质量管理条例》第十二条规定："施行监理的建设工程，建设单位应当委托具有相应资质等级的工程监理单位进行监理，也可以委托具有工程监理相应资质等级并与监理工程的施工承包单位没有隶属关系或者其他利害关系的该工程的设计单位进行监理。下列建设工程必须实行监理：

（1）国家重点建设工程；

（2）大中型公用事业工程；

（3）成片开发建设的住宅小区工程；

（4）利用外国政府或者国际组织贷款、援助资金的工程；

（5）国家规定必须实行监理的其他工程。"

第三十六条规定："工程监理单位应当依照法律、法规以及有关技术标准、设计文件和建设工程承包合同，代表建设单位对施工质量实施监理，并对施工质量承担监理责任。"第三十七条规定："未经监理工程师签字，建筑材料、建筑物配件、设备不得在工程上使用或安装，施工单位不得进行下道工序的施工，未经总监理工程师签字，建设单位不得拨付工程款，不得进行竣工验收。"

《中华人民共和国安全生产法》、《建设项目安全生产管理条例》以及水利部发布的《水利工程建设安全生产管理规定》，对监理单位提出了安全管理要求。《建设项目安全生产管理条例》第14条规定："工程监理单位应当审查施工组织设计中的安全技术措施或者专项施工方案是否符合工程建设强制性标准。工程监理单位在实施监理过程中，发现存在安全事故隐患的，应当要求施工单位整改；情况严重的，应当要求施工单位暂时停止施工,并及时报告建设单位。施工单位拒不整改或者不停止施工的,工程监理单位应当及时向有关主管部门报告。工程监理单位和监理工程师应当按照法律、法规和工程建设强制性标准实施监理,并对建设工程安全生产承担监理责任。"

2010年2月1日施行的《水利水电工程标准施工招标文件》(2009年版),在合同通用条款中从材料和工程设备、施工安全、治安保卫、环境保护、进度、工程质量、变更和计量与支付及验收等方面规定了监理的权力和施工单位的工作程序。

由此可以看出,监理的权力和责任来自于法律、法规的要求和合同的授予,也是监理单位履行监理合同的根本要求,建造师应从思想上重视监理工作,配合好监理的工作,使工程建设顺利的进行。

2. 监理单位同各方的关系

水利工程建设中涉及的单位比较多,一般有建设单位、设计单位、施工单位、质量安全监督部门、水行政主管单位等,正确认识和理解这些单位的关系,有助于协调好各单位的关系。

(1) 监理单位(监理人)和建设单位(发包人)的关系

依据《中华人民共和国建筑法》和《建设工程质量管理条例》的规定,受建设单位的委托监理单位代表建设单位实施监督。监理单位应当属于建设管理的一部分,只不过建设单位通过合同将一部分权力和责任委托给监理单位,因此监理单位同建设单位为委托和被委托的合同关系,而不是领导和被领导的关系,但是建设单位有权力要求监理单位履行合同,检查监理单位的工作。根据合同的授权,工程建设的进度、质量、造价、安全的控制与管理的权力和责任,建设单位通过合同授予了监理单位,监理单位应该在合同的授权范围内公正、独立、自主的开展工作。监理单位的公正性是由监理单位在工程建设中的地位决定的,因为监理单位不是工程建设施工合同当事人,同施工合同没有利害关系。监理单位独立、自主的开展工作是监理合同的要求,因为监理单位要承担监理合同责任,如果不能独立、自主地开展工作,责任难以承担,但是不能由此将监理单位看成独立的第三方,因为监理单位毕竟受建设单位的委托,为建设单位服务。

承包人应该明确建设单位和监理单位的关系,明确监理单位是工程质量、进度、造价、安全的管理者和责任者,需要报告的各种事宜应及时向监理单位报告,监理单位再根据事情的轻重缓急向建设单位报告,试图越过监理单位直接同建设单位联系沟通,只会造成不必要的矛盾,不利于承包人工作的开展。

(2) 监理单位同设计单位的关系

监理单位同设计单位是通过建设单位联系的工作关系。《水利工程建设监理规定》(水利部令第28号)第十四条规定:"监理单位应按照监理合同,组织设计单位等进行现场设计交底,核查并签发施工图。未经总监理工程师签字的施工图不得用于施工。监理单位不得修改工程设计文件。"依据《中华人民共和国建筑法》第三十二条的规定:"工程监理人员发现工程设计不符合建筑工程质量标准或合同约定的质量要求的,应当报告建设单位要求设计单位改正。"

承包人采用的一切工程设计图纸都应当是经过该工程的总监理工程师签字的文件,没有总监理工程师签字的设计文件不应用于施工。发现设计图纸中存在问题或者有好的建议应通过监理单位,由监理单位报告建设单位处置。

(3) 监理单位（监理人）同施工单位（承包人）的关系

监理单位（也称监理人）和施工单位（也称承包人）是平等的主体关系，他们之间不存在合同关系，但是存在着监理和被监理的关系。监理单位受建设单位的委托，监督施工单位履行同建设单位的合同。接受监理是施工单位履行同建设单位签订的合同义务。建设监理是对人的行为的管理，监理单位主要检查资源的配置是否满足合同对进度的要求，原材料、施工工艺与施工方案等是否符合有关法规和规范对质量和安全的要求。审核工程结算资料。如果施工单位的资源配置可以满足进度的要求，原材料、施工工艺和施工方案等都能满足安全和质量的要求，监理单位不应对施工单位的施工安排、施工方法进行干预。即使监理单位有好的方法，也应以建议的方式提出。即使施工单位的方案存在问题监理单位也只会通过方案的审查提出修正意见，监理单位不会也不应以自己的方案强加于施工单位。

建造师应虚心地听取监理单位的意见。其实从建造师的角度来讲，监理单位的存在增加了质量、进度、安全的控制环节，保障了工程的进度、质量和安全，是建设单位为施工单位请来的参谋，有助于工程的正常进行。

1.5.2 施工准备阶段的工作

1. 监理工作的开始

从整个工程来讲，监理合同签署后，监理工作就开始了，监理单位就应开始熟悉工程资料，制定监理规划和监理细则等工作，但是对施工单位来讲，监理工作开始于第一次工地会议。依据《水利工程建设项目施工监理规范》SL 288—2003，"第一次工地会议，应在合同项目开工令下达前举行，会议内容包括工程开工准备检查情况；介绍各方负责人及其授权代理人和授权内容；沟通相关信息；进行监理工作交底。"

一般地，第一次工地会议，先由建设单位介绍工程的准备情况，介绍监理单位及总监理工程师、施工单位和项目经理。总监理工程师介绍监理人员、分工和介绍监理的工作程序和方法。施工单位介绍人员、分工和施工准备情况。此次会议以后，施工单位工作中需要同建设单位联系的事务就同监理单位联系，监理工作正式开始。

2. 承包人员的检查

开工前，施工单位应采用监理单位认可的统一表格，向监理单位通报组织机构和主要人员组成，监理单位主要核查项目部的组成人员是否同投标文件一致。若不一致，应事先经过建设单位的书面同意，否则会给以后工程带来麻烦，因为项目部的人员组成是各级主管部门检查的重点。

3. 承包人设备的检查

开工前，监理单位要对施工单位进场的施工设备的数量和规格、性能进行检查。施工单位应采用监理单位认可的统一表格，报监理单位核查。

4. 原材料检验及相关试验

工程正式施工前，监理单位需要对原材料检验及相关试验的情况进行检查。原材料包括用于回填土的料场土质及击实试验，用于混凝土的砂、石子、水泥、外加剂的检验，混凝土配合比试验，施工单位应当将相关资料报送监理单位审查。

5. 混凝土拌合系统

混凝土拌合系统安装调试结束后，施工单位应请计量检定机构对拌合系统的计量设备进行计量检定，施工单位应将检定结果报监理单位审核。

6. 工艺试验

工艺试验包括填土的碾压试验、地基处理的施工参数试验以及合同和规范要求的其他工艺试验等，施工单位应将试验结果报送监理单位审查。工艺试验容易被忽视，工艺参数的设置，试验的方法有时不能满足工艺试验的目的要求，达不到工艺试验的目的。

7. 施工组织设计等文件

尽管工程投标文件已经包括施工组织设计，但是那时的施工组织设计是根据招标文件提供的有限资料和一般施工经验而编制的。工程开工前的施工组织设计应当是在认真地研究工程基本条件和特点的基础上，针对本工程而提出的更加详细的施工方案和总体构思，能更有针对性的指导本工程的实施。施工组织设计完成后，履行签字手续后报监理单位审查。

8. 工程项目划分

监理单位组织施工单位根据施工图纸和《水利水电工程施工质量检验与评定规程》SL 176—2007 进行项目划分，征得发包人同意后，报工程质量监督机构认定。

经过工程质量监督机构认定的项目划分，单元工程可以有适当的变动，分部工程和单位工程的调整应经过工程质量监督机构的同意。

施工单位报送的上述文件或者监理单位要求的开工必须的其他文件获得监理单位批准后，就可以申请工程开工，开工报告获得监理机构批准后工程即可以开工。

1.5.3 工程质量控制

影响工程质量的因素很多，这里不全面介绍监理单位的工程质量控制方法，着重介绍工程建设中容易产生矛盾的几个方面，分析矛盾产生的原因及处理措施。

1. 原材料的检验

原材料经过检验合格后才可以用于工程，这是监理单位工作的基本原则，也是保证工程质量的基本要求。尽管目前水泥产品质量相对稳定，但是这条原则仍然是监理单位最基本的要求。这条各方都认可的基本原则，在工程实施过程中有时会遇到很大的困难，这是由于，如果工地采用的是散装水泥，那最少需要 2~3 个水泥散装罐。要保证工程的正常施工，水泥罐中始终有已经检验合格可用的水泥是基本的条件，而水泥的检验从进场到知道初步结果一般需要 5~7d，如果没有足够的水泥罐，就不可能合理地周转，就没有时间对水泥进行检验。如果工程采用的是袋装水泥，那就需要有足够周转的水泥库房和水泥的合理的堆放位置，否则检验合格的水泥会被新来的水泥遮挡，无法使用。当出现因为周转问题或者工程进度紧张时期而施工单位提出使用检验结果未出来的水泥时，是监理单位最难以接受和容忍的，监理单位会严词拒绝，而施工单位会用各种理由试图说服监理，这将导致矛盾的产生。为此，施工单位在工程的前期工作中就应当考虑材料的检验周转问题，配置足够的水泥罐或足够的水泥仓库，以满足工程原材料周转的最低要求。

2. 工序的检验

上道工序未经检验合格，不得进行下道工序，这也是监理的基本工作原则，但是施工单位往往会因为进度等原因而忽视这一环节，此种情况下，监理单位会采取返工、不予计量等措施，导致监理和施工单位的矛盾。为了避免这些不必要的矛盾，施工单位应当早作安排，提前通知监理单位，及时进行验收。如果通知监理单位，监理人员没有及时地进行验收，监理单位仍然有权进行再次检验。

3. 设备的检验

性能好、效率高、操作方便、安全可靠、经济合理且数量足够的施工设备，是满足合同规定的工期和质量的基本要求。用于工程的设备型号、参数都应当同工地的条件相适应。监理人员不但应在设备进场时对设备进行检查，在使用过程中由于设备的老化、变形、磨损等原因，会影响设备的正常使用，从而影响工程质量，因此过程中监理人员也要对设备的性能和状况进行定期和不定期的核查。尤其对计量设备，如混凝土拌合站中的原材料计量设备，应经常检验其准确性，以避免由于计量不准带来的工程质量问题或者浪费。关于这一点容易被忽视。

1.5.4 工程投资控制

工程投资控制没有工程质量和进度那样受到人们的关注度高。但是其直接涉及施工单位的利益和建设单位的投资，而且还要面临审计、检查等，因此做好投资控制工作是监理的重要工作内容。由于水利工程为单价合同，因此合理准确的计量是投资控制的基础。必须的变更和变更单价的合理确定以及不可避免的索赔费用的合理确定是工程投资控制的重要内容。

1. 工程计量与计量资料

工程计量的方法在《水利水电工程标准施工招标文件》（2009 年版）的技术标准和要求中有规定。2007 年 7 月 1 日施行的《水利工程工程量清单计价规范》GB 50501—2007 中规定了每个项目的工作内容和计量规则。两个规定有矛盾时，以前者优先。建筑物工程的计量以设计图纸为计量依据。土方工程的开挖和回填需在开挖前测量天然地面，然后根据设计图纸的开挖和回填断面计算工程量。工程计量需要注意的是：在工程实施过程中就应完善计量资料，履行签字手续。监理单位应该遵循没有计量资料不予结算的原则。施工单位在过程中应积极完善计量资料，为尽快结算创造条件。

2. 工程变更与变更资料

工程变更可由施工单位提出也可由建设单位提出，无论哪方提出都应履行完善手续。施工单位在收到监理单位发出的变更指示后，应向监理单位提交变更报价书。除专用合同另有约定外，依据中华人民共和国《标准施工招标文件》（2007 年版，水利水电工程标准施工招标文件全文引用），变更的价款调整原则为：

（1）已标价工程量清单中有适用于变更工作的子目的，采用该子目的单价。

（2）已标价工程量清单中无适用于变更工作的子目时，但有类似子目的，可在合理的范围内参照类似子目的单价，由监理人同合同当事人协商确定或审慎确定。

（3）已标价工程量清单中无适用或类似子目的单价，可按照成本加利润的原则，由监理人同合同当事人协商确定或审慎确定。

工程变更是检查和竣工审计的重点，在变更的过程中应当收集完善资料，履行好签字手续。完整准确的变更资料是顺利通过审计的条件，这一点施工过程中容易被忽视。

3. 索赔

索赔是指在工程的建筑、安装阶段，建设工程合同的一方当事人因对方不履行合同义务或应由对方承担的风险事件发生而遭受的损失，向对方提出的索赔或者补偿的要求。索赔既可以承包人向发包人提出也可发包人向承包人提出。依据索赔的目的，索赔分为费用索赔和工期索赔。

承包人提出索赔的程序和期限,依据《水利水电工程标准施工招标文件》(2009年版)23.1条的规定:承包人在知道或应该知道索赔事件发生后28d内,提出索赔意向通知书并说明索赔事由,超过期限即丧失索赔权力。提出索赔意向通知书后28d内,向监理人正式递交索赔通知书并提供证据。若索赔事件持续影响,应按照合理的时间间隔继续递交索赔通知书。在索赔事件结束后的28d内,承包人向监理人递交最终索赔通知书。监理人收到承包人的索赔通知书后,42d内将索赔结果通知承包人。承包人接受结果的则索赔结束。承包人不接受结果的,可以友好协商解决或者提请争议评审组评审。合同当事人友好协商解决不成、不愿提请争议评审或者不接受争议评审组意见的,可采用专用合同条款中约定的方式解决。

4. 计日工

计日工是指对零星工作采取的一种计价方式,按照合同中的计日工子目及其单价计价支付。工程实施过程中,发包人认为有必要时,由监理人通知承包人以计日工方式实施变更的零星工作。计日工的费用在暂列金中支付。承包人每天提交报表和有关凭证报送监理人审批,内容包括:工作名称、内容、数量、人员和数量、机械的型号和数量等内容。

工程实施过程中,发生计日工时,监理人应据实审核,承包人应完善资料,及时申报。

1.5.5 工程进度控制

对于水利工程来讲,度汛任务比较重要,进度受到人们的高度关注,但是进度控制中存在一些问题,如进度计划制定的不科学、不合理,也就难以完成;进度计划成了摆设,没有很好地指导工程的实施等。

1. 进度计划

承包人应编制进度计划报监理人,经监理人批准的施工进度计划称为合同进度计划,是控制合同工程进度的依据。承包人还应根据合同进度计划编制更为详细的分阶段或分项进度计划。工程实施过程中,除总进度计划外,还有年、季、月施工进度计划,在每周的监理例会上还有周进度计划。

2. 进度的保障措施

进度计划制订的目的是为了指导施工,根据施工的进度计划配置资源。为了实现进度计划,施工单位应从工序安排的逻辑关系、人力、材料、施工设备等资源的配置和施工强度的合理性以及工程的合同工期目标来编制进度计划,这也是监理单位审核进度计划的重点。要保证进度计划的落实,首先计划的制订要合理,配置的资源能保证计划的实现,否则进度计划只能成为摆设,不能起到指导工程的作用。

3. 进度出现偏差的调整

工程进度是动态的,由于各种原因,工程的实际进度同进度计划可能有偏离,这时应同总进度计划对比,应弄清偏离的状况,分析原因,确定适当的调整措施。保证工程总进度计划的实现是调整的根本目标和要求。

1.5.6 安全生产与环境保护

1. 安全生产

《中华人民共和国安全生产法》作为建设领域安全的基本法律,规定了安全生产的原则、制度、要求和责任。《水利工程建设安全生产管理规定》规定了项目法人、监理单位和施工单位的安全责任。安全工作越来越受到人们的重视。建设单位授权监理单位按照合同的安全工作内容监督检查承包人安全工作的实施,组织施工单位和有关单位进行安全检查。监理单位应督促施工单位建立健全施工安全保障体系和安全管理规章制度,对职工进行安全教育和培训;监理单位应对施工组织设计中的施工安全措施进行审核,必要时要求施工单位编制专项安全方案,并对施工安全措施进行监督检查。施工单位应加强安全管理,增加安全投入,保障安全生产。

2. 环境保护

环境保护一方面受到人们的高度关注,另一方面具体到工程施工,同工程的质量、进度、安全相比,却是个软任务。监理单位应要求施工单位按照合同的约定,编制施工环境管理和保护方案,并对落实情况进行检查。施工单位应履行合同义务保护环境,对施工中的废水、废气、废渣进行妥善的处理,尽力减少粉尘污染。

1.5.7 信息管理

工程开始前,监理单位应对工程的文档资料收集分类等提出统一的要求,制定统一的格式样本。工程施工的资料应真实地记录工程的过程和状况。工程资料是各级检查的重点。监理单位应在工程实施过程中检查落实,发现问题及时解决,达到资料同工程同步,资料同工程同时完成,这是工程建设中需要加强的环节。这里主要介绍几个需重点关注的问题。

1. 文件的发送和回复

工程实施过程中应做好文件的签字和签收工作,需要回复的应及时回复。例如,施工单位收到监理工程师通知时,若通知中指出某种存在的问题,施工单位应及时回复,说明对监理工程师通知指出的问题采取的措施。

2. 资料的收集与整理

工程实施前应按照《水利工程建设项目档案管理规定》和工程的实际制定细则,明确资料的收集范围和内容。工程实施过程中应及时收集、整理这些资料并归档。监理单位应定期或不定期的检查资料的收集情况,施工单位也应经常进行检查,保证资料的完整性。

3. 资料的质量要求

施工资料的真实、准确、完整是对资料的基本要求。资料要同工程进度一致,资料的填写应反映工程实际。但是在实际工作中存在种种问题,例如日志记录太笼统,不能从记录中提供有用的信息。又如单元评定资料没有针对性,有点像通用表格,换个工程名称其他工地也可以使用,资料给人们的有用信息较少。为此监理单位应在工程实施前召开资料管理专题会议,明确对资料填写的统一要求。承包人也应认真对待资料,专人负责,事前认真研究。

1.5.8 工程验收

依据《水利工程建设项目验收管理规定》(水利部令 30 号)和《水利水电建设工程验收规程》SL 223—2008 的规定,工程验收分为法人验收和政府验收。法人验收分为:分部工程、单位工程、单项合同工程等验收;政府验收包括阶段验收和竣工验收。这里着重说明竣工验收前应注重的工作。竣工验收是工程建设的尾声,参建各方的精神有可能松懈,现场人员也会因为事情减少而调整。

1. 工程的检查

验收前工程已经基本完成，监理单位应当组织有关单位对工程进行一次全面的检查，检查工程外观有无破损、有无污渍等情况以及沉降缝的变形情况等。对电气、机械进行运行试验，对自动化设备再进行一次运行检验等工作。施工单位也应对每个环节责任到人，进行检查。发现问题及时进行处理。

2. 资料的检查

历次验收，资料和工程外观都是检查的重点。监理单位应组织有关单位对拟验收工程的资料进行检查整理，需要分析的资料应分析并提出初步结果。

3. 验收的程序

当工程具备验收条件时，施工单位即可以向监理单位报送验收申请，监理单位收到施工单位的验收申请后，应审查申请报告的各项内容，不具备验收条件的应在合同规定的期限内通知施工单位。具备验收条件的应在合同规定的期限内提请发包人进行工程验收。这是正常应该执行的程序，否则工作时常被动。

1.5.9 工程建设中易被忽视的工作

在工程建设中下列工作常常被忽略，却是非常重要的工作，也是工程验收专家关注的焦点，在此进一步说明，以期引起各方重视。

1. 观测资料

水利工程的观测资料包括沉降、水平位移、测压管水位等资料。

沉降资料是衡量建筑物是否稳定的重要依据，尤其对置于软基处理地基上的建筑物，沉降资料是判别软基处理效果、地基是否完成固结沉降的重要依据。但如此重要的工作常常被人们忽视。例如某工程为长江流域的穿堤箱涵，在验收前进行了沉降测量。提交验收会的沉降资料显示某一沉降缝两侧的高程相差 2cm，使验收组疑虑较多，后经现场检查，为测量错误。另一工程为淮河流域的一座水闸，由于沉降基准点选择不当，造成沉降资料自相矛盾，后虽采取了补救措施，使沉降资料可以解释工程实际，但某一时段的沉降曲线不完整。为避免这种现象的发生，使沉降资料准确、真实地反映工程的沉降情况，应于工程正式开工前详细研究工程的平面布置，设置合理的沉降观测基点，配置满足规范要求的测量仪器。在测量过程中，专人、定时进行测量，测量后应对资料及时进行整理分析，发现异常应分析原因及时复测。如此可以使沉降资料准确完整。

对于承受水平力的水利工程，应进行水平位移观测；有防渗要求的需进行测压管水位的观测。对于目前正在实施的水库加固工程，采用防渗墙加固的水库，测压管水位观测资料是对加固效果的最好检验。可惜这样重要的观测资料往往没有进行或不完整。

2. 资料的收集与整理

工程实施前应按照《水利工程建设项目档案管理规定》和工程的实际制定资料管理细则，明确资料的收集范围和内容。工程实施过程中应及时收集、整理这些资料并归档。真正做到资料同工程同步，最后验收时只是对资料的整理和完善而不是增补。资料方面存在的主要问题是：没有针对性、签字不完善、填写不规范、资料不完整。参建各方都应高度重视资料工作，认真收集、整理完善资料。

3. 工程质量保修期的工作

缺陷责任期（工程质量保修期）从工程通过合同工程完工验收后开始算起。在合同工程完工验收前,已经发包人提前验收的单位工程或分部工程,若未投入使用,其工程质量保修期也从工程通过合同工程完工验收后开始计算;若已经投入使用,其工程质量保修期从单位工程或分部工程投入使用验收后开始计算。对工程质量保修期出现的缺陷,此时工程可能已经移交给了管理单位,承包人应及时进行处理,满足管理单位的合理要求。

1.6 勘察设计在水利水电工程建设中的作用

1.6.1 工程设计的依据

工程设计,是指根据建设工程的要求,对建设工程所需的技术、经济、资源、环境等条件进行综合分析、论证,编制建设工程设计文件的活动。建设工程勘察、设计单位应当在其资质等级许可的范围内承揽建设工程勘察、设计业务。禁止建设工程勘察、设计单位超越其资质等级许可的范围或者以其他建设工程勘察、设计单位的名义承揽建设工程勘察、设计业务。禁止建设工程勘察、设计单位允许其他单位或者个人以本单位的名义承揽建设工程勘察、设计业务。编制建设工程勘察、设计文件,应当以下列规定为依据:

(1) 项目批准文件;
(2) 城市规划;
(3) 工程建设强制性标准;
(4) 国家规定的建设工程勘察、设计深度要求。

此外水利专业建设工程,还应当以水利专业规划的要求为依据。

1.6.2 工程设计单位同参建各方的关系

1. 设计单位与建设单位的关系

设计单位就是建设单位在项目实施前所委托的为建设单位的建设项目进行设计的单位,具体设计的内容深度要根据双方所签合同内容确定。设计单位同建设单位为委托和被委托的合同关系,而不是领导和被领导的关系。

2. 设计单位与监理单位的关系

监理单位同设计单位是通过建设单位联系的工作关系。《水利工程建设监理规定》(水利部令第28号)第十四条规定:"监理单位应按照监理合同,组织设计单位等进行现场设计交底,核查并签发施工图。未经总监理工程师签字的施工图不得用于施工。监理单位不得修改工程设计文件。"依据《中华人民共和国建筑法》第三十二条的规定:"工程监理人员发现工程设计不符合建筑工程质量标准或合同约定的质量要求的,应当报告建设单位要求设计单位改正。"

3. 设计单位与施工单位的关系

设计单位与施工单位是平等的主体关系,他们之间不存在合同关系,都是为工程建设服务的单位,都与建设单位有合同关系。工程施工人员发现工程设计不合理或有好的修改建议,应当报告建设单位(监理单位),建议设计单位修改。

1.6.3 设计单位的质量责任和义务

(1) 从事建设工程勘察、设计的单位应当依法取得相应等级的资质证书,并在其资质等级许可的范围内承揽工程。禁止勘察、设计单位超越其资质等级许可的范围或者以其他勘察、设计单位的名义承揽工程。禁止勘察、设计单位允许其他单位或者个人以本单位的名义承揽工程。勘察、设计单位不得转包或者违法分包所承揽的工程。

(2) 勘察、设计单位必须按照工程建设强制性标准进行勘察、设计，并对其勘察、设计的质量负责。注册建筑师、注册结构工程师等注册执业人员应当在设计文件上签字，对设计文件负责。

(3) 设计单位应当根据勘察成果文件进行建设工程设计。设计文件应当符合国家规定的设计深度要求，注明工程合理使用年限。

(4) 设计单位在设计文件中选用的建筑材料、建筑构配件和设备，应当注明规格、型号、性能等技术指标，其质量要求必须符合国家规定的标准。除有特殊要求的建筑材料、专用设备、工艺生产线等外，设计单位不得指定生产厂、供应商。

(5) 水利部负责对全国的水利行业建设工程勘察、设计活动的监督管理。县级以上地方人民政府水利部门在自己的职责范围内，负责对本行政区域内的水利行业建设工程勘察、设计活动的监督管理。

1.6.4 设计为工程建设服务

1. 设计交底

建设工程勘察、设计单位应当在建设工程施工前，向施工单位和监理单位说明建设工程勘察、设计意图，解释建设工程勘察、设计文件。由于施工图是设计单位设计完成，设计单位对施工图会有更深刻的理解，由其对监理单位及施工单位作出说明是非常必要的，有助于监理单位和施工单位准确理解施工图，保证工程质量。

2. 质量事故分析

设计单位应当参与建设工程质量事故分析，并对因设计造成的质量事故，提出相应的技术处理方案。

3. 设计变更

建设单位、施工单位、监理单位不得修改建设工程勘察、设计文件；确需修改建设工程勘察、设计文件的，应当由原建设工程勘察、设计单位修改。经原建设工程勘察、设计单位书面同意，建设单位也可以委托 其他具有相应资质的建设工程勘察、设计单位修改。修改单位对修改的勘察、设计文件承担相应责任。施工单位、监理单位发现建设工程勘察、设计文件不符合工程建设强制性标准、合同约定质量要求的，应当报告建设单位，建设单位有权要求建设工程勘察、设计单位对建设工程勘察、设计文件进行补充、修改。建设工程勘察、设计文件内容需要作重大修改的，建设单位应当报经原审批机关批准同意。

4. 工程验收

设计单位应按照有关规定，编写、整理设计单位的验收资料，参加工程验收工作。

1.6.5 设计代表

1. 设计代表机构的成立

设代组是设计单位派驻现场的机构，代表设计单位处理工程施工中出现的有关设计方面的问题。在工程施工阶段，设计单位应派专业设计人员作现场服务，较大的工程应有常驻现场设计代表。一般成立现场设代组。设计代表人员确定后，应由设计单位正式通知建设单位。

2. 设计代表的职责

设计代表的服务内容主要有：在建设单位（或监理单位）的主持下进行设计交底；解答和处理监理工程师提出的各种设计方面的问题；各种设计变更、通知等均应经监理工程师认可,并由监理工程师统一发放;参加建设单位(监理单位)主持的有关工地会议、工程验收等。及时掌握施工现场的条件变化,对设计进行优化,深入施工现场及时解决施工中出现的设计问题。

设计代表发现施工单位有不按设计规定或规范进行施工的行为,应及时指出,要求改正,如指出无效,又涉及安全、质量等原则性、技术性问题,应将问题事实及处理过程用"备忘录"的形式书面通知建设单位。

2 水利水电专业典型工程

2.1 枢纽工程

2.1.1 黄河小浪底枢纽工程

1. 工程概况

小浪底枢纽工程位于中国河南省洛阳市以北 40km，距三门峡大坝 130km，控制流域面积 69.42 万 km^2，占黄河流域面积的 92.3%，是黄河下游的控制性骨干工程。坝址多年平均流量 $1342m^3/s$，多年平均输沙量 13.51 亿 t。

枢纽工程建设目标以防洪、减淤为主，兼顾供水、灌溉和发电，采取蓄清排浑的运用方式，除害兴利，综合利用。枢纽工程建成后，可使下游防洪标准由 60 年一遇提高到 1000 年一遇，基本解除凌汛灾害。利用淤沙库容沉积泥沙，可使黄河下游河床 20 年内不淤积抬高。非汛期下泄清水挟沙入海以及人造峰冲淤，对下游河床有进一步减淤作用。增加灌溉面积 266 万 hm^2；水电站装机 1800MW，多年平均年发电量 51 亿 kW·h。

枢纽工程正常蓄水位为 275m，相应水库库容 126.5 亿 m^3，其中淤沙库容 75.5 亿 m^3，有效库容 51 亿 m^3。枢纽工程主要水工建筑物设计洪水标准为 1000 年一遇，洪峰流量 $40000m^3/s$，校核洪水标准为 10000 年一遇，洪峰流量 $52300m^3/s$。

枢纽工程主要包括挡水建筑物、泄洪排沙建筑物和引水发电建筑物三大部分（图 2.1-1）。

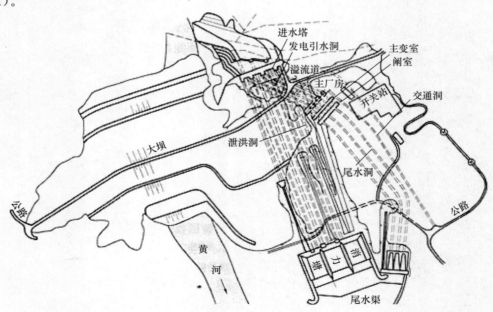

图 2.1-1 小浪底水利枢纽平面布置图

小浪底枢纽工程大坝是中国已建成的体积最大、基础覆盖层最深的土质防渗体当地材料坝。考虑黄河多泥沙的特点,采用带内铺盖的黏土斜心墙堆石坝坝型。最大坝高154m,坝顶高程281m,坝顶长1667m,上游边坡1∶2.6,下游边坡1∶1.75。总填筑量5185万 m³,坝基混凝土防渗墙厚1.2m,最大深度81.9m,顶部插入斜心墙12m。上游围堰是主坝的一部分,斜墙下设塑性混凝土防渗墙和旋喷灌浆相结合的防渗措施,坝体防渗由主坝斜心墙、上爬式内铺盖、上游围堰斜墙与坝前淤积体组成完整的防渗体系(图2.1-2)。

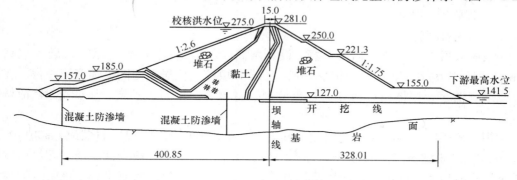

图2.1-2 小浪底水利枢纽坝体剖面图(单位:m)

受地形、地质条件的限制和进水口防淤堵等运用要求,泄洪排沙建筑(泄洪、排沙、引水发电建筑物)均布置在左岸,形成进水口、洞室群、出水口消力塘集中布置的特点。在面积约1km²的单薄山体中集中布置了各类洞室100多条。9条泄洪排沙洞、6条引水发电洞和1条灌溉洞的进水口组合成一字形排列的10座进水塔,其上游面在同一竖直面内,前缘总宽276.4m,最大高度113m。各洞进口错开布置,形成高水泄洪排污,低水泄洪排沙、中间引水发电的总体布局,可防止进水口淤堵、降低洞内流速、减轻流道磨蚀,提高闸门运用的可靠性。其中6条引水发电洞和3条排沙洞进口共组合成3座发电进水塔,每座塔布置两条发电洞进口,其下部中间为一条排沙洞进口,高差15~20m,可使粗沙经排沙洞下泄,减少对水轮机的磨蚀。9条泄洪排沙洞由3条导流隧洞改建的3条孔板洞、3条明流洞、3条排沙洞组成,与1条溢洪道在平面上平行布置,其出口处设总宽356m、总长210m、最大深度28m的2级消力塘,对以上10股水流集中消能,经泄水渠与下游黄河连接。进水塔和消力塘开挖形成的进出口高边坡最高达120m。为保证高边坡稳定,采用了减载、排水及1100多根预应力锚索支护、竖直抗滑桩加固的综合治理措施,取得了良好的效果。

引水发电建筑物由发电进水塔、引水洞、压力钢管、地下厂房、主变室、尾闸室、尾水洞、尾水渠和防淤闸等组成。地下厂房最大开挖尺寸长251.5m、宽26.2m、高61.44m。上覆岩体厚70~110m,其中有4层泥化夹层,采用了325根长25m、1500kN的预应力锚索支护,厂房内还采用了预应力锚固岩壁吊车梁。地下厂房中安装6台300MW水轮发电机组,引水为一洞一机,尾水为两机一洞。尾水渠末端设防淤闸,防止停机时浑水回淤尾水洞。水轮机运用水头变幅大,具有良好的水力特性和抗磨损性能,且设置筒形阀,可适应多泥沙和调峰运用条件,还可在不吊出转子和转轮的情况下,进行导水机构和转轮过流表面的维修。

枢纽工程主体工程量(含前期准备工程)为:土石方开挖6027万 m³,土石方填筑

5574万 m³，混凝土及钢筋混凝土 354 万 m³，金属结构安装 3.26 万 t，机电设备安装 3.09 万 t。工程总投资 347.46 亿元，其中水库淹没处理和移民费用 86.75 亿元。水库淹没耕地 1.4 万 hm²，移民安置人口 18.97 万人。

枢纽工程前期准备工程 1991 年 9 月开工，1994 年 9 月 12 日主体工程开工，1997 年 10 月 28 日截流，1999 年 10 月 25 日 3 号导流洞下闸蓄水，2000 年 1 月 9 日首台机组正式并网发电。工程于 2001 年底全部竣工。

2. 工程施工新技术

(1) 高土石坝施工

小浪底大坝为壤土斜心墙堆石坝，设计坝高 154m，右岸深槽实际施工最大坝高达 160m，坝顶长度 1667m，总填筑量 5185 万 m³，填筑量位居全国同类坝型第一位，在世界上也名列前茅。坝体由防渗土料、反滤料、过渡料、堆石、护坡、压戗等 17 种材料组成。

大坝工程于 1994 年 5 月 30 日发布开工令，要求 1997 年 11 月 1 日截流，2001 年 12 月 31 日竣工。根据施工进度安排，分为两个阶段施工：第一阶段为截流前，在纵向围堰保护下进行右岸滩地的施工，坝体填筑量约占 20%；第二阶段为截流后，该阶段为大坝工程主要施工期，按计划要求完成 80% 的坝体填筑量和主坝混凝土防渗墙、上游围堰高压旋喷防渗墙工程。由于采用了高效率大型配套的联合机械化作业、计算机控制的反滤料加工系统、堆石填筑中不加水技术、核子密度仪质量检测技术等，工程进度始终超前合同目标。大坝填筑较合同工期提前 13 个月，于 2000 年 6 月下旬达到坝顶高程，工程质量良好。

截流后从 1997 年 11 月到 2000 年 6 月共 32 个月的平均月填筑强度为 105.5 万 m³。其中，在大坝主要填筑期，从 1998 年 7 月 17 日到 2000 年 4 月底的 21 个月中，达到了平均月强度 120.4 万 m³，平均月上升高度 6.66m。1999 年创造了坝体填筑的最高年、月、日强度记录，分别达到了 1636.1 万 m³/年、158.0 万 m³/月（1999 年 3 月）、6.7 万 m³/日（1 月 22 日）。大坝月上升最大高度，在截流前右岸填筑时为 12.5m（1997 年 1 月），截流后主填筑期为 9.5m（1998 年 11、12 月）。截流后大坝填筑月不均匀系数达到了 1.31，截流前为 1.44。以上指标表明，小浪底大坝施工水平位居全国同类坝型第一位，达到世界先进水平。

(2) 大坝基础深覆盖层防渗墙施工

坝基砂砾石层最大厚度超过 80m，坝基深覆盖层防渗处理是小浪底工程的一大难题。经过多年研究论证，并经现场试验，采用厚 1.2m 的混凝土防渗墙，最大造孔深度 81.9m，是目前中国最深的防渗墙。防渗墙轴线总长 465.7m，总截渗面积 21100m²。

左岸河床部分防渗墙长 151m，最大深度 70.3m，成墙面积 5086m²，共建造 23 个主槽孔和 22 个横向接头槽孔，采用 HF4000 履带自行式液压铣槽机（双轮铣），KL1200 型机械抓斗等先进设备，在国内外首次采用"横向槽孔填充塑性混凝土保护下的平板式接头"新工艺。这是防渗墙施工技术的一项创新。该项创新技术的要点是：在一、二期槽孔接头处先开挖一个横向槽孔，在槽孔内回填塑性混凝土（1~2MPa）；在开挖一期槽孔时伸入二期槽孔 10cm；在一期槽孔浇筑完混凝土并将二期槽孔开挖完成后，用先进的"双轮铣"将一期槽孔伸入的 10cm 混凝土铣掉；最后浇筑二期槽孔混凝土。这样就在一、二期槽孔间形成了一个有波纹状铣刀痕迹的、紧密的竖直平面接缝，而开挖后留存的横向接头槽塑性混凝土包裹在接缝的上、下游端，起着附加防渗和保护的作用。

(3) 帷幕灌浆采用GIN新型灌浆技术

枢纽工程两岸山体帷幕灌浆中采用了GIN法（灌浆强度值法）灌浆技术。通过大量室内试验和678m的现场试验，经专家鉴定后，在工程中进行试验性生产和推广应用共28970m。这是在我国广泛使用的孔口封闭、自上而下孔内循环灌浆法基础上首次较大规模嫁接GIN法灌浆技术。

在大量试验的基础上，筛选出用于施工的稳定浆液水灰比为0.7:1和0.75:1，它具有良好的稳定性和流动性，可满足小浪底GIN法灌浆施工及其质量要求。同时根据不同的地质条件和土覆盖情况，选定不同的灌浆强度值（GIN），其一般控制为：孔深20m以内为50～150MPa·L/m；孔深20～40m为150～200MPa·L/m；孔深大于40m则为200～250MPa·L/m。另外，还在国内首次采用对多台（8台）灌浆机组实行远距离监控的计算机系统。该系统可实时输出多种灌浆过程曲线，提高了灌浆施工的科学性，便于GIN法灌浆的质量控制。

(4) 复杂地质条件下密集洞室群的设计与施工

受地质地形条件以及水库泄水排沙及进口防淤堵的要求限制，枢纽工程采用进水口集中，出水口集中，泄洪、排沙、引水发电等洞室群集中布置的独特枢纽布置形式，加之交通洞、排水洞、灌浆洞、施工洞、吊物井、通风井、电缆井等，均布置在大约1km²的左岸单薄山体内，形成了在不同高程布置、平面上纵横交错的大小100多条隧洞、斜井、竖井等组成的密集洞室群。部分洞室间距达不到相关规范的要求，如发电引水洞和泄水洞群在立面上斜交，交叉段围岩最小厚度仅8m，加之岩层破碎，节理裂隙发育，施工十分困难，施工安全问题突出。

地下厂房是枢纽工程最大的地下洞室，上覆岩体厚70～110m，其中有4层泥化夹层，对顶拱稳定十分不利。其边墙、顶拱全部采用柔性支护，特别是顶拱采用325根25m长的1500kN级预应力锚索配合锚杆、挂网喷混凝土作为永久衬砌，节约了工期和投资。

为确保洞群围岩稳定和施工质量，采用了如下方法：多臂钻钻孔，光面爆破，适时锚喷支护（局部地段锚喷加网或钢拱架支护）；加强地质预报、地质素描和围岩监测并及时调整支护参数；采用系列台车进行钢筋绑扎、混凝土衬砌和灌浆作业；采用P3软件制订网络进度计划等。

(5) 由导流洞改建的多级孔板消能泄洪洞

为满足泄洪排沙的运用要求，枢纽工程9条泄洪隧洞分3层布置：高位布置3条明流泄洪洞，发电引水口下面布置3条排沙洞，由导流洞改建成的前压后明带中闸室的3条孔板消能泄洪洞。

若按常规方法把导流洞改建为泄洪洞，水头达140m，明流段流速将达48m/s，压力洞内水压力很高，为防止压力水渗入含有泥化夹层的单薄岩体，衬砌将十分困难。因此，小浪底工程设计采用了孔板消能泄洪洞的改建方案。每洞在洞身上游压力段设置3道孔板环，孔板环内径分别为10m和10.5m，孔板处过水面积为78.5～86.5m²，为标准断面积的47.6%～52.4%。在洞中设置孔板环后，利用水流通过孔板环的孔口时产生突然收缩和突然扩散，形成强烈紊动的剪切流实现洞内消能。由于水流通过体形突变的孔板环发生水流分离,孔板下游压力突然降低,致使孔板部位成为易空化区。小浪底工程在国内首次将导流洞改建为龙抬头多级孔板消能泄洪洞,孔板尺寸是世界上最大的。

导流洞改建孔板消能泄洪洞施工过程中每条洞的三级孔板环分别安装300余块抗磨白口铸铁孔板衬套、孔板的钢筋安装、孔板衬套的预组装及调整、固定孔板衬套的预埋件焊接定位、混凝土浇捣和环氧灌浆等都有一定施工难度。

(6) 排沙洞无粘结预应力混凝土衬砌

枢纽工程3条排沙洞为有压隧洞,设计水头120m,洞径6.5m,位于发电引水进水口下方,担负着泄洪、排沙、减少过机含沙量、调节径流和保持进水口泥沙淤积漏斗的重要任务,在枢纽泄洪设施中运用机率最高。

3条排沙洞的下游压力段即防渗帷幕后至出口闸室前共2169m衬砌,由于内水压力高,为防止出现裂缝使高压水渗入岩体而影响山体的稳定,选用全预应力混凝土衬砌方式,经论证,最终确定采用无粘结钢绞线双圈环绕预应力混凝土衬砌方案。该方案采用每束8根$\phi^s15.2$mm钢绞线(每根钢绞线由$7\phi^s5$高强钢丝组成,外包高强PE套管,内充防腐润滑酯),双圈环绕张拉给混凝土衬砌施加预应力。无粘结方案相对于有粘结方案来说有如下特点:钢绞线张拉和隧洞正常运行时无粘结钢绞线受力较均匀,摩擦损失小,在混凝土衬砌中建立的有效应力比有粘结方案平均大29%;锚具槽在隧洞底拱中垂线两侧各45°位置交错布置,相邻两束钢绞线间距为50cm,锚具槽数量减少一半,不仅材料省、易于进行张拉施工、混凝土回填质量易于保证,而且薄弱部位少,结构的整体性能好,施工工序相对简单,工作量小,张拉效率高。另外,无粘结钢绞线本身具有防腐功能,在运输、施工中不易损坏,在正常运行中,其防腐性能也优于有粘结方案。

(7) 集中布置的进水塔群和出口消力塘

小浪底泄洪、排沙、发电、灌溉隧洞共16条,其进口组合成"一"字形排列的10座进水塔,前缘总宽276.4m,最大高度113m,各洞进口在不同高程错开布置,形成高水泄洪排污,低水泄洪排沙,中间引水发电的总体格局,以降低洞内流速,减轻流道磨蚀,减小闸门工作水头,提高其运用可靠度。洞室和进口的集中布置,导致出口消能建筑物(消力塘)也集中布置。

进水塔是枢纽最复杂的建筑物,塔上共布置各洞的检修门、事故门、工作门38扇,主副拦污栅26扇,固定卷扬机、液压启闭机26台,塔顶4000kN门机2台,塔体结构十分复杂。

出口消力塘是9条泄洪洞和1条溢洪道的集中消能建筑物,总宽度356m,总长210m(含护坦),最大深度28m,由2个中隔墙分成3个消力塘,每个塘又分成两级消力池。底部排水廊道纵横交错。

进水塔后岩质开挖边坡高120m,受4组结构面切割,局部风化较严重,地质条件复杂。采用了系统砂浆锚杆、混凝土护面板、喷钢纤维混凝土(或挂钢筋网)、预应力锚索、排水、减载等综合加固措施。

出口消力塘边坡采用减载、排水、砂浆锚杆、挂网喷混凝土、预应力锚索、抗滑桩和其他结构措施加固。

在进出口边坡加固中共采用预应力锚索1124根,其中1000~3000kN双重保护无粘结预应力锚索950根,在国内水电工程中尚属首次采用。在混凝土浇筑中,首次在国内采用先进的 ROTEC 塔带机和 DoKa 系列模板浇筑混凝土，实现了高效率、高质量。

(8) 水轮机抗磨蚀技术

小浪底水电站共装设 6 台混流式水轮发电机组，总装机容量 180 万 kW。其主要技术参数为：运行水头 68～141m，转轮直径 6.356m，额定转速 107.1r/min，额定水头 112m，额定出力 30.6 万 kW。

小浪底水电站在电力系统中承担调峰、调频及负荷备用任务。基于黄河的水沙特点和水库运行要求，具有过机含沙量高和运行水头变幅大的特点，正常运用期汛期过机含沙量为 68.6kg/m³，中值粒径 d_{50} 为 0.021mm。因而水轮机抗磨蚀问题成为小浪底水电站的关键性技术问题之一。

工程采取了综合性技术措施，以期增强水轮机的抗磨蚀性能，保证汛期发电机组安全运行：

1) 优化水工布置，减少过机沙量。

2) 优化性能参数。流道含沙水流相对流速是形成泥沙磨蚀的重要因素，为适当降低比转速，选用较低的额定转速，从而把比转速降至161m·kW，这样可控制转轮内流速不超过 38m/s。

3) 改善部件结构，减轻泥沙损害。在设计中放大导叶分布圆直径和导叶高度以降低平均流速，装设筒阀以减少漏水冲磨等，从而尽可能减轻含沙水流对水轮机的磨损。

4) 采用优质材料。整体转轮、上下抗磨板、导叶等均使用抗空蚀性能良好的不锈钢制造；转轮叶片采用钢板热压成型、数控机床加工、工地组装整件出厂的制造工艺，大大提高了转轮叶片与模型的相似性；在安装中采用座环现场加工工艺。

5) 涂敷防护材料。在较低流速区，如座环和尾水锥管入口处，采用聚氨酯材料防护。表面硬度为 90（肖氏硬度），表面粗糙度为 Ra3.2，材料耐磨指数 2.27（不锈钢为 1）。在高流速区，包括导叶、上下抗磨板、止漏环、转轮等部件加工后，用碳化钨钴材料、通过高速火焰喷涂工艺（HVOF），形成物理性结合。表面硬度 HRC 为 70～75，粗糙度为 Ra3.2～6.4，材料耐磨指数为 5。

(9) 金属结构设备新技术新材料的应用

枢纽工程金属结构设备主要分布在进水塔、孔板洞中闸室、排沙洞出口闸室、地下厂房、尾闸室、防淤闸和溢洪道等处，总工程量约为 3.26 万 t。

1) 孔板衬套材料

作为安装在孔板泄洪洞孔板环内圆锐缘处的金属防护体——孔板衬套，其材质要求具有较强的抗高速含沙水流磨蚀性能、抗杂物冲击性能及长期在水和潮湿环境中的抗腐蚀性能，以保证孔板环孔口尺寸的长期稳定。设计选用抗磨白口铸铁（又名高铬铸铁，牌号 KmTBCr26，GB/T 8263），其铸态硬度 HRC＝50～58，并要求有一定的强度和韧性，衬套的铸造和加工难度很大。

2) 大吨位高扬程卷扬启闭机的折线绳槽卷筒

孔板泄洪洞和明流洞事故闸门共安装了 10 台 5000kN 固定卷扬启闭机进行闸门的启闭。启闭机名义起升高度 90m，单吊点，起升速度 2m/s，卷筒直径 3.056m，是目前我国同类启闭机中卷筒容绳量、卷筒直径和启闭力均为最大的高扬程固定卷扬启闭机。

由于受孔板泄洪洞一洞双孔的体形和水力学条件的限制，进水塔顶闸孔宽度较小（最小为 3.5m），在启闭机的设计上采用了带有折线绳槽的同轴单联双卷筒双层缠绕的技术方案，并采用了阶梯形垫环代替传统的排绳机构。

排沙洞事故闸门 6 台 2500kN 固定卷扬启闭机和塔顶 2 台 4000kN 门机的卷筒也采用了折线绳槽结构。

3) 低合金高强钢闸门

小浪底工程共有 3 条导流洞，先后利用 3 扇平面闸门进行孔口的封堵。其中 2、3 号导流洞封堵闸门孔口尺寸为 12m×14.5m，设计水头 72.5m，门叶外形尺寸 1.978m×13.84m×15.2m（厚×宽×高），闸门总重 287.7t，闸门总水压力 128000kN，目前是国内平面闸门中承受总水压力最大的。

受闸孔尺寸限制，为减小闸门结构尺寸，提高闸门的整体刚度和稳定性，在国内大型水工闸门的制造上首次采用了 WH60D 低合金高强钢。

4) 单个轮压最大的事故闸门定轮

小浪底工程所有事故闸门均采用了定轮式支承方式，共有定轮 288 套，定轮轮辋采用锻制合金钢材料 42CrMo 和 34CrNi3Mo，经整体淬火后整体硬度达到 HB390～HB410。定轮支承的最大特点是承载力大，阻力小，轨道受力均匀，符合小浪底工程多泥沙和高水头的特点，且结构简单，维修方便。其中 2 号明流洞事故闸门单个定轮重 3.4t，直径 1.00m，轮压为 41300kN，是目前国内水利水电工程中采用的承载能力最大的定轮。

（10）地下厂房大型岩壁吊车梁及桥机负荷试验

地下厂房岩壁吊车梁长 220m，宽 1.85m，高 2.53m，采用两排 15m 长、500kN 预应力锚杆锚固在上、下游岩壁上，其下部没有其他支撑。岩壁吊车梁设计承受两台 5000kN 桥机的吊重荷载，是目前我国承载能力最大的岩壁吊车梁。

（11）其他新技术、新方法、新材料的应用

小浪底工程施工中还采用了以下新技术、新方法、新材料：①隧洞裂缝及渗水处理中采用的新型灌浆材料和方法；②高压旋喷灌浆进行基础防渗和地基加固处理；③利用 GPS 进行大坝变形测量；④预埋 FUKO 灌浆管对压力钢管进行多次重复接触灌浆；⑤中子无损检测技术检查压力钢管外侧脱空情况；⑥70MPa 硅粉混凝土在泄洪排沙建筑物下游高流速区的普遍使用。

2.1.2 长江三峡工程

1. 工程概况

长江三峡水利枢纽工程（以下简称三峡工程）是一项具有防洪、发电、航运等综合效益的跨世纪工程，是治理和开发长江的关键性骨干工程。坝址在湖北省宜昌市三斗坪，距三峡出口南津关 38km，在已建的葛洲坝水利枢纽上游 40km。三峡水库正常蓄水位 175m，总库容 393 亿 m^3，其中防洪库容 221.5 亿 m^3，是当今世界上最大的水利枢纽工程。

（1）防洪效益

三峡工程的首要目标是防洪，可有效地控制长江上游洪水。经三峡水库调蓄，可使荆江河段防洪标准由现在的十年一遇提高到百年一遇。遇千年一遇或类似于 1870 年曾发生过的特大洪水，可配合荆江分洪等分蓄洪工程的运用，防止荆江河段两岸发生干堤溃决的毁灭性灾害，减轻中下游洪灾损失和对武汉市的洪水威胁，并可为洞庭湖区的治理创造

条件。

（2）发电效益

三峡水电站总装机容量1820万kW，年平均发电量846.8亿kW·h。

（3）航运效益

三峡水库将显著改善宜昌至重庆660km的长江航道，万吨级船队可直达重庆港。航道单向年通过能力可由现在的约1000万t提高到5000万t，运输成本可降低35%～37%。经水库调节，宜昌下游枯水季最小流量，可从现在的3000m³/s提高到5000m³/s以上，使长江中下游枯水季航运条件也得到较大的改善。

（4）环境效益

三峡水电是清洁能源，若以发电量相当的火电站代替（年需标准煤3200万t或原煤4200万t），建三峡工程相当于每年少排100万～200万t二氧化硫、1万t一氧化碳、37万t氮氧化物和大量飘尘、降尘。

2. 工程布置

（1）枢纽布置

枢纽工程主要建筑物由大坝、水电站、通航建筑物等3大部分组成，如图2.1-3所示。主要建筑物的形式及总体布置方案为：泄洪坝段位于河床中部，即原主河槽部位，两侧为电站坝段和非溢流坝段。水电站厂房位于两侧电站坝段后，另在右岸留有后期扩机的地下厂房位置。永久通航建筑物均布置于左岸。

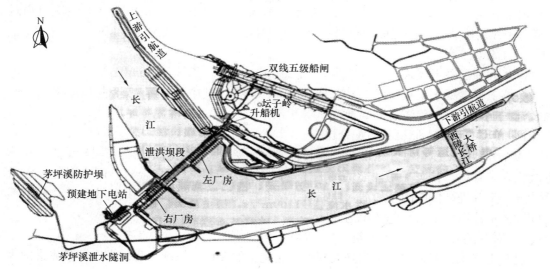

图2.1-3 三峡水利枢纽平面布置图

枢纽工程主要建筑物设计洪水标准为1000年一遇，洪峰流量为98800m³/秒；校核洪水标准为10000年一遇加10%，洪峰流量为124300m³/秒。相应设计和校核水位分别为175m及180.4m。地震设计烈度为Ⅶ度。工程主体建筑物及导流工程的主要工程量为：土石方开挖10283万m³，土石方填筑3198万m³，混凝土浇筑2794万m³，钢筋制安46.30万t，金属结构制安25.65万t，水轮发电机组制安26台套。三峡工程分三个阶段完成全部施工任务，总工期为17年。

(2) 大坝

拦河大坝为混凝土重力坝，坝轴线全长2309.47m，坝顶高程185m，最大坝高181m。

泄洪坝段位于河床中部，前缘总长483m，设有22个表孔和23个泄洪深孔，其中深孔进口高程90m，孔口尺寸为7m×9m；表孔孔口宽8m，溢流堰顶高程158m，表孔和深孔均采用鼻坎挑流方式进行消能。

电站坝段位于泄洪坝段两侧，设有电站进水口。进水口底板高程为108m。压力输水管道为背管式，内直径12.40m，采用钢衬钢筋混凝土联合受力的结构形式。

校核洪水时坝址最大下泄流量102500m³/s。

(3) 水电站

水电站装机容量18200MW，采用坝后式厂房，设有左、右岸两组厂房，共安装26台水轮发电机组。左岸厂房全长643.7m，安装14台水轮发电机组；右岸厂房全长584.2m，安装12台水轮发电机组。水轮机为混流式，机组单机额定容量为700MW。三峡水电站以500kV交流输电线路和±500kV直流输电线路向华东、华中、华南送电。电站出线共13回。右岸山体内预留地下厂房的位置，后期扩机6台，总容量为4200MW。

(4) 通航建筑物

通航建筑物包括永久船闸和升船机，均位于左岸山体内。

永久船闸为双线五级连续梯级船闸。单级闸室有效尺寸为280m×34m×5m（长×宽×坎上最小水深），可通过万吨级船队。

升船机为单线一级垂直提升式，承船厢有效尺寸为120m×18m×3.5m，一次可通过一条3000t的客货轮。承船厢运行时总重量为11800t，总提升力为6000kN。

3. 工程施工

(1) 大坝混凝土浇筑

三峡工程混凝土工程量巨大，总量达2800万m³，其中大坝混凝土量达1600万m³，高峰施工强度需要一年浇筑混凝土逾500万m³。

1) 新型的混凝土原材料与配合比

为充分利用工程本身开挖出的花岗岩基岩，三峡工程在国内率先将花岗岩破碎后用作混凝土人工骨料，首次利用性能优良的Ⅰ级粉煤灰作为混凝土掺合料，研究混凝土配合比，进一步改进高性能的外加剂，使混凝土综合性能达到最优水平。优选出的大体积混凝土配合比单位用水量仅90kg/m³左右。

2) 塔带机为主的混凝土浇筑

混凝土浇筑方案和配套工艺是大坝混凝土施工的关键。三峡工程引进国外最先进的大坝浇筑专用设备——塔带机，确定以塔带机为主的混凝土浇筑方案。

在塔带机应用过程中，摸索总结出了一整套保证质量的施工工艺。主要有：克服了骨料分离的难点，成功地用塔带机浇筑四级配混凝土；由于塔带机不宜输送砂浆，成功研究出"软着陆"替代方案；对多层水平钢筋网、廊道、模板周围等塔带机浇筑困难的部位，总结出一整套成熟工法，保证了质量；总结出了一整套塔带机及混凝土皮带机的安装、运行、维护操作规程，始终使设备保持在完好状态。

3) 混凝土温控防裂技术

大体积混凝土温控防裂是大坝施工的又一重点与难点。由于皮带机运送预冷混凝土时温度回升较大（夏天高温季节时，每运送 150m，混凝土温度约回升 1℃），更增加了这一问题的难度。三峡工程采用了混凝土骨料二次风冷技术，盛夏时将拌合楼生产出的混凝土全部预冷到 7℃；突破并严于规范要求，对高强度混凝土进行"个性化"通水冷却，很好地控制了混凝土最高温度；采用保温性能优良的聚苯乙烯板进行大坝表面的永久保温；在管理上总结出"天气、温度控制、间歇期"三项预警制度，保证了混凝土温控各个环节的高质量。

（2）双线五级船闸工程

双线连续五级船闸由上下游引航道、闸室主体段、输水系统、山体排水系统等建筑物组成。船闸线路总长 6442m，其中船闸主体段长 1621m，单级闸室有效尺寸为 280m×34m×5m。船闸主体段闸室位于花岗岩内，边坡陡高。在中隔墩和两侧边墙岩体内共布置四条输水隧洞，条件复杂。双线连续五级船闸设计总水头 113m，单级最大水头 45.2m 均为世界之最。

1）船闸高边坡支护

船闸主体建筑物段长 1607m，最大边坡高度达 170m。在主体建筑物段形成双陡槽式双侧边坡。在陡槽部位开挖成直立边坡，闸室的边墙为锚固在直立边坡上的混凝土薄衬砌。在施工中遇到了多条规模较大的新发现的断层，出现了 790 多处大于 $100m^3$ 的不稳定岩体，曾发生过一次最大 $2800m^3$ 的塌方。施工中对 60m 高的直立墙一次成孔逐段爆破开挖，经研究后优化为小平台的开挖方案；为了保证直立墙施工安全增加了大量的锁口锚杆。

2）人字门和启闭机

三峡船闸人字闸门的最大高度 38.5m，最大单扇门重 850t，最大淹没水深 36m，最大启闭力 2700kN，闸门的高度、门面水压力、自重和启门力，均居世界第一位。

（3）导截流及围堰工程

三峡工程确立了"三期导流、明渠通航、围堰挡水发电"的施工方案，并相继对一系列技术难题进行创新性的解决。

1）大流量深水河道截流技术

三峡工程截流包括大江截流和导流明渠截流，截流成功后都面临在一个枯水期快速修建深水高土石围堰或高碾压混凝土围堰的难题。

明渠截流具有截流流量大、落差大、龙口流速大、截流总功率大的特点，是当今世界上截流综合难度最大的截流工程。

2）深水土石围堰关键技术

二期上游土石围堰最大高度 82.5m，堰体施工最大水深 60m，为深水土石围堰。围堰基础地形地质条件复杂。围堰形式为两侧石渣及块石体、中间风化沙及沙砾石堰体，塑性混凝土防渗墙上接土工合成材料防渗心墙。围堰填筑方量达 $1032×10^4 m^3$，且 80% 堰体为水下抛填，防渗墙面积达 $8.4×10^4 m^2$，工期紧、强度高、施工难度大。

围堰工程的技术难题主要有：断面的结构和防渗形式的选择；60m 水深下抛填风化沙密度的确定；深槽、陡坡、硬岩防渗墙的施工技术；新型柔性墙体材料研制及其质量控制方法；新淤沙的动力稳定性及其处理。

2.1.3 淮河入海水道淮安枢纽工程

1. 工程概况

淮河入海水道工程是扩大洪泽湖洪水出路、保证洪泽湖大堤安全的一项战略性骨干工程。该工程西起洪泽湖大堤的二河闸，东至黄海扁担港，全长163.5km。

入海水道沿苏北灌溉总渠北侧路经淮安市南郊，在桩号28+480处（桩号起点为二河闸轴线以上641.11m处）与京杭运河交汇，形成两河三堤、三河交叉的河网。该处现有建筑物较多，且已形成泄洪、调水、灌溉、排涝、发电、航运和公路交通等多种功能的水利枢纽。因此，淮安枢纽工程的主要任务是在保持现有各建筑物功能、尽量减少对京杭运河航运影响的前提下，有效地保证入海水道泄洪和京杭运河通航；入海水道不泄洪时，维持淮安枢纽至二河新泄洪闸间滩地的耕作，维持渠北运西地区的排涝和淮扬公路的通行；同时还应充分考虑近、远期工程结合，并为远期扩建预留位置和创造施工条件。

根据工程任务的要求，淮安枢纽工程由入海水道南、北堤，穿京杭运河立交地涵，古盐河穿堤涵洞，清安河穿堤涵洞，渠北闸加固和入海水道北堤跨淮扬公路立交桥等建筑物组成。

按照《防洪标准》GB 50201—1994和《水利水电工程等级划分及设计标准》（平原、滨海部分）SL 252—2000，淮安枢纽的立交地涵、渠北闸及入海水道南堤为Ⅰ等工程，其主要建筑物级别为1级；古盐河穿堤涵洞、清安河穿堤涵洞、入海水道北堤跨淮扬公路立交桥及入海水道北堤为Ⅱ等工程，其主要建筑物级别为2级。

淮安枢纽立交地涵按防御洪泽湖300年一遇洪水标准（结合远景）设计，入海水道南、北堤及其他建筑物按防御洪泽湖100年一遇洪水标准（近期）设计。入海水道设计泄洪流量2270m³/s。

2. 工程施工

（1）施工条件

淮安枢纽工程立交地涵位于京杭运河上，枢纽区内既有我国第二大黄金水道——京杭运河，也有承担淮安市运河以西270多平方公里排涝任务的淮安地涵，工程施工过程中需截断京杭运河和拆除淮安地涵，施工导航和施工导流的任务艰巨。立交地涵基础位于粉细砂地基上，该层土抗渗性能差，且为承压含水层，承压水头约13m，因此，施工过程中的基坑降水和基坑开挖难度大。另外，立交地涵结构复杂，混凝土工程量大，工期紧，且单体结构长度大（涵身段最大长度31.272m），为保证上部京杭运河与下部入海水道水流串通，对混凝土防裂要求高。

（2）施工导航

1）导航标准

京杭运河为Ⅱ-（3）级航道，要求临时航道底宽不低于65.0m，水深不小于4.0m，航道的转弯半径不小于540m。

2）导航方式

根据施工场地实际情况，确定采用开挖明渠的导航方式。为便于与原航道顺接，导航明渠布置在运河的东侧。考虑到京杭运河淮安段船只多、航运运输较为繁忙的实际情况，导航明渠采用梯形断面，底宽70.0m，渠底高程4.5m，明渠进、出口段均以半径为600m的圆弧连接，明渠两侧的堤防为均质土堤，迎水面边坡1：2.5，背水面边坡1：2。为满足运行期间堤顶行车需要,堤顶宽为 7.0m,根据汛期设计洪水位 10.8m 确定堤顶高程为 12.0m。

3) 基坑围堰设计

根据立交地涵施工需要,在工程场区内的运河河段上填筑南北两道围堰,并利用导航明渠西堤,使之形成施工基坑。围堰为临时建筑物,级别为 4 级。设计采用均质土围堰,迎、背水面边坡均为 1:5。考虑交通需要,围堰顶宽设计为 7.0m,顶高程 12.0m。其中北侧围堰长 200m,为尽量少占用水上交通广场,南侧围堰设在京杭运河和苏北灌溉总渠交汇处,拟利用现有总渠的导流丁坝,延伸到运河对面的高处台地,围堰长 350m。

围堰填筑安排在非汛期施工,南、北侧围堰填筑同时进行,自运西向运东侧进占,由于运河水流速很小,围堰合龙时无需采用特殊的截流措施,必要时用草袋装土封堵龙口。

立交地涵竣工并具备通水条件后,拆除围堰并进行导航明渠封堵。

(3) 施工导流

经多方案比较,为节省投资和便于与永久工程结合,确定采用临时泵站抽排的导流方案。在京杭运河西堤外侧建一临时泵站,抽排渠北运西地区涝水入京杭运河。根据设计流量选配 700QZ-70GB($-2°$)型潜水泵,单泵流量 $1.5m^3/s$,扬程 6.0m,配套电机功率 115kW,共装机 60 台,配套电机总功率 6900kW;出口采用直径 800mm,厚度 10mm 的钢管直接穿过运河西大堤排水入京杭运河,钢管总长约 2000m;同时配 6 台型号为 1600kVA 变压器,电源引自淮安城南变电所。

(4) 深基坑降水

立交地涵涵身段最低开挖高程为 $-8.0m$,上、下游连接段开挖高程分别为 1.0m 和 0.0m,基坑开挖的最大深度达 14.0m 以上,基坑开挖穿过了第(5)层粉土夹粉质黏土和第(7)层粉细砂两个承压含水层,承压水水头约 13m,且水量极为丰富,因此在施工过程中必须做好降排水工作。

根据《建筑基坑工程技术规范》YB 9254—1997,本区含水层主要属粉土夹粉砂层,渗透系数值在 $0.6\sim4.5m/d$ 之间,基坑底面高程为 $-7.6\sim-8.0m$(目前地下水位高程为 $5.8\sim6.2m$),要降至开挖深度以下 1m 以满足旱地施工要求,则主要含水层(第三含水层)的水位降深值约 14.7m,而该工程基坑是特大型基坑,故降水方案优先考虑采用管井方式。

经计算分析与方案论证,深基坑降水采用沿基坑周边布置深井降水方案。沿基坑周边均匀布设 65 眼降水井,间距 15m,井底高程 $-36m$(运河西)和 $-27m$(运河东)。降水井采用无沙混凝土管井,外径 50cm,内径 40cm,管外包一层 80 目尼龙滤网布。每眼井配深井潜水泵一台,单泵流量 $32m^3/h$,扬程 36m,配套电机功率为 5.5kW。由于降水漏斗现象,第(5)层粉土夹粉质黏土的水无法通过降水井完全截住,采取设小直径越流潜井将该层水导入第(7)层粉细砂中,再通过降水井抽排。经工程实践,降水方案非常成功,在整个施工期实现了干地施工,无发生基坑涌水和冲溃问题。

(5) 混凝土施工和温控防裂

淮安枢纽立交地涵混凝土结构属薄壁混凝土结构,结构复杂,混凝土工程量大(混凝土总量 15 万 m^3),工期紧。为保证施工进度和施工质量,结合混凝土温控防裂要求(降低水灰比和坍落度),混凝土制备采用拌合楼,运输采用 ROTEC 高速混凝土运输皮带机和胎带机。

淮河入海水道与京杭运河是两个相互独立的水系,淮安枢纽立交地涵是解决两个水系立体交叉的建筑物,由于两个水系的水位相差较大,因此两者必须相互隔绝,不能串通,这样对立交地涵的防渗和防漏提出了很高的要求。另外,由于立交地涵地基为粉细砂,抗渗性能差,且京杭运河与入海水道最大水位差达 7.2m,为保证地基的防渗稳定,同样要求立交地涵的防渗和防漏性能可靠。在设计中充分考虑了防渗要求高的特点,尽量减少地涵的分缝。立交地涵下部涵洞顺水流方向长度 108.604m,中间分缝 3 道,上、下涵首长均为 23.0m,中间两块涵身长均为 31.272m,已经达到了相关规范规定的最大长度。根据已有工程的经验,底板和墩墙长度过长(一般超过 15.0m),混凝土易在施工期出现裂缝,且通常为贯穿性裂缝,主要原因是混凝土内外温差、干缩和地基对底板的约束及底板、墩墙和顶板之间新老混凝土的相互约束。贯穿性裂缝的出现不仅会造成结构上的安全隐患,还会造成渗漏短路,这样对防渗极为不利。为解决施工期可能出现的裂缝,主要采取了以下措施:

1) 通过研究立交地涵墩墙结构混凝土应力分布状况,对立交地涵墩墙结构混凝土的裂缝机理进行了系统分析,正确及时地提出避免类似结构裂缝产生的工程措施,如采用常态混凝土、掺加粉煤灰,从而降低水泥用量;墩墙下部 1m 高度与底板同时浇筑,墩墙适当部位预留 1~2 道后浇带,从而降低底板对墩墙的约束;缩短底板和墩墙的浇筑间歇期;采用木板或胶合板材等保温性能好的材料制作模板、盖(或挂)草袋或保温被、表面贴聚乙烯泡沫塑料保温板、表面升温等,封闭洞口以减小风速保温,加强养护和保温,通过观测内外温差来控制拆模时间等。

2) 采用了较为先进的仿真技术,利用混凝土结构温度场及徐变应力场三维仿真计算程序,实现了对完全模拟实际混凝土施工全过程的温度及应力的仿真计算。

3) 对淮河入海水道淮安枢纽立交地涵工程施工期进行了动态跟踪温控防裂计算,通过预测混凝土的温度和应力,及时指导施工。

尽管施工过程的影响因素众多而又复杂,通过以上综合措施实现了工程施工期内未出现一条结构性裂缝的建设目标,取得了很好的防裂效果。

2.1.4 伊泰普水利枢纽工程

1. 工程概况

伊泰普水电站位于南美洲巴西与巴拉圭两国的边界巴拉那河中游河段。水电站安装 18 台 70 万 kW 机组,总装机容量 1260 万 kW,平均年发电量 750 亿 kW·h,于 1991 年建成,是世界上 20 世纪建成的最大水电站。后又扩增 2 台机组,总装机容量达到 1400 万 kW。

坝址区基岩主要为厚层玄武岩,夹有多孔杏仁状玄武岩和角砾岩互层,没有大的构造。伊泰普水电站平面布置见图 2.1-4。

工程主要包括:①导流明渠,长 2000m,设计泄量 35000m³/s。②明渠上游拱围堰,高 35m。③明渠下游拱围堰,高 31.5m。④导流控制建筑物,重力坝高 162m、长 170m,下设导流底孔 12 个,各宽 6.7m、高 22m。⑤上游主围堰,土石填筑量 722 万 m³。⑥下游主围堰,土石填筑量 410 万 m³。⑦主坝为混凝土双支墩空心重力坝,坝顶高 225m,最大坝高 196m,是世界上已建最高的支墩坝,上游坝坡 1∶0.58,下游坝坡 1∶0.46,坝顶

2.1 枢纽工程

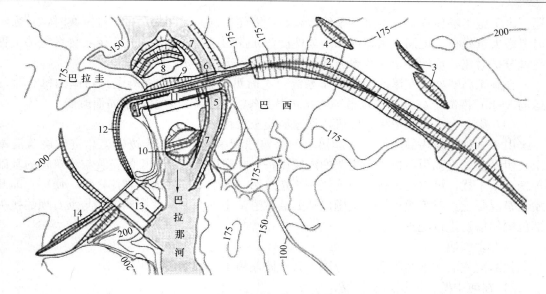

图 2.1-4　伊泰普水电站平面布置图（单位：m）
1—左岸土坝；2—堆石坝；3、4—堤；5—导流明渠；6—导流控制坝段；7—混凝土拱形围堰；
8—上游围堰；9—双支墩主坝；10—下游围堰；11—发电厂房；12—单支墩大头翼坝；
13—岸边溢洪道；14—右岸土坝

长 1064m，每个坝段长 34m，各设 2 个支墩形成空心重力坝。⑧右翼弧线形坝为大头支墩坝（参见大头坝），坝长 986m，每个坝段长 17m，设 1 个支墩，最大坝高 64.5m。⑨溢洪道，堰顶高程 200m，堰高 44m，总宽度 390m，安装弧形闸门 14 扇，每孔跨度 20m，闸门高 21.34m，泄槽长 483m，用两道隔墙分为三区，采用挑流鼻坎消能。⑩右岸土坝，长 872m，最大坝高 25m。⑪左岸堆石坝，长 1984m，最大坝高 70m。⑫左岸土坝，长 2294m，最大坝高 30m。

主要工程量：土石方开挖 7980 万 m^3，土石方填筑 4480 万 m^3，混凝土浇筑 1230 万 m^3。实际总投资达 234 亿美元，为过去可行性报告预计投资的 7.5 倍。

2. 工程施工

(1) 浇筑采取多种预冷方式，确保工程质量

混凝土的入仓温度规定为 7℃，要求混凝土拌合温度为 6℃。由于采用大型的 6m^3 吊罐和缩短运输时间，混凝土入仓温度只比拌合机出口温度高 1℃。鉴于工地夏季气温可能超过 40℃，为满足相当严格的要求，混凝土采取以下预冷方式：①水泥和水泥混合材料在磨细后只冷却到 40℃ 左右；②四种级配的粗骨料（粒径 5～150mm）在通往拌合楼途中的冷却隧洞内预冷；③粒径较大的三种级配的骨料在拌合楼的料斗中用通冷风的方法继续冷却；最细一级粗骨料，在储料斗内不进行冷却，以防冻结。骨料进入混凝土拌合机时的温度随粒径的不同而在 −2～7℃ 之间变化；④一部分拌合用水采用 5℃ 的冷却水，而大部分是用 −5℃ 的冰片（冷却过的粗骨料和未经冷却的砂子已含一部分水。砂子的含水量较高时，要减少加水量和加冰量）。

(2) 采用单轨吊车运输混凝土，避免与其他材料运输互相干扰

在选择混凝土施工设备时，最复杂的任务是如何解决施工高峰期的混凝土水平运输问

题。由于施工场地较小，而且冬季经常有雾，因此在选择混凝土水平运输方案时，必须同时考虑大量模板、钢筋、预埋件和永久性设备元件的运输问题。为此，伊泰普水电站工程经过分析对比，最后决定在两岸分别设置单轨吊车运输系统。

在施工高峰期，左岸的单轨吊车系统每小时可运输 540m³ 混凝土，右岸的每小时可运输 360m³ 混凝土。并且单轨吊车的线路根据各混凝土浇筑阶段的不同而改变。

（3）用多台平移式缆机和塔机，加速混凝土工程施工

由于主坝浇筑块的尺寸很大和要求的浇筑强度很高，为了能按施工总进度浇筑混凝土，伊泰普工程采用缆机作为主要的浇筑设备，并附以塔机。缆机的安装与建筑物的基础开挖互不干扰，可提前进行，当导流控制建筑物、主坝和厂房的基础挖好后，便可立即开始浇筑混凝土。对于缆机控制范围以外的溢洪道、主坝的右岸部分和主坝与堆石坝的接头部位则用塔机进行浇筑。

（4）主围堰

拦断河道的两条主围堰，均分以下几个阶段施工：

1）在河中抛石填筑两条戗堤；

2）在 30~45m 水深下，水下疏挖河床沙砾石；

3）用"挤压置换"法，在两条堆石戗堤之间，从河一侧向另一侧，快速填筑大量黏土；

4）在河水水面以上，修建一条有碾压式黏土心墙的中心堆石堤。

上、下游围堰的最大高度分别是 75m 和 80m；填筑方量分别为 722 万 m³，410 万 m³。除了水文风险外，有关主围堰稳定和功能的其他风险分析及其有效补救措施如下：

1）河床沙砾覆盖层的渗漏风险。防治措施：挖除两道戗堤之间的全部河床覆盖层，并在回填黏土前，以侧声纳扫描仪进行水下检查。

2）水中抛填的抗剪强度极低的高饱和未压实黏土心墙失事的风险。防治措施：水中抛填的黏土心墙顶部加"帽盖"，用于限制戗堤之间极松软的黏土心墙，以保证其稳定性。

（5）拱围堰

导流明渠需开挖 2000 万 m³ 的岩石。开挖施工时，明渠两端留有两道天然石埂。原方案拟在将河水导入明渠之前，用爆破法炸除石埂，然后水下疏浚清除。但这种方式风险很大，因为：①大量的块石堆积，可能形成淹没的潜堰，从而壅高上游水位，导致上游围堰漫顶；②通过明渠的流量超过 10000m³/s 时，水下疏浚无法进行。

为避免上述风险，决定在导流明渠两端的天然岩埂背水面修建两道混凝土薄拱围堰（其高度分别为 35m 和 32m），然后再开挖清除岩埂。为确保混凝土拱围堰爆破形成小块体，不至在明渠内形成淹没潜堰，进行了若干次爆破试验。1978 年 10 月（1975 年确定的目标工期），正在洪水季节起始之际，两道混凝土拱围堰同时爆破，成功地将河水导向了导流明渠和导流建筑物的底孔。对围堰和任一施工中的建筑物均未造成损害。

（6）地质不确定性和基础处理

大坝基础曾进行广泛的地质勘察和试验，包括钻孔取岩芯、开挖勘探平峒和大直径竖井等。查清了基础内有四条接近水平分布的不连续面或节理，它们存在于不同玄武岩层和角砾岩层之间，可能对大坝及电站厂房的稳定形成重大威胁。

对位于大坝最高坝段（196m）的坝基下约 20m 深处的主要不连续面，其专项基础处

理，是先开挖成网格形的隧洞群，再回填混凝土形成抗剪键网格。抗剪键网格使较软弱的基础得到加强，其抗剪滑稳定的安全系数得以满足。水库蓄水以来的运行表明，经处理后的基础性状类似于整体的玄武岩。

（7）空心重力式主坝

混凝土空心重力坝与混凝土实体重力坝相比，不仅在结构功能和特性上，允许应力和所要求的安全余度方面基本相似，而且均由大体积混凝土建造，在质量要求和混凝土浇捣方法上也都是相似的。

伊泰普大坝选用空心重力坝坝型，是因为与实体重力坝坝型比较，有以下优点：

1）可节约混凝土量 160 万 m^3；
2）更高的抗倾覆稳定性；
3）由于空气可在空心坝段间对流，故水化热易于散发，不需进行后期冷却；
4）因为同一坝段内分设更多的浇筑坝块，施工灵活性更强；
5）大坝基础接触面上的扬压力更低；
6）投资可减少约 12%。

上述优点部分地被下述负面因素抵消：模板工程更为复杂；坝肩部分的坝段基础，需分台阶进行开挖；同时，为确保空心重力坝具有与实体坝型同等的质量、安全和耐久性，需要进行更广泛的结构分析。

截止到 1975 年，世界上已建成的最高实体重力坝，是瑞士高 280m 的大狄克孙坝；而最高的空心重力坝，是 1969 年建成的西班牙阿尔康塔拉坝，高度仅 132m。伊泰普大坝最大坝高 196m，比当时已建成的最高空心重力坝高出 48%，这是超越当时水平的巨大跨越，所涉及的风险无疑更大。此外，为了与电站厂房单个机组段的宽度相匹配，伊泰普空心重力坝的坝段宽度为 34～37m，这一数值是大多已建成空心重力坝坝段宽度的 2 倍以上。

2.2 引水调水工程

2.2.1 南水北调东线一期工程

1. 工程概况

南水北调工程是解决我国北方地区水资源严重短缺问题的重大战略举措，总体布局包括东、中、西三条调水线路，分别从长江下游、中游和上游向北方调水（图 2.2-1）。

东线工程起点在江苏扬州市，从长江干流引水，利用京杭大运河及与其平行的其他河道向北输水，终点是天津市和山东半岛的威海市，工程涉及江苏、安徽、山东、河北和天津五省（市），拟分三期实施：第一期工程抽江规模 500m^3/s，首先调水到山东半岛和鲁北地区；第二、第三期工程抽江规模分别扩大到 600m^3/s、800m^3/s，增加向河北省、天津市的供水。

东线工程布置，充分利用了京杭运河及淮河、海河流域现有河道、湖泊和建筑物，并密切结合防洪、除涝和航运等综合利用要求。主体工程包括河道工程、泵站工程、蓄水工程和穿黄河工程。

2. 河道工程

从长江三江营取水口引水，主要利用京杭大运河向北输水，其中，长江至南四湖段采

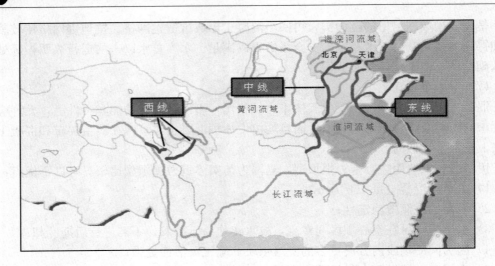

图 2.2-1 南水北调线路示意图

用双线输水，除京杭运河以外，同时利用了三阳河、入江水道、徐洪河等平行河道；南四湖以北至东平湖扩挖利用梁济运河、柳长河输水。出东平湖后分两路输水，一路向北穿过黄河至鲁北，经扩挖小运河和七一、六五河自流到德州大屯水库；另一路向东开辟胶东输水干线西段河道，与现有引黄济青渠道相接，再经正在实施的胶东地区引黄调水工程送水至威海市米山水库。

第一期工程调水线路总长 1466.50km，其中长江至东平湖 1045.36km，穿黄河段 7.87km，鲁北段 173.49km，胶东段 239.78km。除穿黄河工程外，全部为明渠输水。其中，约占总长 39% 的河段，可完全利用现有河道输水，不需安排工程；约占总长 18% 的河段，需对现有河道进行局部治理或影响处理措施；其余 43% 的河段，主要在现有河道基础上扩大疏浚，完全新开河段所占比例很少。

3. 泵站工程

根据地形条件，东线泵站工程布置在长江至东平湖区段，从长江抽水，利用泵站逐级提水北送至东平湖。出东平湖向鲁北、向胶东均采用自流输水方式。

多梯级大型、低扬程泵站串联、并联运行是东线调水工程的突出特点。黄河是东线工程地形最高点，黄河滩地高程与长江引水口水位差约 40m。从长江至黄河南岸的东平湖设 13 个调水梯级，22 处泵站枢纽（一条河上的同一梯级泵站，无论其座数多少均视为一处），34 座泵站，总装机流量 4417m³/s，总装机容量 36.62 万 kW。泵站工程包括利用泵站和新建泵站两类。

4. 蓄水工程

东线输水线路沟通了洪泽湖、骆马湖、南四湖、东平湖等湖泊，为调蓄水量创造了十分有利的条件。第一期工程拟抬高洪泽湖、南四湖下级湖的非汛期蓄水位，进一步增加调蓄能力；东平湖是黄河下游的滞洪水库，目前不担负灌溉蓄水任务，拟在不影响黄河防洪运用原则下治理利用其蓄水；此外，新建平原水库 3 座，即：鲁北的大屯水库，胶东输水干线的东湖、双王城水库。以上 7 座调蓄水库的总调蓄库容 47.29 亿 m³。

5. 穿黄河工程

穿黄河工程位于山东省东平、东阿两县境内，黄河下游中段。从东平湖深湖区引水，穿过黄河后与鲁北输水干渠相接，工程由南岸输水渠段、穿黄枢纽及北岸穿引黄渠埋涵段等部分组成，线路总长 7.87km。采用隧洞立交穿过黄河，在黄河河底以下 70m 打通一条直径 7.5m 的倒虹隧洞。第一期工程规划过黄河 50m³/s，但为避免多次扩建，穿黄隧洞按第二期工程规模 100m³/s 进行建设。

除以上主体工程外，第一期工程还包括东线治污规划中的截污导流工程，以及调度运行管理系统。

6. 工程施工

东线第一期工程建设内容包括：河道工程 14 项，泵站工程 24 项（新建泵站 21 项，老站改造 3 项），蓄水工程 6 项，穿黄河工程 1 项，还包括南四湖、骆马湖水资源控制工程，里下河水源调整补偿工程，截污导流工程及调度运行管理系统等。主要施工特点是，施工线路长，工程量大，建筑物多而分散。各单项工程规模不大，均可采用常规施工方法独立进行施工，一般均可在 2～3 年内完成，工期较长的泗洪泵站和穿黄河工程需跨 4 个年度完成。

(1) 穿黄隧洞施工

穿黄隧洞的施工特点是采用超前灌浆堵水技术，解决溶岩地区无水条件下开挖水下隧洞的施工方法。

穿黄隧洞由南岸竖井、过河平洞、北岸斜井等部分组成，全长 585.38m。隧洞施工主要包括预注浆施工、石方洞挖和混凝土衬砌。

1）预注浆施工

隧洞段围岩主要为寒武系张夏组厚层灰岩，该段地质构造比较简单，成洞条件较好，但围岩中岩溶现象发育，防水、防塌是主要技术难题。1985 年 6 月～1988 年 11 月，穿黄河勘探试验洞开挖成功，落实了在溶岩地区采用超前灌浆堵水技术开挖水下隧洞的施工方法。根据探洞施工的经验，仍采用水泥、水玻璃双液注浆法，最大注浆压力 3MPa，浆液扩散半径取 4m。预注浆施工采用 150 型地质钻机钻孔，UJZ-325 型灰浆搅拌机拌浆，TBW200/40 型泥浆泵注浆。

2）石方洞挖

斜井：斜井开挖利用原探洞作为上导洞，采用风钻钻孔，光面爆破施工。考虑到开挖断面大、围岩稳定性差及爆破振动对黄河大堤的影响，斜井段分两个正台阶开挖，每台阶循环进尺 2m。斜井出渣采用 0.6m³ 耙斗装岩机装渣，3m³ 箕斗提升至地面卸载排架出渣，8t 自卸汽车运至弃渣场，2m³ 装载机辅助。

平洞：平洞开挖方法大体与斜井开挖相同，但隧洞出渣运输需由调度绞车将箕斗拉至斜井底部，再由提升绞车提升至地面卸载排架出渣，石渣可用于加工碎石。

竖井：导井施工拟采用反井钻机施工。原探洞已开挖至竖井下部，具备反井钻机施工条件。施工时先用钻机自上而下打直径 100mm 中心孔，随后再用反井钻机自下而上打直径为 1.4m 的反导井，洞渣落在平洞内，并经平洞运至北岸弃渣场，出渣方式与平洞相同。

竖井扩挖：采用人工手风钻钻孔，光面爆破，导井落渣，石渣经平洞运至北岸弃渣场，出渣方式与平洞相同。井口设简易井架，单层吊盘作业。

3）混凝土衬砌

隧洞采用直径 $D=7.5m$ 的圆形断面，采用喷锚支护与钢筋混凝土衬砌联合支护形式，根据围岩分类情况，衬砌厚度为 0.6～0.8m。

衬砌分三个阶段进行。第一阶段在斜井进尺 80m 后，进行斜井前半部分的衬砌；第二阶段在斜井开挖完成后进行斜井剩余部分的衬砌；第三阶段在平洞、竖井开挖完成后进行平洞、竖井衬砌。所有洞段的混凝土衬砌均采用人工立模，弯段用木模板，直段用钢模板。

混凝土运输采用 30kW 双筒绞车牵引 $1m^3$ V 形斗车送入工作面，HB30 形混凝土泵入仓，1.1kW 插入式振捣器振捣。

(2) 济平干渠渠道混凝土衬砌施工

山东省济平干渠施工中，应用机械化衬砌机及混凝土预制板施工。

1) 混凝土预制板护砌

输水渠线路较长，所需混凝土预制件主要采用分段集中设置预制厂预制的方式生产。混凝土预制件采用载重汽车运至施工现场，人工或双胶轮车运至施工工作面进行安装。现场铺砌时，首先整平渠坡，渠坡经削坡处理合格后方可顺序铺设复合土工膜（齿墙部分铺设土工布）、保温板。预制混凝土板的安砌全部采用水平通缝，竖直错缝，自下而上逐行安砌，水泥砂浆勾缝。

2) 现浇混凝土面板

施工工艺主要包括：施工定线、砂垫层铺设、模板制作安装、预埋件埋设、混凝土拌合与运输、渠面修整与清理、混凝土摊铺、振捣、表面压光、混凝土养护及人工修补、伸缩缝切割与处理、伸缩缝填充等。

2.2.2 南水北调中线一期工程

1. 工程概况

中线一期工程从长江支流汉江上的丹江口水库引水，沿伏牛山和太行山山前平原开渠输水，终点是北京。远景考虑从长江三峡水库或以下长江干流引水增加北调水量。中线工程具有水质好，覆盖面大，自流输水等优点，是解决华北水资源危机的一项重大基础设施。

一期工程包括水源工程、输水工程和汉江中下游治理工程三部分内容。

(1) 水源工程

水源工程包括丹江口水库大坝加高和陶岔枢纽。

1) 丹江口水库大坝加高

丹江口水库大坝加高工程包括右岸土石坝改线重建、左岸土石坝加高培厚、混凝土坝加高培厚、泄洪表孔堰顶抬高、通航建筑物扩建。另在丹江口上游库区内距陶岔枢纽约 2.4km 处的丹唐分水岭布置董营副坝一座。

大坝加高工程挡水建筑物总长 3442m，其中混凝土坝长为 1141m，坝顶高程在初期工程基础上加高 14.6m 至 176.6m 高程，最大坝高 117m（厂房坝段 27 坝段）；土石坝坝顶高程 176.6m，右岸土石坝长 877m，最大坝高 60m，左岸土石坝长 1424m，最大坝高 71.6m。

2) 陶岔枢纽

陶岔枢纽是中线总干渠渠首。兼作副坝挡水。该闸于 1974 年建成，为适应丹江口大坝加高后挡水和满足中线引水要求，经方案比较，推荐遗址重建方案。陶岔枢纽运行时上、下游水头差较大，具有一定的水能资源，有增建电站的条件。新址在线陶岔闸下游约80m，引水闸右侧为3孔引水闸，左侧为电站厂房，安装两台贯流式机组，装机容量为50MW；两岸重力坝挡水。陶岔枢纽顶高程176.6m，防浪墙顶高程177.8m，轴线长265m。

（2）输水工程

中线总干渠大部分位于嵩山、伏牛山、太行山山前，京广铁路以西。渠线路走向为：从陶岔枢纽起，沿伏牛山南麓前岗垅与平原相间的地带向东北行进，经南阳北跨白河后，于防城垭口东八里沟过江淮分水岭进入淮河流域。在鲁山县过沙河，往北经郑州西穿越黄河。经焦作市东南、新乡西北、安阳西过漳河，进入河北省境内。经邯郸西、邢台西在石家庄西北过石津干渠和滹沱河，至唐县进入低山丘陵区和北拒马河冲积扇，过北拒马河后进入北京市境，终点为团城湖。

天津干线渠首位于河北省徐水县西黑山村北，从总干渠分水后渠线在高村营穿越京广铁路，在霸州市任水穿京九铁路，向东至终点天津市外环河。

陶岔枢纽至北拒马河段长1196km，采用明渠输水方式，渠道为梯形输水断面，并对全断面进行衬砌，防渗减糙。分段设计流量为：陶岔枢纽350m^3/s，加大流量420m^3/s；穿黄河265m^3/s，加大流量320m^3/s；进河北235m^3/s，加大流量265m^3/s。

北京段长81km，采用PCCP管和暗涵相结合的输水形式，设计流量50m^3/s，加大流量60m^3/s。

天津干线长155km，采用暗涵输水形式，渠首设计流量50m^3/s，加大流量60m^3/s。

输水工程与交叉河流全部立交，沿线共布置各类建筑物1753座，其中：河渠交叉建筑物164座（含穿黄工程），左岸排水建筑物468座，渠渠交叉建筑物133座，铁路交叉建筑物41座，公路交叉建筑物736座，分水口门88座，节制闸62座，退水闸51座，隧洞9座，泵站1座。

中线穿黄工程，在郑州市以西约30km的孤柏湾处，起点为黄河南岸王村化肥厂南，终点为黄河北岸温县南张羌乡马庄东，全长19304.5m。穿越黄河选定双线平行布置的隧洞方式，每条隧洞长3450m，内径7m，邙山斜洞段长800m。

（3）汉江中下游治理工程

1）兴隆水利枢纽

兴隆水利枢纽由左岸土坝、泄水闸、船闸、右岸土坝组成，坝轴线总长2825m，其中，左岸连接坝段910m，泄水闸段900m，泄水闸与船闸连接段74m，船闸段36m，右岸连接坝段905m。

2）引江济汉工程

规划从长江荆江河段引水，补给汉江下游兴隆枢纽以下河段流量。引水线路进口为荆州市李埠镇龙洲垸，出口为潜江市高石碑镇，全长67.1km，最大引水流量500m^3/s。

3）部分闸站改扩建工程

汉江中下游部分闸站改扩建工程共31处，分布在汉江左岸13处，右岸18处。其中灌溉泵站1座，灌溉引水闸5处，灌溉闸站结合15处。主要在原址上改建或重建。

4）局部航道整治工程

主要工程包括治理滩群、修建丁坝、疏浚航道、河道护岸等。

2. 工程施工

(1) 施工特点

中线一期工程由水源工程、输水工程、汉江中下游治理工程三大部分组成。水源工程包括丹江口大坝加高和陶岔枢纽移址重建；输水工程包括陶岔至北京总干渠和天津干线；汉江中下游治理工程包括兴隆枢纽、引江济汉、部分闸站改造扩建和局部航道整治。

中线一期工程规模宏大，建筑物类型多，施工技术涉及的行业多、领域广。丹江口大坝加高是在初期兴建的混凝土坝体上贴坡和加高，新老混凝土结合是大坝加高的关键技术；输水总干渠线路长、交叉建筑物多，沿线气象、水文、地形、地质条件变化大，并且经过采煤区、膨胀土和湿陷性黄土区；穿黄河工程采用盾构施工；部分渠段采用PCCP埋管、浅埋暗挖法和顶管法施工。引江济汉工程与总干渠工程特点相似，其穿湖渠段是工程难点。

(2) 盾构施工

根据地形地质和水文条件，参考国外施工经验，穿黄工程隧洞采用外径约9m的泥水平衡式盾构机，采用盾构掘进、管片衬砌与壁后注浆、隧洞环向预应力混凝土二次衬砌的整套先进技术进行施工。从北岸先行完成的竖井向南岸竖井推进，盾构到达南岸竖井后，进行必要的检修，继续向南掘进邙山隧洞段。

穿黄隧洞和邙山隧洞二次衬砌选用钢模台车双工作面同时进行。

(3) 膨胀土、湿陷性黄土渠段施工

采用隔水材料及时封闭出露的膨胀土体，避免膨胀土长时间裸露流失水分和遭遇降雨发生膨胀破坏。

对部分高地下水位的强、中膨胀土渠段，在封闭时应做好排水措施，及时将裂隙中出渗的地下水排除，并保持膨胀土体的初始含水量不发生变化，避免膨胀土的性质发生变化。

湿陷性黄土一般为非自重状湿陷性黄土，采用强夯处理。

(4) PCCP管施工

PCCP管为北京段的特殊工程项目，采用控制节长与重量（节长5m，最大重量77t），建PCCP管预制厂，现场生产、短途运输、分节安装方式组织施工。PCCP管道段在穿越高速公路或其他公路时采用顶管法施工。

2.2.3 南水北调西线工程

1. 工程概况

西线工程是在长江上游通天河、支流雅砻江和大渡河上游筑坝建库，开凿穿过长江与黄河分水岭的巴颜喀拉山的输水隧洞，调水入黄河上游，是解决我国西北地区干旱缺水的战略性工程。

西线工程的供水目标主要是解决黄河上中游地区青海、甘肃、宁夏、内蒙古、陕西、山西六省（区）缺水问题，同时促进黄河的治理开发，必要时相机向黄河下游补水，缓解黄河下游断流等生态环境问题。

通过对三个调水河流20余座引水枢纽的分析，规划从通天河可调水量80亿m^3，从雅砻江可调水量50亿m^3，从雅砻江和大渡河支流可调水量40亿m^3。

综合分析可调水量和缺水量，规划确定西线工程调水规模为170m³。

2. 工程布置

经多方案技术经济比较，西线工程总体布置如下：

（1）从大渡河、雅砻江支流调水的达曲～贾曲自流线路

在大渡河3条支流和雅砻江2条支流上分别建引水枢纽，联合调水到黄河支流贾曲，年调水量40亿m³。该方案有5座引水枢纽，最大坝高123m，输水线路总长260km，其中隧洞长244km，明渠段16km。

（2）从雅砻江调水的阿达～贾曲自流线路

在雅砻江干流修建阿达引水枢纽，年调水量50亿m³。开凿隧洞通过雅砻江干流和支流达曲的分水岭，引水到黄河支流的贾曲。枢纽坝高193m，输水线路总长304km，其中隧洞288km，明渠16km。

（3）从通天河调水的侧坊～雅砻江～贾曲自流线路

在通天河上游侧坊建引水枢纽，最大坝高273m，年调水80亿m³。开凿隧洞穿越金沙江与雅砻江的分水岭输水到雅砻江，顺江而下进入雅砻江阿达水库，再从阿达水库引水到黄河贾曲。

根据南水北调工程总体规划，西线工程在2050年以前分三期实施。其中，第一期工程实施从大渡河、雅砻江支流调水的达曲～贾曲自流线路；第二期工程实施从雅砻江调水的阿达～贾曲自流线路；第三期工程实施从通天河调水的侧坊～雅砻江～贾曲自流线路。

3. 工程施工

西线工程地处青藏高原，海拔3000～5000m，在此高寒地区建造200m左右的高坝和开凿埋深数百米、长达100km以上的长隧洞，同时这里又是我国地质构造最复杂的地区之一，地震烈度大都在6度、7度，局部8度、9度，工程技术复杂，施工环境困难。目前，西线第一期工程可行性研究报告正在编制，有关科研设计单位正积极开展科学研究和技术攻关解决这些难点。

2.3 堤防工程

2.3.1 四川省青川县竹园镇梁沙坝防洪堤工程

1. 工程概况

青川县竹园镇梁沙坝防洪堤工程是青川县灾后恢复重建的重点工程，是竹园新区重要的基础设施之一，由浙江省援建指挥部组织实施。梁沙坝防洪堤工程的任务以防洪为主，结合改善居住环境及交通条件等综合利用。

工程防洪保护范围主要为灾后异地重建的青川新县城规划区，位于竹园镇下游梁沙坝，河段长度2.849m。沿程保护对象主要为规划新城区居民及各项基础设施、学校、行政机关、住宅、商业、公共建筑、道路等。本工程保护的对象为青川县新县城，规划竹园镇区人口4.5～5.0万人，按照"20年一遇设防标准，50年一遇不漫顶"的要求建设，抗震设防为7度。经综合考虑，梁沙坝防洪堤工程按20年一遇标准，远期青竹江上游曲河水库建成后，可达到50年一遇防洪标准；拦河堰坝防洪标准10年一遇，校核标准50年一遇。

工程由总长度2860m的堤防和三条拦水堰坝组成，工程总投资8067万元。工程以生

态、水景为特色,力求营造出一条以"行洪安全、生态美观、路堤结合"为主的山区性河道绿脉。

防洪堤采用上部斜坡+下部平台复合式断面形式,考虑"路堤结合"。堤身下部设置亲水平台,堤防护坡及平台均采用灌砌卵石砌筑,护坡上部采用钢筋混凝土预制六边形空心框格,护坡顶部设置 C20 混凝土块及青石栏杆,下部重力挡墙采用 C20 混凝土,堤脚防冲挡墙底板外侧采用护坦+沉井防冲结构,堤身回填采用工程区内的砂砾料填筑。

防洪堤断面图见图 2.3-1。

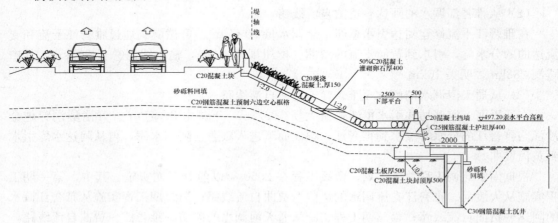

图 2.3-1 防洪堤断面图

拦河堰坝溢流坝段为宽顶堰,1 号堰坝的坝顶高程为 496.50m,最大坝高为 2.50m,坝顶总长 208.8m;2 号堰坝的坝顶高程为 494.0m,最大坝高为 1.80m,坝顶总长 183.8m。3 号堰坝坝顶高程 492m,最大坝高为 3.55m,坝顶总长 250m。冲沙闸坝段沿堰坝轴线每 50m 设置一孔孔口尺寸为 3m×2m(宽×高)的冲沙闸,均配简易人字钢闸门,闸墩和底板均为 C20 钢筋混凝土结构。

工程于 2009 年 5 月 5 日开工,2010 年 5 月 8 日通过完工验收。主要工程量:土石开挖 84.8 万 m^3,砂砾石回填 41.9 万 m^3,混凝土 3.07 万 m^3,50%C20 灌砌卵石 3.4 万 m^3,C30 钢筋混凝土 0.43 万 m^3。

2. 工程施工新技术

(1) 沉井施工

本工程设计防洪堤堤脚及宽顶堰基础设置钢筋混凝土小沉井防冲,沉井由承包方自行预制,共计 C30 钢筋混凝土 4329m^3,沉井井内用砂砾石填实,沉井内外两侧为砂砾料回填。防洪堤段沉井采用厚 50cm 的 C20 混凝土封顶,沉井上部为厚 40cm 的 C25 钢筋混凝土护坦。

1) 沉井预制

沉井采用卧式预制法施工。沉井预制时,在混凝土底座上铺塑料薄膜或油毛毡进行隔离,沉井侧模采用专制定型组合钢模,钢管卡箍固定,芯模采用四合式活动模板,壳板用 3mm 厚薄钢板制作成型。混凝土浇筑前将活动机构张紧,保持设计外形尺寸,拆模时,将活动机构用拉杆进行松动,外形尺寸变小,整体抽芯。

混凝土浇筑是保证沉井混凝土质量的关键一环，在浇筑过程中还要进行芯模和钢筋的安装工作，必须严格把握好各工序的配合。其施工程序是：

①浇捣底面混凝土：商品混凝土运至工地现场后，混凝土由手推车运输下料入仓，人工平仓。混凝土铺平后即用平板式振捣器振捣，中部抹平至设计高度以贴合芯模底面，不要有空隙。

②安置芯模：芯模安置使用前，为便于脱模，在芯模外壁涂上脱模油。为防止混凝土振捣时芯模位移或上浮，除两端的封头号板外，中部和1/4处还应加临时支撑，压住芯模。

③绑扎顶面钢筋：安置好芯模后，即在芯模顶上绑扎为方便立模浇筑混凝土而预留不扎的部分顶面钢筋，并用与保护层相应尺寸的水泥砂浆预制垫块垫于芯模上。

④浇捣梁筋及顶面混凝土：待芯模和顶面钢筋安置绑扎完毕后，即继续浇捣混凝土，先浇两侧梁筋后浇顶面。

⑤拆除芯模：混凝土达到一定强度后，即可拆除芯模，拆除芯模的时间必须根据施工时的环境温度和混凝土的养护情况掌握好。

⑥混凝土浇筑完成后注意洒水养护工作，在混凝土强度达到设计强度70%后用15t履带式起重机起吊移至沉井堆放场。

2) 沉井的场内搬运

采用16t汽车式起重机进行沉井的场内搬运，搬运后的沉井整齐摆放在预放沉井桩号附近。

3) 沉井沉放

①用履带式液压反铲配合人工开挖基坑至设计要求高程经验收合格后，用15t履带式起重机吊起沉井、准确就位。

②沉井定位，为保证井与井之间的缝隙，达到设计要求，沉放轴线符合标准，采取放沉井群方法进行施工，即沉井就位开挖一段，安放一段；施工时应有专人不断地监测轴线高程及偏位，发生偏离及时调整加以校正。

③沉井顶标高允许误差、沉井之间缝隙允许偏差、垂直度允许偏差以及中心线内外侧偏移允许误差必须满足设计及规范要求。沉井安放到位后，为防止沉井安沉时引起相邻方井的下沉偏位，更好地控制沉井间距，可采用以下方法加以控制：就位好的沉井用三脚扒杆上悬吊葫芦控制高程，两侧用锚钩葫芦定位，同时及时进行沉井内外砂砾料回填。

④沉井安放后进行井内外砂砾料的填筑及顶部C15混凝土封顶浇筑。

该堤脚防冲结构在浙江省钱塘江强涌潮区域已有广泛采用，抗冲刷能力强，在四川省内为首次采用。

(2) C20混凝土灌砌卵石护坡及平台施工

本工程防洪堤护坡及平台采用50%C20混凝土灌砌卵石结构，堰坝中堰体、消力池及海漫采用50%C15混凝土灌砌卵石结构，混凝土灌砌卵石总量为3.43万m^3。

1) 施工工艺

混凝土灌砌卵石中混凝土强度等级为C15或C20，水泥采用32.5普通硅酸盐水泥，混凝土骨料粒径不大于2cm，混凝土量不少于砌体量的50%，卵石直径不小于25cm，灌砌体容重满足设计及规范要求，确保混凝土强度达到设计要求。

①砌筑前，卵石由汽车运至施工现场堆放，人工抬运至砌筑点，卵石表面必须清理干

净，无泥垢、青苔、油质，表面保持湿润。

②卵石摆砌：砌筑前，底层先采用统料中的细料（粒径不大于20cm）铺设10～20cm，振捣密实；卵石立放，大头朝下，卵石间竖缝宽8～10cm，错缝搭接无通缝。卵石间空隙用细石混凝土填灌，并用直径3～5cm振捣器振捣至泛浆止。如此逐层砌筑。

③浇灌混凝土：混凝土采用商品混凝土，混凝土采用搅拌运输车运至现场附近后，由履带式起重机吊运料罐入仓或直接人工铁锹抛灌，振捣器振捣。

混凝土一次填入高度不应超过40cm，填灌均匀，当竖缝超过40cm时，采用分次填入，分层振捣。混凝土采用插入振捣器进行振捣，振捣时分层进行，并有次序，避免漏振。

2) 施工注意事项

①混凝土灌砌卵石施工时严格控制混凝土原材料及卵石料的质量。灌砌用卵石应新鲜、坚硬，面石要求基本上有两个平整面，直径不小于25cm。砌筑前应敲去尖角，冲洗表面污染，保持湿润、干净。

②做好施工缝的处理，要求无乳皮、残渣杂物和积水，砌筑面冲洗干净，局部光滑的混凝土表面进行凿毛处理。

③混凝土灌砌卵石严格按设计要求分段进行施工，段间设伸缩缝，并且严格按设计要求进行处理。

④混凝土表面应低于卵石表面1～3cm。混凝土灌砌卵石施工完成后及时进行养护，砌体养护期不小于10d，并宜采用草包压面覆盖等措施保护。

卵石为就地取材，同时在混凝土灌砌石护坡及亲水平台施工中，在混凝土中掺入聚丙烯纤维；在堰坝面板、闸底板、闸墩施工中，混凝土掺入塑钢纤维，大大提高了混凝土的耐磨性，同时提高了结构的抗冲刷能力。

该工程的建成为竹园人民筑起了一道安全屏障，也成了竹园镇沿江的一道亮丽风景线。工程荣获2010年度四川省灾后援建项目"天府杯金奖"、2010年度四川省灾后援建项目浙江省建设工程"钱江杯"奖。

建成后的工程全景见图2.3-2。

图2.3-2　梁沙坝防洪堤工程全景图

2.3.2 嘉兴市海盐东段围涂一期工程

1. 工程概况

嘉兴市海盐东段围涂工程位于钱塘江北岸海盐县境内,海堤总长 10.109km,围垦面积 900hm² (1.35 万亩),工程总投资约 5.26 亿元。

本工程为Ⅲ等工程,主要建筑物级别为 3 级,设计重现期 50 年一遇。次要建筑物(中、东隔堤)为 4 级建筑物,设防标准为 20 年一遇和允许部分越浪。临时建筑物为 5 级建筑物。

一期工程建设范围包括主堤总长 4462m,排涝闸一座、东隔堤、中隔堤、场前道路等。主堤堤身结构采用土石混合结构,堤基处理采用插打塑料排水板的排水固结法。主要工程内容包括:土工布铺设、塑料排水板插打、抛填块石混合料、闭气土方、灌砌块石和混凝土预制块等。

一期工程于 2006 年 12 月开工,到 2008 年 11 月完成。主要工程量:40kN/m 土工布铺设完成 432200m²、碎石垫层 175459m³、塑料排水插打 1584780m³、堤身抛填块石 301370m³、无纺布铺设 178480m²、充砂管袋棱体 103353m³、堤脚抛填块石 49953m³、混凝土大方脚、基脚及支座 26205m³、混凝土灌砌石护面 16762m³、四脚空心块螺母块制安 29872m³、灌砌块石挡墙 14405m³、混凝土挡墙基础及挡浪墙 10828m³、堤顶塘渣填筑 54147m³。

2. 工程施工创新及新技术应用

(1) 土工合成材料应用技术

1) 塑料排水板软土地基排水固结技术

嘉兴市海盐东段围涂一期工程场址为淤泥质软土地基,其特点为含水量高、孔隙比大、压缩性高,自然固结慢、承载力低。为此本工程采用塑料排水板排水固结技术。

本工程利用插板机械在软土基中插设具有良好透水性的塑料排水板,从而在软土地基中形成竖向的排水通道,在其中铺设碎石垫层形成水平排水通道,增加了土层的排水通道。上部荷载的作用会在软土地基中产生附加应力,软土地基中的孔隙水应力和附加应力引起的超孔隙水应力随着孔隙水通过排水板和碎石垫层排出而降低,地基的孔隙水含水量也随之降低,进而加速地基的固结和地基土承载力的提高,使地基的沉降在加载预压期间大部或基本完成,使构筑物在使用期不致产生不利的沉降或沉降差,加速地基土抗剪强度的增长,从而提高地基的承载力和稳定性。

经此处理后,本工程在施工过程中未产生不良地质现象。

2) 地基编织布技术

本工程地基基础均为高塑性淤泥质土,在没有土工织物隔离时,地基表层淤泥质土体浆通过石料空隙向上"冒浆",使堤身下沉。由于围垦海堤基础为透水性,随着潮涨潮落,部分上冒的软弱土体将受潮水冲刷而流失,从而将进一步导致地基土的"冒浆"与堤身沉降。铺设加筋土工布后,将有效防止塑性地基土体的"冒浆",减少堤身的沉降量。

沿海滩涂地基表层均为流塑性软弱淤泥,铺设土工布织物后,将有效限制石方基础的侧移,从而提高地基的承载能力。铺设土工布织物后将产生地基附加应力重新分布,均化地基应力,将堤身荷载扩大至更大范围,降低地基最大附加应力,从而有效提高了地基承载力,降低了堤身横向不均匀沉降。

堤身的整体抗滑稳定是围垦海堤工程设计的控制性要素，直接关系到海堤断面尺寸大小与工程投资。铺设土工织物后，有效提高了抗滑力，提高了堤基土的抗滑稳定性，并有效减小了海堤断面，降低了工程造价。

（2）清水混凝土技术

本工程主堤挡浪墙、排涝闸墩和悬臂式、扶臂式挡墙面广量大，不作任何外部抹灰等装饰，对外观质量要求较高。为提高工程质量，达到创建精品工程的目标，工程采用清水混凝土施工工艺。在施工中，采用混凝土集中拌合、罐车运输、溜槽入仓，严格控制模板和立模质量，严格要求控制原材料质量和色差，严格控制混凝土的配合比、拌合质量和坍落度，使混凝土在浇筑时不泌水、不离析，混凝土连续浇筑并严格控制振捣质量，采用农用塑料薄膜外加无纺布养护，浇筑完成后严格控制拆模时间和拆模质量，使混凝土在拆除模板后其表面平整洁净、色泽均匀，阴阳角平直方正、清晰美观，对拉螺栓及施工缝的设置整齐美观，无一般混凝土的质量通病，无修补处理痕迹。

（3）简易滑模施工技术

本工程隔堤护坡设计坡度为 1∶1.5，堤顶加设预留沉降超高后其实际施工坡度为 1∶1.37～1∶1.4。迎潮面采用 25cm 厚 C20 混凝土护面并采用简易滑模施工工艺。

混凝土采用自下向上跳格分块浇筑，混凝土集中拌合、罐车运输、溜槽入仓，自下向上辅料，然后用插入式振捣器斜插入模板内部依次振捣，在振捣过程中，注意随时加料，直到混凝土不再显著下沉为止。整块混凝土浇筑完成后，人工依次提拉葫芦，提拉过程时注意两侧均衡上升，并且提拉量以保持滑模底部与浇好的混凝土搭接宽度不少于 20cm 为宜，以确保上部浇筑时不影响已浇筑完成的混凝土。滑模提升后，再用手提式平板振捣器振捣，铁板光面。

采用简易滑模工艺浇筑陡坡护面保证了混凝土的施工质量，加快了施工进度，降低了安全隐患，并降低了材料损耗。斜坡护面混凝土简易滑模施工工法已获得水利水电工程建设工法和浙江省省级工法。

（4）预拌砂浆技术

本工程灌砌石挡墙采用浆砌块石贴面，需用砂浆约 1380m³。传统施工意义上的砂浆都是现场将水泥、黄砂、水等掺合物搅拌而成，现场搅拌由于黄砂、水泥等材料占地较多、搅拌时产生的粉尘污染较强、拌合过程中受人为因素影响较大、现场计量和检测手段缺乏，导致无法拌制具有高质量的不同功能的产品，直接影响到工地文明施工和工程质量，并加大了材料的损耗。为此，在工程中采用了预拌砂浆技术，即砂浆集中干法预拌后运到施工现场加水拌合使用。集中搅拌生产的砂浆，由于严格的生产管理及精确的计量使砂浆的质量控制得到保证。同时，在原材料上，通过掺和砂浆缓凝剂，使拌制的砂浆缓凝时间达 36h 以上，以保持其施工操作性；施工后又能正常硬化，满足施工进度的需要。新拌砂浆具有保水性良好、收缩小、粘结强度高、抗渗性能得到提高以及不起壳、不爆裂等优点，同时避免了施工现场搅拌砂浆所造成的粉尘、噪声等污染，把文明施工推上一个新台阶。

（5）施工控制技术及施工放样技术

本工程围堤场址滩地高程较低、淤泥较厚、堤线较长、候潮作业，故前期的滩地测量和定位放样若采用传统测量技术则会有较大的困难。为此，本工程采用 GPS 测量滩地高程和定位堤轴线，并以全站仪进行校核，在保证测量精度的前提下加快了作业速度，降低了作业劳动强度并保证作业人员的安全。

2.4 泵站、水闸工程

2.4.1 曹娥江大闸枢纽工程

1. 工程概况

曹娥江大闸枢纽工程是国家批准实施的重大水利项目，是国内建设的第一河口大闸，是浙江省"五大百亿"工程——浙东引水工程的枢纽工程，是《曹娥江流域综合规划》、《钱塘江河口尖山河段整治规划》中的关键性工程。曹娥江大闸枢纽工程建设任务为防潮（洪）、治涝、水资源开发利用，兼顾改善水环境和航运等综合利用。曹娥江大闸位于绍兴市曹娥江河口，工程建成后将成为钱塘江南岸堤防的组成部分，大闸与钱塘江南岸堤防共同防御钱塘江、杭州湾风暴潮对曹娥江两岸滨海平原（萧绍平原和姚江平原）的危害，保护人口 490 万人，耕地 320 万亩。工程正常蓄水位以下库容为 1.46 亿 m^3，最大设计泄洪流量 11030m^3/s，为大（1）型水闸工程，工程等别为 I 等工程。

大闸枢纽主要由挡潮泄洪闸、堵坝、导流堤、鱼道、闸上江道堤脚保护以及管理区等组成，大闸枢纽平面布置见图 2.4-1。

挡潮泄洪闸位于河床左侧，垂直水流方向总长 697.0m，总净宽 560.0m，共 28 孔，单孔净宽 20.0m，采用整体有胸墙闸型。5 个分隔墩将 28 孔闸分 6 厢，中间 2 厢每厢 4 个闸孔，两边 4 厢每厢 5 个闸孔。每孔挡潮泄洪闸设置一扇 20.0m×5.0m 潜孔式双拱空间网架平面工作钢闸门，采用液压启闭机启闭，启闭机容量为 2×1600kN。挡潮泄洪闸顺水流方向长 502.5m，从上游至下游布置有上游抛石防冲槽、防冲小沉井、上游护底、上游护坦、闸室段、下游消力池、下游海漫、下游防冲大沉井和下游抛石防冲槽，挡潮泄洪闸剖面见图 2.4-2。

堵坝位于河床右侧，长 611.0m，最大坝高 29.5m，为土石混合坝。堵坝下游侧为抛石戗堤，闭气部分就地取用砂质粉土吹填；堵坝上游侧为土工管袋吹填土堤；堵坝坝身采用砂质粉土吹填。

大闸与堵坝接头处设有导流堤，闸上游导流堤长 350.0m；下游导流堤长 160m，其轴线与闸轴线垂直。左岸堤防长 980.0m，其中闸上 730m，闸下 250.0m。曹娥江江道存在鳗鲡、中华绒螯蟹等洄游性水生生物，为了尽量减轻工程对水生生物的影响，大闸左岸堤防及右侧导流堤各设一条鱼道，左岸鱼道长 514.3m，右岸鱼道长 429.0m，鱼道净宽 2.0m。

曹娥江大闸枢纽主体土建工程于 2005 年 12 月 30 日正式开工，2007 年 11 月 22 日通过浙江省水利厅组织的通水验收，2008 年 10 月 16 日通过南京水利科学研究院组织的蓄水安全鉴定，2008 年 11 月 26 日通过了浙江省水利厅组织的下闸蓄水阶段验收，2008 年 12 月 18 日曹娥江大闸枢纽工程正式下闸蓄水，2009 年 6 月 28 日工程建设任务如期完成，2010 年 8 月 26 日通过南京水利科学研究院组织的竣工验收技术鉴定。2011 年 5 月 27 日通过竣工验收。共计完成土石方开挖 434.5 万 m^3、土石方回填 825.3 万 m^3，石方砌筑 11.4 万 m^3，混凝土 32.3 万 m^3，混凝土预应力管桩 9.6 万 m，振冲孔 46.7 万 m，钢筋 2.3 万 t，金属结构安装 8234t、混凝土防渗薄墙壁 2.4 万 m^2。

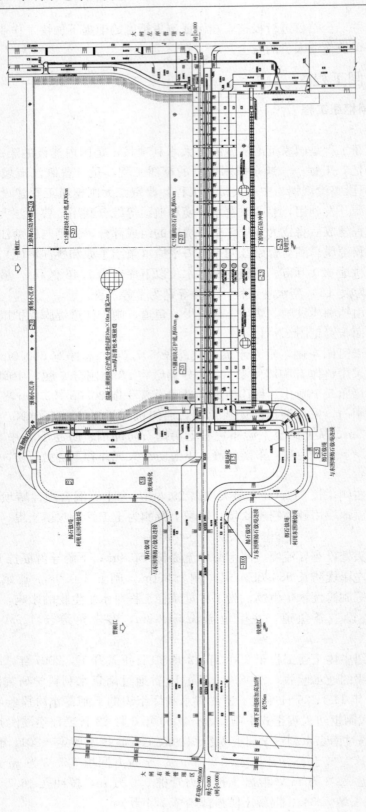

图 2.4-1 大闸枢纽平面布置图

2. 工程设计的难点及先进性

（1）枢纽布置——解决了闸下淤积及冲淤问题，分散了强涌潮冲击力

（2）多元软土地基处理技术

曹娥江大闸地基为多元的软土结构，表层约16m为振动液化的砂质粉土，中部约40m为高压缩性的淤泥质黏土，在距建基面约55m以下为密实粉土、砂砾层直至基岩。需要解决基础承载力、地基变形、基础防渗和地震液化等一系列问题，基础处理难度大，占工程投资比重大。

1）基础处理工程中采用大直径高强度预应力管桩（PHC管桩）；

2）水闸桩基中采用长短桩结合的设计。利用长桩承担垂直向荷载，长桩和短桩共同承担水平向荷载；

3）基础防液化设计采用不加料的振冲挤密法。

（3）工程耐久性设计

本工程处在钱塘江涌潮地带，氯离子含量较高，钱塘江河口两岸的一些水闸运行20多年后，混凝土表面碳化严重，而本工程规模及社会效益巨大，要求设计年限为100年，在设计年限内，必须保证混凝土和钢筋材料的耐久性。耐久性设计需要解决混凝土结构的碳化、氯离子渗透、钢筋锈蚀，钢结构闸门及机电设备等的锈蚀等问题。

1）采用高性能混凝土。

2）受力钢筋采用环氧树脂涂层钢筋。环氧涂层钢筋在一些港口和大型海上桥梁工程中得到应用。

3）金属结构防腐设计先进。闸门门叶防腐方法采用金属热喷涂加涂漆封闭，与常规的富锌涂料相比，防腐效果更好，延长了闸门的使用寿命。

（4）新型闸门结构设计

28孔工作闸门结构新颖。工作闸门采用鱼腹式双拱钢闸门。

（5）大跨度闸室结构设计

曹娥江大闸总净宽560m、单孔净宽20m的河口挡潮闸为国内之最，没有可借鉴的经验，闸室结构设计难度很大。曹娥江大闸结构设计与以往水闸相比，闸室主体结构跨度大，所处环境条件恶劣，设计上存在诸多难点需要解决。本工程闸室主体结构体型新颖，结构按抗裂设计，安全可靠。

1）设计采用大跨度的双空箱式结构胸墙。胸墙净跨20.0m，高7.0m，上下两个箱体净尺寸均为2.65m×2.7m（宽×高）。

2）交通桥（管道间）采用大跨度空箱式结构。交通桥顶面通车，桥面宽8.0m。空箱管道间净尺寸为5.4m×3.5m（宽×高）的大开间，713.0m长通道贯穿于整个的闸室段。管道间上部3.0m空间布置油泵系统和电气柜，兼顾运行和观光通道；下部0.5m内布置启闭机油管、电缆、消防水管。

3）水闸主体结构设计中采用预应力张拉措施，进行抗裂设计。本工程主体结构闸底板、胸墙、交通桥及轨道梁均采用预应力张拉措施。闸室结构体系运行情况良好，未发现有裂缝出现。

（6）大体积混凝土温控防裂设计

主要温控防裂措施设计包括：控制混凝土浇筑温度；在钢模板背面粘贴塑料泡沫板进

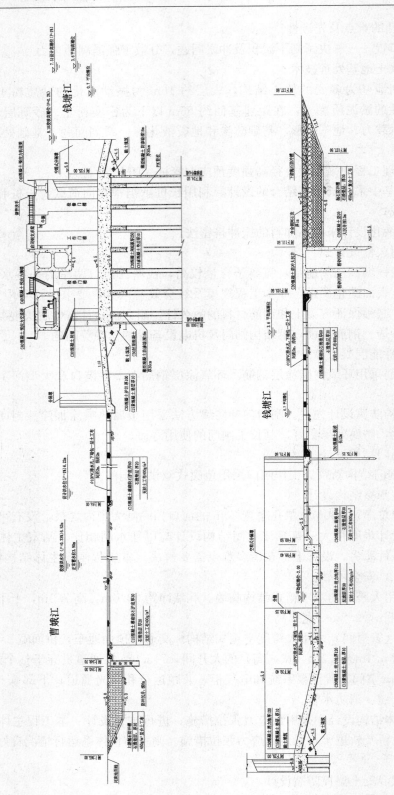

图 2.4-2 挡潮泄洪闸剖面图

行保温；控制拆模时间；拆模后，加强混凝土表面养护；通过在闸底板、闸墩埋设冷却水管，观测温度测点的数值，确定通水流量，冷却水水温；在混凝土内掺加强纶建材纤维。

(7) 强涌潮河口围堰设计

强涌潮河口围堰工程施工难度大。本曹娥江河口宽达1600m，围堰工程处于钱塘江尖山河湾，受钱塘江潮水和曹娥江径流共同影响，潮水的含沙量高，河床易冲易淤，使围堰工程施工更加困难。工程施工采用分期围堰导流方式，一期围左侧挡潮泄洪闸，右侧束窄河道过流；二期施工右侧堵坝，由左侧挡潮泄洪闸过流。通过研究强涌潮地区河口潮水、洪水及地质特点，合理选用堵口方案和围堰断面，"燕子窝"堵口方案，即先期在围堰基坑地面高程较高处筑一内围堰（内围堰由促淤小堤、一般小堤和截潮小堤组成），选择堵口位置和堵口时间，围堰成功合龙。围堰及堵口断面设计采用了当地施工经验比较丰富，技术比较成熟，就地取用河床粉砂土进行（土工管袋）吹填的施工工艺方便、快捷，同时粉砂土自身具备良好的防渗性能节省了防渗成本，大大节约了工程投资。一期上下游横向围堰拆除用于堵坝抛石戗堤填筑，纵向围堰结合导流堤布置，土石料得到了充分利用，同时减少土石方开挖，大大减少了水土流失。本工程围堰及堵口设计是成功的。

(8) 防冲与防渗设计

1) 曹娥江大闸防冲体系设计先进。挡潮泄洪闸采用了水平防冲与多道垂直防冲相结合的防冲体系，安全可靠。从上游至下游布置有抛石防冲槽、预制防冲小沉井、混凝土灌砌块石护底、混凝土护坦、闸室、消力池、混凝土海漫、混凝土灌砌块石海漫、防冲板桩、防冲大沉井和抛石防冲槽。抛石防冲槽表层采用了一种结构简单，施工方便，造价低廉，能有效抗冲且能适应基础变形一种锦纶现浇混凝土柔性防冲排（已获得实用新型专利，证书号第1301292号）。堤防工程防冲措施形式多样，取得了良好的防冲效果，左侧堤防和右侧导流堤闸上采用混凝土坦水结合预制小沉井防冲，闸下采用板桩结合坦水防冲。闸上江道堤防加固工程根据不同冲刷深度采取不同的防护形式，4.0m以内采用抛石防冲，4.0m以上采用坦水、板桩、抛石结合的防冲措施，合理可靠。

2) 曹娥江大闸防渗系统可靠。防渗措施闸底板两端各设一道薄型混凝土防渗墙，入土深度为16.0m，在满足防渗要求的前提下，大大节省了投资。

3. 施工创新及新技术应用

(1) 施工中积极应用了建筑业十项新技术中的10个大项、16个小项。

工程大规模地使用了各类土工布和土工格栅应用技术。

工程主体结构采用防裂钢筋网、加防裂纤维、配备防裂用预应力及温控措施等裂缝防治技术，应用了大掺量磨细矿渣混凝土，提高了混凝土耐久性能。

本工程环氧钢筋与$\phi 25$以上普通钢筋，均采用滚压直螺纹连接；并在闸底板、交通桥、轨道梁和胸墙中采用了有粘结预应力成套技术。

大断面箱形结构管道间、闸墩等混凝土结构采用全钢大模板一次成型的清水混凝土模板技术；上部建筑幕墙工程应用了悬挑式脚手架和悬吊式脚手架技术。

(2) 通过对大掺量磨细矿渣混凝土的研究及施工工法创新，保证了混凝土的施工质量，同时采用环氧钢筋作受力钢筋，解决了海水盐雾问题。

工程开发应用了大掺量磨细矿渣混凝土，在大幅度提高常规混凝土性能的基础上，混凝土中掺入了61%的磨细矿渣，水泥用量仅占35%，节约了工程造价，同时延长了工程的使用寿命。大掺量磨细矿渣混凝土具有高耐久性、高体积稳定性、高抗渗性、高抗磨性能、高工作性能的特点，能更多地节约水泥熟料，降低能耗与环境污染，提高工程质量，美化结构外观。与普通的水工混凝土相比，其抗拉强度高，尤其是加入纤维后，大幅提高了混凝土的抗拉强度、抗冲耐磨性能，有利于结构物的防裂。

为在工程现场取得工作性较优的混凝土配合比，在完成大掺量磨细矿渣混凝土配合比的室内作业后，还模拟闸墩的施工条件在现场进行了试验块的浇筑，进一步确定了配合比的可行性。

(3) 闸墩大型钢模一次浇筑成型施工技术

本工程闸墩混凝土采用大钢模一次立模到顶一次浇筑成型的新工艺，分三个流水区段，各流水区段实行顺序流水作业，作业区段内也按流水作业跳仓施工。大大缩短了工期，减少了工耗，另外，由于模板拼缝少且没有横向接缝，不仅解决了闸墩垂直度偏差问题，而且混凝土的外观光洁无痕，外观质量效果好，对于水利工程大、中、小型水闸闸墩混凝土施工具有较好的推广应用价值。

1) 大钢模采用纵向分块一次到顶的拼装方案。除门槽部位七字板外，每块大钢模宽度都在 2m 左右，最宽达 2.91m。由于拼缝少且没有横向接缝，对混凝土的外观质量保证较好。

2) 对拉螺栓多数设置在门槽二期混凝土部位。承受浇筑混凝土侧压力的对拉螺栓多数均设置在门槽二期混凝土部位，每半块闸墩总共八排螺栓孔中仅有二排设置在一期混凝土部位。由于多数螺栓孔设在二期混凝土内，减少了闸墩一期混凝土外露面螺栓孔的修补工作，最大限度地保证了闸墩混凝土的外观美观要求。

3) 在闸墩混凝土浇筑中继续采用贝雷桁梁组装大跨度龙门吊作为混凝土入仓运输系统。混凝土浇筑时，利用 5t 自卸汽车配 $2m^3$ 吊罐自拌合楼装料后，运至龙门吊起吊范围，再经龙门吊吊运至浇筑仓面顶部，经溜筒卸入仓面内。闸墩浇筑过程中，龙门吊具有上下游双向入仓、浇筑速度较快；下料部位易于控制；施工安全等优点。

(4) 管道间采用大型钢模一次浇筑成型施工技术，确保了混凝土外观，缩短了工期。

大断面空箱式管道间在水利与交通工程中一般采用二次成型技术，在本工程中首次应用高架大断面空箱形管道间一次成型施工技术，即底板、侧墙、顶板同时立模浇筑，避免了传统箱形结构混凝土分层浇筑施工中存在的上下层块之间存在施工缝，克服了色差；施工工期较长，尤其在悬体结构施工过程中对浇筑支撑系统的占用时间长、投入施工成本高等若干弊病，不仅加快了施工进度，还节省了施工成本，减少了施工缝，外观美观。

(5) 贝雷架龙门式起重机吊运混凝土入仓施工工法

大闸闸底板（含分隔墩底板）混凝土采用分块跳仓浇筑，为了保证工程质量，选定堆料地垄备料、地垄自动称量进料、龙门式起重机起吊运输的施工方案。

1) 在水利工程施工中首次采用贝雷桁梁组装大跨度龙门式起重机作为混凝土入仓运输系统。混凝土浇筑时，利用 5t 自卸汽车配 $2m^3$ 吊罐自拌合楼装料后，运至龙门式起重机起吊范围，再经龙门式起重机吊运至浇筑仓面内。

2) 采用地垄进料降低混凝土入仓温度。骨料堆高可保证在 6～8m。由于采用地垄口取料，骨料温度比地面进料的骨料温度要低，经实测，与地面进料相比，可降低混凝土浇筑温度 3～5℃。

3）设计专用防雨棚。为了解决混凝土施工过程中的防雨问题，在进行闸底板混凝土施工前，设计了专用防雨棚。每块防雨棚长 27m，宽 7m，三块拼接后能基本将闸底板浇筑仓面全部覆盖。在浇筑过程中遭遇降雨时，用龙门式起重机将防雨棚吊放至已浇混凝土部位的上部，可避免雨水对混凝土的冲刷，施工人员仍能在防雨棚的保护下对已入仓混凝土进行振捣或进行抹面等施工，保证混凝土浇筑质量。

(6) 可拆卸限位拉条模板施工工法

在以往的结构工程中，拉条均采用套管或拉条上止水环等施工工艺，并且要加设定位筋。这样，不仅拆模工效极低，模板极易破损，而且拆模时拉条要承受等量的脱模力，极易造成拉条部位的混凝土破损，引起漏水；同时在定位筋部位也因定位钢筋头保护层过薄而锈蚀，最终漏水；在拉条孔凿除时引起拉条部位的结构混凝土松动而漏水，也会在拉条部位产生漏浆，同时还会因拉条孔凿除不规则影响外观质量。

(7) 海湾环境下金属结构防腐试验研究

由于曹娥江大闸处于高氯离子腐蚀环境，金属结构的防腐问题非常突出，为此于 2004 年 3 月委托南京水科院进行金属结构防腐试验研究。

针对工程情况，分潮差区、浪溅区和大气区 3 个部位，征集了国内外 11 个厂家的 21 个种类 52 批次的涂料，制作了 1500 多试片，设计出 100 多套各种涂层组合。经过一年多约 10500h 的室内盐雾试验、周期性盐水浸泡试验、酸浸泡试验和盐水浸泡腐蚀加逯试验以及 3000h 的紫外光老化试验。同期进行了约 2 年的浪溅区、潮差区和大气区的室外暴露试验。试验成果表明：喷涂金属是钢结构防腐蚀底涂层的首选，封闭涂层以环氧磷酸锌为最佳，中间涂层以环氧云铁涂层为最佳，面涂层需要根据使用的环境和部位确定，在大气区氟树脂为佳，而浪溅区、潮差区则以脂肪族聚氨酯涂料为佳。

2.4.2 浙东引水萧山枢纽工程

1. 工程概况

萧山枢纽工程是浙东水资源优化配置格局中的关键性工程。该工程任务是在钱塘江河口总体环境影响允许的条件下，引钱塘江河口原水向萧绍宁平原及舟山市补充工业和农业灌溉用水，并兼顾水环境改善，供水对象为萧、绍、宁、舟地区的一般工业用水及农业灌溉用水，设计引水流量 50m³/s；同时与当地的水利设施联合调度，共同承担相关地区的排涝、工农业生产及环境用水任务。该地区是浙江省经济发达地区。根据《防洪标准》GB 50201—1994 及《水利水电工程等级划分及洪水标准》SL 252—2000 的有关规定，结合浦阳江右岸堤防为 1 级堤防标准，确定浙东引水萧山枢纽工程为 I 等工程。

各建筑物级别如下：泵站、引水闸及其口门防护两侧盘头为 1 级建筑物；下游翼墙，下游引水河道为 3 级建筑物；施工围堰等临时性建筑物为 4 级建筑物。

闸站工程位于杭甬运河新坝船闸左侧约 700m 处。闸站布置在堤后 69.94m 处（闸站轴线与堤轴线之间距离）。枢纽从外江到内河方向，依次为交通桥外侧引河段、堤顶交通桥、闸站前段（交通桥～上游拦污栅～上游进出水池）、闸站段、内河侧闸站后段（下游进出水池～下游拦污栅～渐变段）、闸站后输水河道。整个枢纽由西南向东北，顺直短捷，正向穿堤，正向进水，水流顺畅。萧山枢纽工程的平面布置图见图 2.4-3。

(1) 外江侧闸站上游段

外江侧闸站上游段由上游引河道、堤顶交通桥及闸站前段组成，闸站前段又分为进出

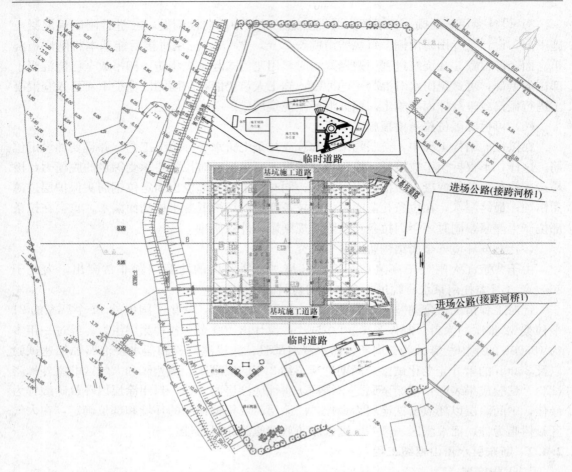

图 2.4-3 萧山枢纽工程的平面布置图

水池及上游连接段。上游引河道自堤顶交通桥外侧滩地（桩号0—153.00）至堤顶交通桥（桩号0—57.00），长96.00m，河底宽64.4m，底高程0.5m，岸坡采用空箱式C25混凝土挡土墙衬护。

闸站前段顺水流方向长57.0m，自上至下由上游连接段、护坦、拦污栅、进出水池组成。上游连接段长25.0m，为矩形进水断面，采用C25钢筋混凝土空箱式护岸；护坦段长8m，为35cm厚的C20细骨料砌块石，下垫10cm厚碎石垫层，前部设深1.0m厚0.5m的齿坎，护坦顶部高程同上游连接段河道底高程为0.5m；拦污栅桥设在1:3的斜面连接段上，连接段水平投影长度为9.0m，斜面坡比为1:3；拦污栅桥共6孔，每孔净宽5.0m，桥墩厚度分别为1.5m、2.4m；栅体采用倾斜式布置，桥墩顶部设置工作平台，桥顶高程同多年平均最高潮位，为7.06m，桥面采用整体式梁板结构。拦污栅桥后接进出水池，池长15m，池底高程—1.57m，为80cm厚的C25钢筋混凝土底板，下垫10cm厚C15素混凝土。

(2) 闸站段

闸站段由左岸引水闸、主泵房、右岸引水闸三部分组成。左岸引水闸上设安装间，副厂房布置在主泵房靠内河侧。

整个闸站段底板从西北至东南顺水流方向全长26.74m，垂直水流方向长74.00m，设3条沉降缝，共分4段，左侧段为左侧引水闸及上部安装间，全长16.3m。中间6台机组共分2段，3台机组为一段，每段长度20.60m，右侧段为右侧引水闸，全长16.30m。

主泵房顺水流方向宽26.74m，长41.38m，安装1800ZLB10-2.3型开敞式轴流泵6台，其中一台为备用泵，配套TL550-28/1730型电动机6台，单机容量550kW，单机设计流量为10m^3/s，机组间距6.5m。泵站为引排相结合的双向泵站。采用双层涵洞式双向进出水流道，泵站底板顺水流方向宽26.74m，进水流道底板顶高程-1.57m，宽5.0m。出水流道底板顶高程1.53m，宽5.0m。水泵安装高程0.53m，电机层高程7.71m，厂内设有10t电动双钩桥式起重机一台。

双层涵洞式双向进出水流道，在每台泵前后各设两扇闸门，外江侧工作闸门的检修平台设在6.21m高程，启闭机工作平台设在11.21m高程。内河侧工作闸门的检修平台设在6.21m高程，启闭机工作平台设在10.51m高程。

安装间布置在主泵房左侧引水闸闸室上部，沿主轴向长16.3m，地面以上和主厂房同高、同宽。安装间地坪高程为9.71m。

电气副厂房布置在主泵房下游内河侧，楼板高程为15.71m，沿主泵房轴向长74.00m，顺水流向宽8.5m，自左至右依次为开关室、低配室、中控室等。

左右岸引水闸：左右岸引水闸和主泵房并排对称布置，闸孔净宽均为1孔×10m，闸门顶高程5.5m，闸底板顶高程0.5m，底板厚度1.5m，闸底板为平底板，与左右两侧闸墩构成整体结构，闸底板顺水流方向长26.74m，水闸边墩厚度为1.5m。由于进水闸具有引水、排涝双重功能，在左右闸室上、下游分别设消力池，上下游消力池长分别为18m、20m，池深分别为1.0m、1.5m。左岸引水闸闸室上部设安装间。

（3）内河侧闸站下游段

内河侧闸站下游段由进出水池及下游连接段组成，自左向右由进出水池、斜坡段、拦污栅桥段、渐变段组成，进出水池长15m，宽38.4m，池底高程同进水流道底高程为-1.57m，池底板为80cm厚的C25钢筋混凝土，下垫10cm厚C15素混凝土垫层及300g/m^2土工布。为降低外江高水位时的渗透压力，出水池底板后部7.5m范围内设ϕ10cm排水孔，排水孔孔距、排距均为1.6m，呈梅花形布置；出水池后接斜坡段，坡比为1:3，水平长度为9.0m。斜坡段后接拦污栅桥，桥下河底高程为0.5m，桥顶高程为6.21m，结构形式同上游拦污栅桥。拦污栅桥后为收缩段，自桩号0+066.60至桩号0+158.60，全长92.0m，底高程由0.5m抬升至1.0m，底宽由64.4m缩至40.0m。

（4）输水河道

下游拦污栅桥后为输水河道，自渐变段后桩号0+158.60至杭甬运河接入口桩号1+681.52，全长1.523km，河道断面采用复式断面，设计河底宽为40.0m，底高程为1.0m，平台高程3.5m，平台宽3m，平台以下边坡为1:3.5，平台以上为重力式挡墙结构，挡墙底板高程3.5m，顶高程6.0m。

堤顶高程取为6.5m。河道护坡采用20cm厚的C20混凝土，下垫10cm厚的碎石垫层，重力式挡墙高2.5m，迎水面边坡1:0.1，背水面边坡1:0.4，墙顶高程为6.0m，为C20混凝土盖顶，并以1:1.5的边坡接至堤顶6.5m高程，墙体为M10浆砌块石，挡墙底板为30cm厚的C20混凝土，下垫10cm厚的碎石垫层。

(5) 跨河桥梁

引水枢纽及新开输水河道兴建后,切断了交通道路,影响了正常交通运输,为恢复两岸交通,需兴建跨河桥梁,累计兴建堤顶交通桥、枢纽后跨河交通桥、沿河桥5座,桥梁荷载标准为公路Ⅱ级,采用4跨×16m预应力空心板简支梁桥。

浙东引水萧山枢纽工程于2009年6月16日正式开工,2011年10月18日通过闸站通水及机组启动阶段验收。共计完成土方开挖71.381万 m^3,石方开挖3.980万 m^3,混凝土6.12万 m^3,钢筋制安3388t。

2. 工程施工的重点及难点

(1) 基础处理工程

因本工程地基为软土地基,闸室、泵房、挡墙及翼墙基础采用高压摆喷灌浆及混凝土灌注桩处理,堤顶交通桥及沿线跨河桥基础采用混凝土灌注桩处理,桩的形式较多,且入土深度及顶高程不一致,桩位精度要求高,混凝土方量较大,确保基础处理工程施工质量和进度是保证本工程优质、高速完成的关键之一。且因本工程地质条件差,钻孔桩容易发生缩颈、坍孔,也可能会造成侧向滑移或剪断,施工中应特别注意。

(2) 土方开挖工程

1) 本开挖土方开挖工程量较大,工期较紧,因此施工强度较大,在施工中制订切实可行的技术及组织方案且投入充足的机械设备、周转材料及劳动力,合理布设工作面,是保证工程按时优质完成的又一关键。

2) 本工程地质条件比较复杂,浅表部广泛分布海积、湖沼沉积的高压缩性软土及陆相沉积的中低压缩性粉质黏土等软土层,具高压缩性、高灵敏度、高含水量及低强度等特征,受水波浪冲刷易发生坍岸;且枢纽区地下水位埋深较浅,但基础开挖较深,其中Ⅱ2层土受振动易液化,动水条件下易产生流砂现象,是区域内容易发生渗透破坏的高危土层。

3) 本工程地质条件特殊,开挖弃土主要为粉质黏土、砂质黏土、淤泥质土,且拟建工程区场地地貌属钱塘江冲海积平原,场地现状以农田为主,堆土不宜过高,因此施工时要求合理规划临时弃土区,必要时采用自制架子车进行堆土,铲车或挖机配合。

4) 基坑开挖过程中,应根据监测信息及时调整挖土程序,开挖需分区分段开挖,要严格遵循"先撑后挖,先换撑后拆撑"和"大基坑小开挖"的原则进行,开挖时,临空面要做好防护设施。

3. 工程施工创新及新技术应用

(1) 基坑石方爆破施工

浙东引水萧山枢纽工程是浙东水资源配置的一项重大工程,工程位于钱塘江、富春江、浦阳江三江汇合口义桥附近。浙东引水萧山枢纽工程闸站段基坑三面进行了专项支护设计,支护结构为钻孔灌注桩+止水帷幕结合内支撑形式。本基坑开挖深度较大,在10.0m左右,开挖范围内地质异常复杂,除大量淤泥质土以外,还存在大量岩石,且埋深较浅,闸站底板正好坐落在岩石上。岩石须采用爆破开挖,爆破施工必定会影响围护支撑系统的稳定,爆源中心距支护距离最近只有30m,而支护位置要求振速控制在2.7cm/s以下,所以爆破施工面临的技术挑战也很大,本工程基坑开挖的成败关键就在石方爆破。爆破振动不可避免地对基坑围护结构造成影响,若不采取相应的控制措施,极有可能造成支撑系统破坏而引发决堤重大安全事故。

因此，在施工中成立 QC 小组，选定减小基坑石方爆破对支护的破坏为课题，以降低石方爆破施工过程对支护的影响。

针对一次爆破数量大、微差爆破延期间隔时间短、减振孔未设置 3 个主要影响因素，制定了相应的对策措施：

1) 减小爆破开挖台阶高度，将分层高度由原来的 3m 调整为 1.5m。

2) 采用 1/4s 延期雷管。

3) 在围护附近 5m 位置，采用潜孔钻打设了 2 排减振孔，孔径 50mm，孔深 5m，孔距 20cm，排距 30cm，梅花形布置。

采取"减小爆破开挖台阶高度"+"延长微差延期间隔时间"+"设置减振孔"的三重措施后，并且保证减振孔无水，根据爆破振动振速监测成果，爆破振动速度控制在 2.7cm/s 以内，并且开挖工效没有降低，经过三重措施的优化组合，不光在爆破振速上达到了 QC 活动的目标值，而且在施工工期上符合建设单位提出的目标，爆破振速控制在安全允许范围内，保证了基坑支护的稳定，进而确保了浦阳江一级堤防的安全。

该 QC 小组 2010 年 5 月被中国水利电力质量管理协会授予"水利系统优秀质量管理小组"称号，2011 年 5 月荣获"2011 年水利系统优秀 QC 成果发布二等奖"。

(2) 基坑支护及土方开挖

1) 本工程基坑重点难点

①本工程高程为 1985 国家高程基准，场地高程 6.8～7.10m，西南侧浦阳江防洪堤顶高程 10.05m 左右，闸站段基坑基础垫层底高程 0.05～－3.35m，基坑挖深 6.95～10.0m，基坑挖深较深。基坑内基岩埋深较浅，局部范围只有 1m。岩石须采用爆破开挖，爆破施工必定会影响围护桩的稳定。

②周围环境条件较复杂，基坑下游侧左右岸受征地限制，施工通道离围护桩距离较近。

③基坑土方开挖是本基坑施工的重点之重，采用围护支撑梁系统，留给挖土机活动的区域极为狭小，对挖土机的布置、进退路线和措施、基坑开挖过程中保证不损坏构件、坑壁围护等增加了极大的难度。

2) 基坑围护设计方案

本工程支护结构为钻孔灌注桩+止水帷幕结合内支撑形式。地面高程至 5.50m 按 1∶1 放坡处理，坡面喷射混凝土及挂钢筋网，5.50m 高程下设 $\phi 800@1100$ 钻孔桩，高程 4.65m 设混凝土支撑，支撑尺寸为 850mm×850mm，钻孔桩插入深度为 10.5m，钻孔桩外侧用旋喷桩 $\phi 800@600$ 止水。

基坑围护图见图 2.4-4。

3) 基坑施工顺序

第一步：测设场地标高，修施工通道。

第二步：围护桩达到设计强度的 100% 后，挖土至支撑底即 4.65m 处，施工压顶梁和支撑，布置钢筋应力计。

第三步：待压顶梁和支撑强度达到设计强度的 80% 以后，分层、对称、均匀开挖至设计高程。

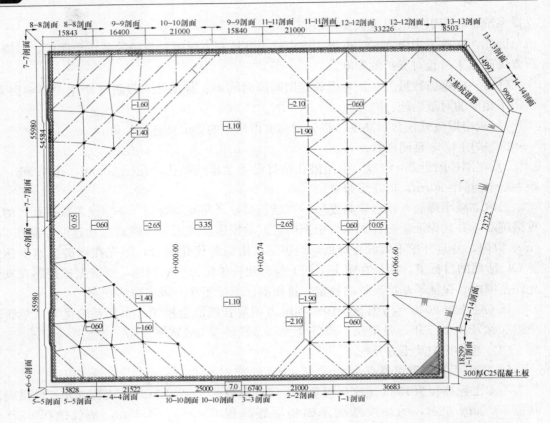

图 2.4-4 基坑围护图

第四步：施工闸站区域闸室混凝土和两岸翼墙混凝土。
第五步：待下游翼墙达到 4.5m 高程后，开始拆除下游对称支撑系统。
第六步：待上游翼墙达到 4.5m 高程后，并且堤防具备破除时，开始拆除上游对角撑系统。
第七步：待翼墙完成，分层回填侧壁外土方。

4) 基坑土方开挖

本工程自然地坪为标高 7.50m 左右，工程基坑面积约为 15295m²，开挖深度为 6.95～10.0m，土石方开挖总方量约 12 万 m³。本基坑属大型深基坑，根据设计图纸支撑布置，土方开挖必须分三个层面进行，第一层面挖至第一道支撑标高 5.5m，开挖深度约 2.0m；第二层面开挖至标高 0m，开挖深度约 5.5m，该层由于开挖高度大于 2m 且地质条件较差，分为四个阶面进行；第三层面开挖至设计基底，由于设计底高不等，根据小挖机特性及地质条件分两个阶面开挖，同时开始坑中坑底挖土。

土方按从西江堤侧向下游分层分段、连续、均匀、对称开挖。基坑开挖的原则是：
①分层开挖。
②先撑后挖，先顶紧，后挖土。
③确保施工安全，提高工效。
④先挖位移控制要求较低的区域，后挖位移控制要求较严格的区域。
⑤土方开挖的基底标高与设计的工况一致。

⑥基坑土方开挖以"大基坑小开挖"为原则,应分层、分段、对称、均衡进行。

(3) 水闸外立面短槽式石材干挂施工

以往水闸外立面若采用石材装饰,一般采用湿贴法施工,但该方法缺点较多,如灌注砂浆容易污染板面,特别是在日后的使用中还会出现泛碱挂白现象,另外,受气候影响,还容易脱落影响使用安全。因此,随着科技不断创新,水闸外立面石材装饰开始采用干挂法施工,避免了传统湿贴石材工艺出现的板材拉裂、脱落等现象,提高了建筑物的安全性和耐久性,并克服了表面挂白、变色等若干弊病,成功实现了在外观质量、工期、成本等方面的突破,成为水工建闸外立面施工技术的一个新的亮点。

短槽式石材干挂法是利用高强耐腐蚀的金属挂件,把饰面石材通过吊挂的方法固定在建筑物外表面。采用不锈钢短槽式石材干挂结构系统,其原理是在主体结构上设主要受力点,通过金属挂件将石材固定在建筑物上,形成石材装饰幕墙。该方法以金属挂件将饰面石材直接吊挂于墙面或空挂于钢架之上,不需再灌浆粘贴。

石材安装是先将竖向钢龙骨与埋件焊接,横龙骨角钢再与竖龙骨连接,形成框架后,石材板块通过不锈钢挂件与横龙骨连接,调整后固定。石材的安装采用石材上开槽的方式,用蝴蝶扣挂件实现石材的定位,达到定位安装的目的。

在施工中通过控制连接件、龙骨、石板、嵌缝等重要工序,持续改进,避免了传统湿贴石材工艺出现的板材空鼓、开裂、脱落等现象,明显提高了建筑物的安全性和耐久性,并克服了泛白、变色等若干弊病,成功实现了在外观质量、工期、成本等方面的突破。闸站外立面石材干挂施工在工期、材料设备利用、劳动力安排方面都具有相对的优势,尤其后期维护费用低,相比石材湿贴方法,具有良好的经济效益。

3 水利水电工程质量与安全生产管理

3.1 已建工程的质量与安全事故案例分析

3.1.1 河南省板桥、石漫滩水库垮坝事故

1. 工程概况

(1) 板桥水库

板桥水库大坝位于河南省驻马店市以西 45km、泌阳县板桥乡境内的汝河上,控制流域面积 762km^2,多年平均径流量 2.8 亿 m^3,由于当时水文资料很少,设计洪水采用以 1921 年为典型年推算,洪峰流量仅 1390m^3/s,水库设计水位 110.9m。大坝河床段为黏土心墙沙壳坝,两岸台地段为均质土坝,建成时最大坝高 21.5m,总库容 2.44 亿 m^3,溢洪道最大总泄量 450m^3/s,输水洞最大泄量 132m^3/s。水电站装机 3×250kW,灌溉农田 23 万亩。工程于 1951 年动工,1953 年建成,总投资 2791 万元。

板桥水库在蓄水运行后不久,发现坝体沉陷并严重开裂,乃于 1956 年加固扩建。洪水标准按照前苏联水工建筑物国家标准,采用百年一遇洪水设计,千年一遇洪水校核。校核频率 3d 降雨量 530mm,洪峰流量 5080m^3/s,3d 洪量 3.3 亿 m^3。经论证,首先对原坝进行压实(在坝体上开挖 1300m×30m×29.5m 并回填土料压实),然后加高大坝 3m,坝顶高程为 116.34m,防浪墙高程为 117.64m,最大坝高 24.5m,最大库容增加为 4.92 亿 m^3,其中调洪库容 3.75 亿 m^3;增辟辅助溢洪道,宽 300m,堰顶高程为 113.94m,最大泄量 1160m^3/s,连同原有的溢洪道、输水洞,最大泄洪能力为 1742m^3/s。

此后的 1964 年、1972 年汛期均出现洪峰流量远远超过校核洪水流量,甚至大于 6000m^3/s 的大洪水,虽未发生险情,但已说明设计防洪能力仍然偏低。1973 年利用 1951~1972 年的数据进行洪水复核,发现千年一遇洪峰高达 15040m^3/s,有关方面曾提出拟加高大坝 0.9m,后因种种原因,未付诸实施。

(2) 石漫滩水库

石漫滩水库位于河南省舞阳县境内,洪河的支流滚河上游,控制流域面积 215km^2(1976 年航测复核为 230km^2)。工程于 1950 年 2 月开工,1951 年 7 月竣工。主坝为均质土坝,库容 0.47 亿 m^3,坝顶宽 6m,长 500m。是 20 世纪 50 年代治淮工程中修建的第一座大型水库。

工程建成后,1955 年按 50 年一遇设计、500 年一遇校核进行复核,校核频率 3d 降雨 486mm,洪峰流量 1675m^3/s,3d 洪量 0.88 亿 m^3。据此,确定大坝加高 3.5m,坝顶高程达到 109.7m,防浪墙顶高程 111.2m。将位于北岸的溢洪道改建,扩大成两孔带有胸墙的泄洪闸,每平板闸门高 5m,宽 10m;南岸输水隧洞(内径 3m,最大泄量 109m^3/s)增加压力引水管道和 2 台发电机组。1959 年又将大坝加高至 109.85m,泄洪闸底槛加高 2m,使总库容从 0.79 亿 m^3 增加到 0.918 亿 m^3,但闸孔最大开度减为 3m,相应最大泄量减至 400m^3/s。

1973年的第3次洪水复核，标准为100年一遇设计、1000年一遇校核，校核洪峰流量5845m³/s，3d洪量1.34亿m³，有关方面曾建议大坝加高6.4m，使坝高达116.3m。但因各种原因扩建方案搁置。

石漫滩水库建成后的1959、1963、1964、1965和1969年库水位均超过106.0m，1965年曾达到107.05m，超过设计洪水位5cm，仍安全度汛。

2. 溃坝过程

1975年8月两水库由于暴雨相继溃坝。第一场暴雨出现在1975年8月5日14时至24时。当日，板桥雨量站测得日降雨量为448.1mm，最大1h降雨量142.8mm。而按水库"千年一遇"校核标准，最大日降雨量才是306mm。板桥水库水位迅速上升到107.9m，已接近最高蓄水位；暴雨的第二场降水出现在1975年8月6日12时到1975年8月7日04时。1975年8月6日23时，板桥水库主溢洪道闸门已经提出水面，紧接着输水道全部打开泄洪。水位仍在上涨，库水位高达112.91m，而设计规定的最高蓄水位只有110.88m；1975年8月7日从16时起开始第三场降水，也是最大的一场降水，这场暴雨将持续13h，出现了历史上最大的6h和24h降雨量。板桥水库设计最大库容为4.92亿m³，设计最大泄量为1720m³/s。而它在这次洪水中承受的洪水总量为7.012亿m³，洪峰流量17000m³/s。

(1) 板桥水库

从1975年8月7日17时~8日1时，坝址实测降雨量784mm，库水位从114.79m升高到117.94m，8h内升高3.15m，入库最大流量达13000m³/s。1975年8月7日20时41分达到校核洪水位116.14m，21时30分与坝顶齐平，因电力中断，坝上一片漆黑，抗洪人员凭借闪电亮光，发现库水于23时5分与防浪墙顶平齐。此时虽启用副溢洪道，总泄量达3953m³/s，但入库流量仍3倍于泄量。23时30分开始漫过防浪墙，1975年8月8日1:00库水位涨至最高水位117.94m，高过防浪墙顶0.3m，漫顶开始冲刷坝顶和下游面，并在原主河道段坝体最高处冲开决口。

1975年8月8日1时30分，坝上决口扩大开始溃坝，水位骤降，水面负波逆向传播，于2时到达上游距坝7.2km的祖师庙水文站，2时57分出现最大垮坝流量78100m³/s，7时库水即泄尽。在5.5h内泄水约7.1亿m³。

板桥水库垮坝5h后，汝河沿岸文城、诸市、阳丰、车站等乡村一片空荡，14个公社、133个大队的土地遭受了罕见的冲击灾害。洪水过处，田野上的熟土悉被刮尽，黑土荡然无存，遗留下一片令人毛骨悚然的鲜黄色。

当板桥水库的溃坝洪水于1975年8月8日4时冲到下游约45km处的遂平县城时，还有53400m³/s的洪峰流量。溃坝洪水波以立浪或涌波形式向下游急速推进，在大坝至京广铁路直线距离45km之间形成一股水头高达5~9m、宽为12~15km的洪流，时速在30~50km，与汽车速度相仿。京广铁路遂平车站上50t重的车厢冲至5km远，60t重的油罐车冲至20km外的鸭宿湖。

(2) 石漫滩水库

1975年8月5日18时暴雨开始时，水位基本处于汛限水位102.30m。20时水位开始上涨，来势极其凶猛。到22时30分水位升高近3m，达到104.35m。此时，输水道闸门才打开2m高，泄洪闸门仍紧闭。0时水位又猛升1.5m，入库流量实测最大值3610m³/s，总泄量仅 54.4m³/s。

1975年8月6日0时40分，泄洪闸门开启，开高2m。水位仍继续上升。到5时超过设计洪水位，达到107.33m。到6时，闸门才继续提高，但仍未全部敞开。此间5h内，水位又升高4m，此后雨势减弱，虽输水管道全部打开，但闸门一直未全部敞开。期间为保护下游6km处的田岗水库，在6时30分和12时20分两次降低闸门，以至在这段暴雨间隙（6日6时～7日14时）内，库水位仅稍有回落，始终保持在106.0m以上，居高不下。

1975年8月7日15时，库区再降特大暴雨，入库流量最大超过6000m³/s，尽管最大泄量已达567m³/s，但水库已无容纳能力，于是水位迅速于20时达到校核洪水位，22时30分与坝顶平齐。由于坝下田岗水库回水淹没电站，电力中断。

1975年8月8日0时30分，库水位涨至最高水位111.40m，超过防浪墙顶0.4m。防浪墙倒塌后，水流在主河道段冲开缺口，6时水库泄空。库内1.2亿m³的水量以2.5万～3万m³/s的流量在5.5h内全部泄完。

石漫滩水库垮坝后，上游袁门土坝（库容0.1亿m³）紧接溃决，使石漫滩水库最大垮坝流量达30000m³/s，下游田岗水库随之漫决。下泄涌浪此后分成两股，一股向北经枣林公社的生刘庄、杨楼一带入三里河，另一股顺河向东又与舞阳县江干河上决口的洪水会合汇入小洪河。于8月8日7时注入杨庄废水库，经滞洪后将杨庄大坝的决口从60m扩大到130m，将下游两个村庄一扫而光，形成了大范围的漫流，进入老王坡洼地。洪水过处，水深达2～6m，一片汪洋。

洪河下游泥河洼、老王坡两座滞洪区，最大蓄水量为8.3亿m³，此时超蓄4.04亿m³，蓄洪堤多处漫溢决口失去控制作用。因老王坡滞洪区干河河堤在8月8日漫决，约有10亿m³洪水蹿入汾泉河流域。8月9日晚，洪水进入安徽阜阳地区境内，泉河多处溃堤，临泉县城被淹。

从8月7日4时到8月8日1时40分，在20多小时内，洪汝河上游的数十座水库相继垮坝，板桥、石漫滩水库大坝几乎在8月8日0时～1时同一小时内溃决，驻马店地区的主要河流全部溃堤漫溢，全区东西300km，南北150km，60亿m³洪水疯狂漫流，汪洋一片。

据《中国历史大洪水》，在这次被称之为"75·8"大水的灾难中，河南省有29个县市、1700万亩农田被淹，其中1100万亩农田受到毁灭性的灾害，560万间房屋被冲毁，1100万人受灾，85600多人死难，致使纵贯中国大陆南北的京广线冲毁102km，中断行车18d，影响运输48d，直接经济损失近百亿元。

3. 垮坝原因

(1)"75·8"暴雨降水强度过大，雨型呈双峰状，先大后小再特大，对水库的安全运行极为不利。

(2)水库实际抗洪能力明显偏低。板桥水库的防洪标准，在1956年扩建时，是按100年一遇设计，1000年一遇加20%校核；石漫滩水库1956年及1969年扩建时，均按50年一遇设计，500年一遇加20%校核。按水库的库容大小所确定的防洪标准并不低。但因限于当时水位资料较少，以及按照前苏联的规范，新计算的设计和校核洪水数据偏小，致使校核洪水，前者仅5083m³/s，后者仅1675m³/s。

(3) 1973年复核结果未被采纳,设计提出的改善两库的防洪安全措施,包括增加坝高、扩大防洪库容、增大泄洪能力,均未实施。板桥水库如果加高0.9m,则在"75·8"洪水时最高洪水位超过坝顶1.08m,仍比防浪墙低0.21m,抵御历时不足1h的来洪,有可能避免垮坝;石漫滩水库加高6.4m,在"75·8"洪水时最高洪水位比防浪墙低1.10m,也不会垮坝。

(4) 过于强调蓄水优先,防洪意识淡漠。"75·8"暴雨前石漫滩水库蓄水水位已接近汛限水位,板桥水库更超蓄0.32亿m^3,使以防洪为主要功能的两座水库失去了防洪能力。

(5) 水库防洪调度失当,贻误最佳泄峰时机。板桥水库入库洪水有两次明显的高峰,最大洪峰分别为7500m^3/s、13000m^3/s,间隔35h,期间加大泄洪是保坝安全的最佳时机。但在第一次洪峰入库后,输水道闸门不仅不敞开泄洪,反而从局部开启转为全关,致使水位快速上升;8月6日1时,库水位涨过溢洪道顶,直到6日6时,主溢洪道闸门才迟迟开启,之后又两度减小开度,而到输水道6日15时48分才开启泄水。到7日1时,输水道全部打开,总泄量仍只有382m^3/s。石漫滩水库存在同样的问题,不是泄洪而是将洪水拦蓄在库内成为最主要的调度失误。

(6) 缺乏应急准备,防汛指挥失灵。在思想上,洪汝河上包括板桥、石漫滩水库在内的4座大型水库基本都无防汛准备,每年例行的防汛会议当年也未召开;防汛设施设备缺乏检修,板桥水库6日19时30分当决定全部打开泄洪时,两道闸门在提升到3.9m高度时,发生故障;在器材上,没有准备草袋、砂石土料、炸药,没有备用电源和可靠的通信设备,在发电厂受淹不能发电时,水库上下一片漆黑,立即丧失抢险能力,汛情险情报告和防汛决策指示无法传递。

板桥、石漫滩水库已先后复建,两座坝的溢流段均改用混凝土重力坝,其余仍为土坝。板桥大坝1977年动工复建,1980年停工后1986年复工,1993年建成,最大坝高50.5m,总库容6.75亿m^3,总泄流能力15062m^3/s;石漫滩大坝经1976~1980年、1985~1987年、1993~1997年多次复建完成,最大坝高40.5m,总库容1.21亿m^3,总泄流能力4271m^3/s。

3.1.2 沟后水库垮坝事故

1. 工程概况

沟后水库位于黄河支流恰卜恰河上游,青海省海南藏族自治州共和县境内,坝址距共和县城13km。库区多年平均降水量311.8mm,水库积水面积198km^2,总库容330万m^3,坝高71m,为钢筋混凝土面板砂砾石坝。

水库正常洪水位、设计和校核水位均为3278m,坝型为砂砾石面板坝,为灌溉水利枢纽,是四等小型工程。水库工程于1985年8月正式动工兴建,1989年10月下闸蓄水,1990年10月竣工。从1990年10月水库建成至垮坝前,先后蓄水运行四次。

2. 溃坝过程

1993年7月14日至8月27日,库水位从3261m升至3277.25m。超过沉降后的防浪墙底座,但距坝顶尚有3.75m。8月21日坝脚以上约5m护坡石缝向外渗水,西(右)坝段背坡约在高程3270m处有约1m^2坡面渗水。8月27日约13时20分,库水已淹没防浪墙底座一指深;16时底座数处开缝漏水,坝背坡多处流水,坝脚9处出水如瓶口大;从坝背坡石级顶向下至第7级，能反复听到"喷气"声，在坝脚听到似水从悬石跌落声。约20时，左坝段背坡高程3240～3260m间护坡石缝渗水，石级右侧大面积湿润。22时40分左右大坝溃决。

23时45分左右洪水冲到水库下游13km处的有3万人居住的青海省海南藏族自治州州府暨共和县县府所在地恰卜恰镇。溃坝洪水最大流量为2780m^3/s，至恰卜恰镇的最大洪水流量为1290m^3/s，下泄水量约268万m^3。

由于大坝溃决发生在深夜，且洪水下泄集中，超过汛期设防标准的5倍以上，造成巨大的损失。死亡288人，失踪40人。直接经济损失达1.53亿元。

3. 溃坝原因

调查确认，水库垮坝是由于钢筋混凝土面板漏水和坝体排水不畅造成的。是一起严重的责任事故。

（1）施工方面。混凝土面板有贯穿性蜂窝；面板分缝之间有的止水与混凝土连接不好，甚至脱落；防浪墙与混凝土面板之间仅有的一道水平缝止水，有的部位系搭接，有的部位未嵌入混凝土中；对防浪墙上游水平防渗板在施工中已发现的裂缝，错误地采用抹水泥砂浆的方法处理，达不到堵漏效果。以上施工质量问题导致水库蓄水后面板漏水、浸润坝体。

（2）设计方面。坝体未设置排水，加之选用的坝体填料渗水性不好，致使坝体排水不畅，浸润线抬高逐步饱和，塌陷垮坝。

水库施工中的严重质量问题和坝体设计上的缺陷，给水库留下了致命的隐患，是垮坝的主要原因。

（3）管理方面。工程建设指挥部工程管理经验严重不足。水库前期工作管理混乱，先后参加勘测、设计的单位达五家之多，未能妥善衔接和协调配合；对施工质量没有认真地检查监督，在防浪墙与面板接缝施工中已发现裂缝的情况下竟同意施工单位用砂浆填塞的错误方法处理；水库建成运行后，管理制度及预警设施不完善、制度执行不严，有的管理人员长时间脱岗，未能有效履行职责；防汛行政首长负责制落实不认真，对恰卜恰河行洪区清障工作决心不大，措施不力，以上问题是一种严重的失职行为，对造成事故损失负有重大责任。

设计主审和竣工验收单位，缺乏水利工程建设管理经验，又没有邀请到有经验的专家提供帮助。在先后两次设计审查时，均未发现大坝设计中的缺陷和失误；主持竣工验收时，对防浪墙上游水平防渗板的裂缝等施工质量问题，特别是对下游坝坡在较高部位发现的渗水溢出现象，未引起足够重视，且错误地对大坝工程冠以"优良"等级，对造成事故负有重要责任。

3.1.3 岗岗水库泄洪排沙洞垮塌事故

1. 工程概况

岗岗水库位于内蒙古自治区通辽市奈曼旗境内，在大凌河水系牤牛河支流春玉河上，是一座以防洪为主；兼顾灌溉、水产养殖等综合利用的中型水库，保护下游2万人口、4.0万亩农田及奈曼至土城子镇公路的安全，提供0.8万亩农田的灌溉水源。

该水库于1972年4月开工建设，1976年12月建成并交付使用，由拦河均质土坝、泄洪洞、灌溉洞、临时溢洪道等建筑物组成。坝顶高程403.0m，坝顶总长2050m，坝顶宽 5m，最大坝高 18m。水库总库容 1418 万 m^3，设计标准为 50 年一遇，校核标准为 200 年一遇，正常蓄水位 398.5m，设计洪水位 400.2m，校核洪水位 401.5m。

岗岗水库运行近 30 年，存在防洪能力不满足标准（仅达到 30 年一遇标准）、坝体渗流不稳定、临时溢洪道水毁严重等问题，需进行除险加固。

水库除险加固主要建设内容包括主坝加高培厚、新建副坝、新建泄洪排沙洞、维修原泄洪洞和灌溉洞等。加固后的坝顶高程 404.3m，防浪墙顶高程 405.5m，坝顶总长 2185m，坝顶宽 5m，最大坝高 19.3m。水库设计总库容 1030 万 m^3，防洪标准为 50 年一遇设计、1000 年一遇校核，正常蓄水位 401.05m，设计洪水位 401.4m，校核洪水位 403.5m。其中，新建泄洪排沙洞建在主河槽原坝体上，底坎高程 393.50m，设置 5 孔 2.5m×2.5m 的涵洞，最大下泄流量 $343m^3/s$。

除险加固主体工程于 2006 年 3 月开工。截至事故发生之日，大坝加高培厚工程、老泄洪洞维修工程和新建泄洪排沙洞已基本完成，灌溉洞维修工程全部完成。其中，新建泄洪排沙洞基础土方开挖、混凝土浇筑和两侧土方回填工程 2006 年 6 月开工，2007 年 7 月基本完工。新建泄洪排沙洞共划分为进口段、竖井段、洞身段、陡坡段、消力池、海漫段、金属结构及启闭机安装工程和新建泄洪排沙洞土方回填工程 8 个分部工程，洞身段、陡坡段和消力池 3 个分部工程于 2006 年 9 月通过验收，其他 5 个分部工程尚未验收。

2. 垮塌过程

岗岗水库库区附近在 2007 年 7 月 10 日 8 时至 11 日 6 时降雨 24mm。10 日 24 时左右，因视线不好，未发现库内有水。

11 日 4 时 23 分，施工单位值宿人员发现新建泄洪排沙洞附近排水棱体上边冒水，立即电话报告项目副经理。项目副经理 10min 后赶到现场，发现新建泄洪排沙洞左侧大坝已经断裂 2～3m 的缺口，大量的水从底板下和左边墙外侧边缘流出，立即组织人员于启北侧老泄洪洞泄水。随后左侧防浪墙错位，坝前土坝与上游翼墙的混凝土护坡板塌陷。5 时左右洞身段、闸室段倾斜。

3. 事故原因

岗岗水库除险加固工程的垮塌事故，发生在新建泄洪排沙洞底部及其左翼墙与土坝坝体结合部，是由混凝土建筑物与坝体填筑土之间的渗透破坏引起的，属典型的接触渗透破坏事故。具体表现在以下几方面：

1) 上游左翼墙后回填的土、砂等细粒材料几乎被冲光，混凝土盖板以下仅剩块石和碎石；

2) 闸基和左侧墙基被水流淘刷，混凝土建筑物底部以下形成了约 10m 宽、4m 高的孔洞，造成竖井及侧墙倾斜，接缝止水撕裂；

3) 左侧上游翼墙、竖井段、洞身段和下游翼墙的外壁混凝土无明显黏土黏结痕迹，甚至混凝土面上的蜂窝麻面中也未见黏土；

4) 通过对闸底板下部原坝体填筑土进行检测，原坝体填筑土方干密度平均仅为 $1.60g/cm^3$，低于坝体土方设计干密度 $1.70g/cm^3$ 的要求。对现场取回的土样做了浸泡试验，土样在静水中快速湿陷崩解，强度和抗渗性能较差；

5) 据初步估算，底板下部被水流淘空流失的土方约 $1200m^3$，坝体缺口流失的土方约 $1000m^3$，共流失土方约 $2200m^3$。

从结构和应力方面分析，接触渗流的主要进口位于土坝、闸室、左翼墙三者交界结合处。由于不同荷载的作用，使基础不均匀沉降和建筑物倾斜变形，进而引起闸基结合面和侧墙竖直面开裂，形成接触渗流。其发展过程是先由建筑物变形（不均匀沉陷等）产生三者之间的相互位移和裂缝，在上游水位 398.6m（水头约 13m）作用下，水流绕过上游翼墙，直接从接触面缝隙中进入基础土层，产生接触渗流，迅速发展为管道水流冲刷，从而使基础土体很快地破坏流失，上覆建筑物在很短的时间内垮塌破坏。

从闸室和洞身地基方面分析，一是闸基土层为 20 世纪 70 年代填筑的老土坝坝身，该土层为黄土状粉土，土质疏松，颗粒偏粗，遇水迅速崩解，抗渗能力和抗冲刷能力很差。二是前期设计阶段对闸基未作必要的勘察试验和技术论证，也未提出任何处理措施。三是设计文件中仅提出填筑土的设计干密度要求，未能按《碾压式土石坝设计规范》的规定提出回填土及其与混凝土建筑物连接的其他具体技术要求。四是施工单位未按《碾压式土石坝施工规范》规定对建筑物结合部的回填土方进行施工。上述情况导致接触面连接不良，不能适应坝体回填土和建筑物之间的相对沉降和变形，产生了裂缝，给水流进入提供了捷径。此外，施工单位未能按规范规定和施工合同承诺，在施工期对新建泄洪排沙洞进行监测，未能及时发现建筑物的变形。

4. 事故责任认定

调查表明，岗岗水库新建泄洪排沙洞垮塌事故是由接触渗流导致的。造成接触渗流破坏的原因是多方面的，综合分析认为：设计单位存在设计缺陷，应对垮塌事故负主要责任；项目法人未按程序变更设计，施工单位未严格按规范要求进行施工，应负次要责任；初步设计初审、复核和审批等部门技术把关不严，监理单位未进行有效质量控制，有关部门监管不力，应负连带责任。

按照《水利工程质量事故处理暂行规定》（水利部令第 9 号），本次事故已核实的直接损失约 292 万元，属重大质量事故。根据调查核实情况，对事故相关单位和责任人的责任认定如下：

1) 设计单位

设计单位在岗岗水库除险加固工程设计中，对泄洪排沙洞的设计缺少技术论证；未对泄洪排沙洞基础进行地质勘察，未提出处理措施；未进行泄洪排沙洞的渗流稳定分析，缺少防止接触渗流破坏的措施；泄洪排沙洞侧墙与坝体的结合部设计不当，未提出具体的施工要求；未进行泄洪排沙洞的观测设计。上述行为违反了《建设工程质量管理条例》第十九、二十一条的规定。

2) 项目法人

工程建设管理处在岗岗水库除险加固建设中，未取得设计单位提供的变更依据，就批准了监理单位的变更意见。违反了《中华人民共和国建筑法》第五十八条的规定。

3) 施工单位

在岗岗水库除险加固工程建设中，土料击实试验和碾压试验成果不具备代表性；对泄洪排沙洞侧墙与坝体结合部的土料回填未按相关规范要求进行施工；施工期未对泄洪排沙洞进行变形监测。上述行为违反了《建设工程质量管理条例》第二十八条的规定。

4) 项目审批单位

在对初步设计报告进行初审时，未对泄洪排沙洞坝下埋设涵洞结构引起足够重视；在复核时,也未对基础处理提出要求;在岗岗水库除险加固工程的初步设计报告审批中把关不严,没有组织技术审查,在前期工作达不到规定要求和工作深度的情况下,对初步设计进行了批复。违反了《国务院办公厅关于加强基础设施工程质量管理的通知》第二条第(六)款的规定。

5) 监理单位

在岗岗水库除险加固工程建设中,对施工单位未严格按相关规范要求进行施工的问题,未进行有效的质量控制;未取得设计单位提供的变更依据,就签署了变更意见。上述行为违反了《建设工程质量管理条例》第三十六条的规定。

6) 水库责任单位

在岗岗水库除险加固工程建设中,责任人未能对工程建设实施有效监管。不符合《关于建立病险水库除险加固责任制有关问题的通知》的规定。

3.2 在建工程的质量与安全事故案例分析

3.2.1 边墙垮塌事故

1. 事故经过

××水电站电站设计水头75m,装机容量3×3200kW。该电站于2005年3月12日开工建设,当地发改委于2005年8月15日核准可行性研究报告。××电站为有坝引水式电站,大部分工程量为引水系统,前段引水明渠长159.95m,隧洞长4377.53m,后段明渠长682.92m并与电站压力前池相连,溢水系统设在压力前池。引水系统最大引用流量13.2m³/s,后明渠最大过水深度2m。

事故发生前,该电站已基本完成土建和机电设备安装工程。施工单位于2007年12月10日向监理部提出"我公司承建的引水隧洞及其引水渠道工程已完工,经自检合格,请予以检查和验收"。总监理工程师于2007年12月13日签署了"该工程初步验收合格,可以组织正式验收"的意见。有关各方已经商定,电站拟于2007年12月15日发电试运行,2007年12月13日充水的目的是检查明渠过水情况。

2007年12月13日13时,施工人员开始关闭取水坝冲砂闸,引水明渠过水流量1.5m³/s,渠道最大水深0.27m。2007年12月13日15时左右,引水明渠4+846—4+876段外边墙大面积垮塌,约14000m³水瞬间顺山下泄,冲毁山体形成泥石流,造成5人死亡、2人受伤。

2. 事故原因

经初步调查分析,调查组和当地技术人员认为,以下三个因素是事故的直接原因:引水明渠位于松散基础上且未作基础处理;引水明渠结构不合理,加之擅自变更施工顺序致底板和边墙结构分离,呈积木式松散结构,无法承载过水压力;施工质量低劣,施工缝、伸缩缝止水明显不合格。工程建设各方在工程存在上述问题且未进行工程阶段验收、未作任何监测和防护的情况下擅自试通水,水流从施工缝和伸缩缝漏出渗入基础,基础被软化、冲刷、淘空,外边墙失稳垮塌形成泥石流,冲向正在休息的施工人员和行人,造成多人伤亡和重大财产损失,属严重的质量安全事故。

根据调查组的实地调查,该事故是一起典型的质量安全责任事故。

(1) 施工单位

现场施工单位不具备水利水电工程建设的能力,工程质量低劣。施工单位项目经理是一名高中毕业、无任何资格证书和水电工程常识的社会人员。施工人员则为其从外地招募的农民工。调查发现施工单位没有可行的施工方案,没有按照有关图纸和工序施工;大量的设计变更未按规定办理设计变更手续,工程形象与施工图纸相差甚远;甚至项目业主在工作总结(2006年9月)中都承认:"各施工单位经过培训的持证上岗人员基本为零"。

工程质量低劣:引水明渠底板和挡墙结构分离;混凝土质量全部不合格;残存的边墙暴露出充填其中的松散沙石和杂物,其间无任何水泥粘连;边墙体上可以明显看到施工缝,其间并无任何止水,现场清晰可见渗水痕迹;从倒塌墙体发现,伸缩缝橡胶止水带没有伸入到后浇混凝土内,而是歪倒在缝内形成漏水通道。

(2) 设计单位

设计单位提供的技施设计图纸与现场地形脱节,不能满足施工要求;没有技施设计报告;对明显存在的明渠段地质问题没有提出基础处理方案和措施;结构设计不合理也不到位,且无施工技术要求和有关说明;存在技术缺陷。

调查了解到设计代表已经近一年不在施工现场,施工图纸不足部分实际是由施工单位自行绘制或无图施工。

(3) 监理单位

监理单位未能认真履行职责,对施工的关键环节把关不严,对施工、设计单位存在的上述大量问题均未采取有效措施,也不向政府监管部门报告,而是一次次放行。

(4) 项目业主

项目业主作为工程建设安全的责任主体,对施工单位项目负责人不具备水电工程施工的基本知识、缺少施工方案、现场施工水平低下、工程质量低劣、偷工减料、弄虚作假等问题长期未采取措施;没能解决设计单位技施设计图纸不能满足施工要求,没有技施设计报告等问题,认可施工单位自绘图纸甚至无图施工,造成设计与现场施工长期脱节;越位干扰监理单位的工作,而且不按规定办理质量监督手续。该项目业主没有履行其法定职责和义务。

(5) 政府监管

政府监管形同虚设。该项目2005年3月开工,当地发改委同年8月核准可研报告,属先开工后核准。按照市政府的部门分工,当地发改委负责该项目的核准和建设监管。该部门并无相关技术力量,也没有委托具备技术能力的部门或机构协助,不了解国家和当地政府有关规定在具体工程建设中的落实情况,致使在近3年的建设期间,当地政府没有发现和纠正该项目建设施工中一直存在的诸多严重问题,政府监管存在缺陷。

(6) 工程参建各方违反水利水电建设程序

在前池闸门尚未安装完毕、引水明渠混凝土龄期未满、工程未进行阶段验收、未作任何监测和防护的情况下擅自试通水,事故发生后无法及时切断进水和存水,只能任由事故扩大。水流从施工缝和伸缩缝漏出渗入基础,致使基础被软化、冲刷、淘空,造成外边墙突然失稳垮塌。

3.2.2 挡墙垮塌事故

2006年8月21日20时40分左右,××水电站(2×400kW)在蓄水试车过程中,压力前池挡墙突然垮塌，1000余立方米积水瞬间溃出，冲毁下方该电站施工房屋8间（面积约250m²）。造成8人死亡，6人受伤（其中1人重伤）。

××电站系当地原电站恢复续建项目。原电站于1996年批准立项，1997年开工建设，由于资金原因于1998年1月停工。2005年4月，该电站开发建设权转让给个人，由其投资400万元进行开发建设并自主设计施工。事发时主体工程已基本完成。

经初步调查和技术鉴定，事故的直接原因是：建设及施工单位违反水利水电工程有关的施工规范，压力前池侧墙基础未清理到弱风化层，也未采取相应的工程措施，前池外侧墙断面结构不稳定，建设单位违反水利水电验收规程擅自引水测试水轮机，造成压力前池挡墙突然垮塌。另外，该电站项目还存在未经有关主管部门审查初步设计擅自开工、无正规施工单位、无监理单位等严重违规行为。

3.2.3 塔式起重机安装垮塌事故

某施工单位机电安装工程处于2007年9月5日在××水利枢纽工程现场安装塔式起重机（7050型，自升式），9月18日下午约14时50分开始内塔身顶升作业，到15时30分，当第6个顶升行程（每个行程0.5m）顶升了约0.43m时，内塔身及以上部分向下滑落，塔式起重机发生弯曲，大臂及驾驶室坠地，使得塔式起重机上的10名安装人员和1名司机随同塔式起重机倒塌一起坠地，造成4人死亡，4人受伤。

初步分析事故原因是：塔式起重机在顶升过程中因顶升梁耳板断裂，导致起重机顶起部分失去支撑后下滑，造成失衡而垮塌，该事故属责任事故。

3.2.4 爆炸事故

1. 事故经过

××电站工程其水库设计库容1.58亿m³，调节库容1.2亿m³，正常蓄水位445m，大坝为钢筋混凝土面板堆石坝，最大坝高102.5m，坝顶高程447m，坝顶宽10m，电站总装机容量7.5万kW，工程总投资6.32亿元。

经调查，事故基本情况为：2007年8月5日19时35分，在主洞K1+520处，由于雷管、炸药违规堆放一处，被一辆正在运送支护台车的装载机碾压而发生爆炸，爆炸的炸药共5箱120kg。

事故发生时，洞内共有三个工作面进行作业，洞内作业人员计22人，其中在主洞K1+456处有从事开挖工作的工人8人；在主洞K1+520处的掌子面有从事支护工作的工人8人，装载机驾驶员、管理人员、抽水杂工各1人，在主洞K1+850处的掌子面有等待出碴的驾驶员3名。此次爆炸事故发生在支护工作面，共计造成5人死亡，一辆装载机严重损坏，通风装置、照明设施不同程度受损。

2. 事故原因

（1）施工现场火工材料管理混乱

工作组通过翻阅相关资料发现，从2007年5月24日至事故发生期间，由于雷管、炸药乱堆乱放，监理单位就发出违规处罚及警告通知书3份；从现场项目部、警务室、监理及施工单位联合开展的20余次检查记录中也发现，存在将炸药遗弃在洞内；防爆箱未上锁，无专人看管；未经现场监理工程师允许，未在规定时间内，且未设置安全警戒的情况下私自爆破；将雷管、炸药私自存放于民工宿舍内等问题。

（2）火工材料收发环节把关不严，监督不到位据调查，事故发生后，从现场运出了雷管 471 发（其中火雷管 18 发）、炸药 21 箱（每箱 24kg）、导火索 6m。调查组到达现场后，在上游洞内仍然发现一箱雷管，一箱炸药，地上还有散乱炸药。下游掌子面处还有一柜零两箱炸药（总计 613.6kg）、一箱雷管（非电管 386 发）。另据调查组反映，事发之前（8 月 5 日），在洞内大量炸药未用完的情况下，施工单位仍开具了领取雷管、炸药的票据，但实际未领。

上述现场发现的问题严重违反了《民用爆炸物品安全管理条例》（国务院令第 466 号）等有关规定。

3.2.5 爆破安全事故

1. 事故情况

2005 年 5 月 18 日，××水库除险加固工程大坝土建标段发生一起因放炮引起山体坍塌，造成 3 人当场死亡的重大安全生产责任事故。

2. 事故原因及责任追究

调查报告认定的事实如下：

（1）施工单位项目经理未根据矿山工程特点制订专门安全技术措施，对发现的事故隐患未能及时整改，对该起事故负主要责任。根据《建设工程安全生产管理条例》第六十六条规定，吊销项目经理资质证书，其已被刑事处分，并自刑罚执行完毕之日起，5 年内不担任任何施工单位的项目负责人。根据安全生产考核管理有关规定，收回项目经理建筑施工企业项目负责人安全生产考核合格 B 证，5 年内不予重新考核，并作为不良行为记录，上网公告。

（2）施工单位项目部爆破班组长无证上岗，违反爆破方案，组织扩壶爆破、掏底开采，开挖台阶高度严重超过设计方案标准，对该起事故负主要责任，目前已被刑事处分。

（3）施工单位项目部施工员对爆破班组长期违反爆破方案进行爆破作业未采取相应措施，对该起事故负一定责任。根据有关规定，吊销施工员水利建设工程施工员上岗资格证书。

（4）施工单位项目部安全员对爆破作业现场安全检查和管理不到位，对该起事故负一定责任。根据安全生产管理人员安全生产考核管理有关规定，收回安全员建筑施工企业专职安全生产管理人员安全生产考核 C 证，5 年内不予重新考核。

（5）施工单位对工程项目安全生产管理不到位，对所承建的工程未进行定期安全检查，对本起事故的发生负重要责任。根据《建设工程安全生产管理条例》第六十二、六十四条规定，责令施工单位限期改正。根据安全生产管理人员安全生产考核管理有关规定，收回施工单位法定代表人建筑施工企业主要负责人安全生产考核 A 证。

3.2.6 水电站围堰垮塌事故

1. 事故经过

××水电站工程是一个综合性开发骨干水利枢纽工程。××水电站包括拦河大坝、引水式电站、升压站、输电线路和城市供水工程 5 部分。

事发前的 5 月 2 日河道涨水，上游围堰曾出现渗水现象，当晚在发电隧洞前明管段用水泥袋和砂石设置了堵水墙，施工单位安全科通知停工一天。水情过后，施工项目部及时进行了加固处理。

5 月 27 日 17 时 49 分，河道洪峰流量达到 1700m^3/s，洪水漫过上游围堰顶部，并逐渐冲毁围堰。17时55分，洪水冲毁了堵水墙，水流通过隧洞，淹没厂房，造成了洪灾。由于堵水墙没有抓紧施工，洪水由此进入发电引水隧洞，厂房工区全部被淹，正在引水隧道作业的4名民工被冲入水中；溃决后的洪水直接冲到下游对岸的河滩，将行进在河滩便道上、载有12名儿童及1名司机与1名幼儿教师的面包车卷走。该事故共造成包括12名幼儿在内18人死亡的重大事故。

2. 事故原因

引发××电站围堰漫溃的洪水并不大，却带来18人死亡的严重后果。事件发生有偶然因素，但工程建设相关各方对工程建设中应预见到的问题重视不够，未采取相应防范措施，没有形成防汛保安联动机制等，使悲剧成了必然。事发之前，电站上游区域30h内的平均降水量不到当地5年一遇暴雨（24h内降水超过124.4mm）的一半。当日××电站上游围堰顶部开始漫水时，正常洪峰流量为1071m^3/s；即使漫溃之后的瞬时洪峰奔腾而下、再加上支流的水流，也才1900m^3/s，流量低于1967m^3/s的当地城区两年一遇洪峰流量，洪峰相应水位也低于当地城区警戒水位1.21m。

有关专家分析认为，事故发生与以下因素相关：

（1）围堰设计不合理

施工单位、监理单位与设计单位修改初步设计后选定的"自溃式"围堰，拦不住汛期洪水。调查表明，××水利枢纽工程初步设计及招标文件中，围堰设计为过流式围堰，要求经得起汛期洪水考验即洪水漫过也不会溃决。而修改选定的自溃式围堰，投资只有过流式围堰的1/3，而且是按枯水期洪水流量标准设计。

（2）主体工程进展滞后

4月30日汛期到来之前，施工单位的大坝浇筑高程没有达到进度最低要求的437m，围堰漫溃后，洪水主要通过的大坝5号与6号坝段高程不够，使大坝未能起到及时拦蓄洪水、有效削减水力的作用。

（3）围堰出险后防范措施不当

5月2日大坝因洪水而出险，施工单位本应该采取拆除上游围堰，或者加高加固上游围堰延长围堰挡水时间等防范措施，可是由于忽视安全生产，对防洪心存侥幸。电站上游围堰本次溃决前已拦蓄上游来水1300万m^3，围堰随时可能漫溃的威胁如同一枚"定时炸弹"。

（4）缺乏度汛方案

项目有关技术规范规定：施工单位有权修改围堰等临时工程的设计，但须得到监理的审批；施工方应依据合同工程特性和《水利水电工程施工组织设计规范》选定安全度汛设计洪水标准，编制安全度汛措施，并将防汛中可能出现的种种问题作出书面报告报当地防汛部门。而实际上，这些工作都做得不扎实。4月25日，业主、施工、监理等参建各方还召开了防汛工作会议，但各方都没有提到围堰溃决可能对下游及工程施工的影响。2月和4月，施工单位曾两次编制2004年度防汛预案，经监理批准后上报业主，但均被退回。防汛预案两次被否决，是因为预案没有对上游围堰的加固和大坝缺口的防护提出有效措施，都没考虑自溃式围堰可能漫溃的后果和影响。直至事故发生，施工与监理单位也未再修改防汛预案后上报。因此，业主单位没考虑制订围堰漫溃的防汛抢险预案，也不曾告知当地防汛指挥部门。

××工程监理部负责人承认，没有想到要制订针对围堰溃决的防范措施与预案。施工单位则强调，没人要求他们做关于围堰溃决的防汛预案，且事故当天他们口头通知了在厂房和发电引水隧洞中施工的40多名工人撤离。但在发电引水隧洞内施工的民工说并没接到撤离通知，他是听到异常洪水声响后才向外逃，摔了四五跤，才捡回一条命。管理上的混乱也是事故发生的隐患之一。

4 建造师诚信体系与执业相关制度

4.1 水利水电行业诚信体系建设

4.1.1 水利行业诚信体系建设的有关规定

1. 《水利建设市场主体信用信息管理暂行办法》主要内容

(1) 目的

第一条 为贯彻落实《中共中央办公厅国务院办公厅关于开展工程建设领域突出问题专项治理工作的意见》(中办发〔2009〕27号)、《国务院办公厅关于社会信用体系建设的若干意见》(国办发〔2007〕17号)和中央治理商业贿赂领导小组《关于在治理商业贿赂专项工作中推进市场诚信体系建设的意见》(中治贿发〔2008〕2号)的精神,促进水利建设市场信用体系建设,规范水利建设市场主体行为,加强水利建设市场秩序监管,促进水利事业又好又快发展,根据有关法律法规,结合水利建设行业实际和特点,制定本办法。

(2) 范围

第二条 本办法适用于水利建设市场主体信用信息采集、审核、发布、更正和使用的管理。

第三条 本办法所称水利建设市场主体,是指参与水利工程建设活动的建设、勘察、设计、施工、监理、咨询、供货、招标代理、质量检测、安全评价等企(事)业单位及相关执(从)业人员。

(3) 管理原则

第四条 水利建设市场主体信用信息管理遵循依法、公开、公正、准确、及时的原则,维护水利建设市场主体的合法权益,保守国家秘密,保护商业秘密和个人隐私。

(4) 职责

第五条 水利部、水利部在国家确定的重要江河湖泊设立的流域管理机构(以下简称流域管理机构)和省级人民政府水行政主管部门是水利建设市场主体信用信息管理部门,按照各自的职责分工负责水利建设市场主体信用信息管理工作。

水利部负责组织制定全国水利建设市场主体信用信息制度和标准,建立全国水利建设市场主体信用信息平台,采集和发布全国水利建设市场主体信用信息,指导全国水利建设市场主体信用信息管理工作。各流域管理机构和各省级人民政府水行政主管部门依照管理权限,分别负责其管辖范围内的水利建设市场主体信用信息管理工作,建立水利建设市场主体信用信息管理平台,采集和发布水利建设市场主体信用信息,同时将信用信息及时报送水利部。

(5) 信息分类

第六条 水利建设市场主体信用信息包括基本信息、良好行为记录信息和不良行为记录信息。

基本信息是指水利建设市场主体的名称、注册地址、注册资金、资质、业绩、人员、主营业务范围等信息。

良好行为记录信息是指水利建设市场主体在工程建设过程中遵守有关法律、法规和规章，受到主管部门、流域管理机构或相关专业部门、有关社会团体的奖励和表彰，所形成的信用信息。

不良行为记录信息是指水利建设市场主体在工程建设过程中违反有关法律、法规和规章，受到县级以上人民政府、水行政主管部门、流域管理机构或相关专业部门的行政处理，或者未受到行政处理但造成不良影响的行为，所形成的信用信息。

（6）信息采集

第七条 各水利建设市场主体自主填写信用信息，按以下程序报送：

1）中央企业、水利部所属企（事）业单位向水利部报送。

2）流域管理机构所属企（事）业单位向流域管理机构报送，经流域管理机构审核后报水利部。

3）其他企（事）业单位向其注册所在地省级人民政府水行政主管部门报送，经省级人民政府水行政主管部门审核后报水利部。

水利建设市场主体报送的信用信息应真实、合法。信用信息的采集、审核、更正，必须以具有法律效力的文书为依据。

（7）信息公告

第八条 建立水利建设市场主体不良行为记录公告制度。对水利建设市场主体在工程建设过程中违反有关法律、法规和规章，受到县级以上人民政府、水行政主管部门、流域管理机构或相关专业部门的行政处理，所形成的不良行为记录进行公告。未受到行政处理的不良信用信息可在公告平台后台保存备查。

水利建设市场主体不良行为记录公告办法及认定标准由水利部另行制定。

（8）信息管理

第九条 水利建设市场主体信用信息实行实时更新。水利建设市场主体基本信息发布时间为长期，良好行为记录信息发布期限为3年，不良行为记录信息发布期限不少于6个月，法律、法规另有规定的从其规定。

第十条 水利建设市场主体对公告信息有异议的，可向信用信息管理部门提出书面更正申请，并提供相关证据。信用信息管理部门应当立即进行核对，对确认发布有误的信息，及时给予更正并告知申请人；对确认无误的信息，应当告知申请人。

行政处理决定经行政复议、行政诉讼以及行政执法监督被依法变更或撤销的，不良行为记录将及时予以变更或撤销，并在信息平台上予以公告。

第十二条 水利部、流域管理机构和省级人民政府水行政主管部门应依据有关法律、法规和规章，按照诚信激励和失信惩戒的原则，逐步建立信用奖惩机制，在市场准入、招标投标、资质（资格）管理、信用评价、工程担保与保险、表彰评优等工作中，利用已公布的水利建设市场主体的信用信息，依法对守信行为给予激励，对失信行为进行惩处。

第十四条 有关水行政主管部门、流域管理机构及其工作人员，违反本办法规定的，责令改正；在工作中玩忽职守、弄虚作假、滥用职权、徇私舞弊的，依法给予行政处分；

涉嫌犯罪的，移送司法机关依法追究刑事责任。

2.《水利建设市场主体不良行为记录公告暂行办法》主要内容

（1）目的

第一条 为贯彻《中共中央办公厅国务院办公厅关于开展工程建设领域突出问题专项治理工作的意见》（中办发［2009］27号）、《国务院办公厅关于社会信用体系建设的若干意见》（国办发［2007］17号）、《关于印发〈招标投标违法行为记录公告暂行办法〉的通知》（发改法规［2008］1531号）和《水利建设市场主体信用信息管理暂行办法》（水建管［2009］496号），促进水利建设市场信用体系建设，健全水利建设市场失信惩戒机制，规范水利建设市场主体行为，根据相关法律规定，制定本办法。

（2）范围

第二条 对水利建设市场主体的不良行为记录进行公告，适用本办法。

第三条 本办法所称水利建设市场主体，是指参与水利工程建设活动的建设、勘察、设计、施工、监理、咨询、供货、招标代理、质量检测、安全评价等企（事）业单位以及相关执（从）业人员。

第四条 本办法所公告的不良行为记录，是指水利建设市场主体在工程建设过程中违反有关法律、法规和规章，受到县级以上人民政府、水行政主管部门或相关专业部门的行政处理所作的记录。

水利建设市场主体不良行为记录认定标准见附件。

（3）职责

第五条 水利部、水利部在国家确定的重要江河湖泊设立的流域管理机构（以下简称流域管理机构）和省级人民政府水行政主管部门（以下统称公告部门）负责水利建设市场主体不良行为记录公告管理。

水利部负责制定全国水利建设市场主体不良行为记录公告管理的相关规定，建立全国水利建设市场主体不良行为记录公告平台，并负责公告平台的日常维护。

各流域管理机构和各省级人民政府水行政主管部门按照规定的职责分工，建立水利建设市场主体不良行为记录公告平台，并负责公告平台的日常维护。

（4）管理原则

第六条 水利建设市场主体不良行为记录的公告应坚持准确、及时、客观的原则。

第七条 水利建设市场主体不良行为记录公告不得公开涉及国家秘密、商业秘密、个人隐私的记录。但是，经权利人同意公开或者行政机关认为不公开可能对公共利益造成重大影响的涉及商业秘密、个人隐私的不良行为记录，可以公开。

（5）公告内容和要求

第八条 公告部门应自不良行为行政处理决定作出之日起20个工作日内对外进行记录公告。

流域管理机构和省级人民政府水行政主管部门公告的不良行为行政处理决定应同时抄报水利部。

第九条 对不良行为所作出的以下行政处理决定应给予公告：

1）警告；

2）通报批评；

3）罚款；
4）没收违法所得；
5）暂停或者取消招标代理资格；
6）降低资质等级；
7）吊销资质证书；
8）责令停业整顿；
9）吊销营业执照；
10）取消在一定时期内参加依法必须进行招标的项目的投标资格；
11）暂停项目执行或追回已拨付资金；
12）暂停安排国家建设资金；
13）暂停建设项目的审查批准；
14）取消担任评标委员会成员的资格；
15）责令停止执业；
16）注销注册证书；
17）吊销执业资格证书；
18）公告部门或相关部门依法作出的其他行政处理决定。

第十条 不良行为记录公告的基本内容为：被处理水利建设市场主体的名称（或姓名）、违法行为、处理依据、处理决定、处理时间和处理机关等。

公告部门可将不良行为行政处理决定书直接进行公告。

第十一条 不良行为记录公告期限为 6 个月。公告期满后，转入后台保存。

依法限制水利建设市场主体资质（资格）等方面的行政处理决定，所认定的限制期限长于 6 个月的，公告期限从其决定。

第十二条 公告部门负责建立公告平台信息系统，对记录信息数据进行追加、修改、更新，并保证公告的不良行为记录与行政处理决定的相关内容一致。

公告平台信息系统应具备历史公告记录查询功能。

第十四条 被公告的水利建设市场主体认为公告记录与行政处理决定的相关内容不符的，可向公告部门提出书面更正申请，并提供相关证据。

公告部门接到书面申请后，应在 5 个工作日内进行核对。公告的记录与行政处理决定的相关内容不一致的，应当给予更正并告知申请人；公告的记录与行政处理决定的相关内容一致的，应当告知申请人。

第十六条 原行政处理决定被依法变更或撤销的，公告部门应当及时对公告记录予以变更或撤销，并在公告平台上予以公告。

(6) 监督管理

第十八条 公告的不良行为记录应当作为市场准入、招标投标、资质（资格）管理、信用评价、工程担保与保险、表彰评优等工作的重要参考。

3.《水利建设市场主体信用评价暂行办法》主要内容

(1) 目的

第一条 根据国务院办公厅《关于社会信用体系建设的若干意见》（国办发［2007］17 号）、水利部《水利建设市场主体信用信息管理暂行办法》（水建管［2009］496 号）和

《中国水利工程协会章程》，为推进水利行业信用体系建设，规范水利建设市场主体行为，加强行业自律管理，结合水利行业实际，制定本办法。

（2）范围

第二条　本办法适用于中国水利工程协会对水利建设市场主体的信用评价工作。

第三条　本办法所称水利建设市场主体，是指参与水利工程建设活动的建设、勘察、设计、施工、监理、咨询、供货、招标代理、质量检测、安全评价等企（事）业单位。

（3）职责

第五条　中国水利工程协会负责制订水利建设市场主体信用等级评价标准，组织开展水利建设市场主体的信用评价工作，对水利建设市场主体信用行为实施行业自律管理。

第六条　中国水利工程协会成立信用评价委员会，其主要职责是：

1）指导水利建设市场主体信用评价工作；

2）审定水利建设市场主体信用等级评价标准；

3）审定水利建设市场主体的信用等级。

（4）信用等级与评价指标

第八条　水利建设市场主体信用等级分为诚信（AAA级，AA级、A级）、守信（BBB级）、失信（CCC级）三等五级。

AAA级表示为信用很好，AA级表示为信用好，A级表示为信用较好，BBB级表示为信用一般，CCC级表示为信用差。

第九条　水利建设市场主体信用评价标准由基础管理、经营效益、市场行为、工程服务、品牌形象和信用记录六个指标体系30项指标组成，按权重分别赋分，合计100分。

第十条　信用等级评价分值为91～100分的为AAA级，81～90分的为AA级，71～80分的为A级，61～70分的为BBB级，60分以下的为CCC级。

（5）评价程序

第十一条　水利建设市场主体依法登记开业满两年，且已按规定报送信用信息后，可向中国水利工程协会申请信用等级评价。

第十二条　申请信用等级评价应提交以下资料：

1）《信用评价申请书》；

2）营业执照、组织机构代码证书、资质等级证书、安全生产许可证、管理体系认证证书等；

3）近三年内获得的荣誉证书、获奖证书等；

4）本单位信用管理制度、合同管理制度；

5）近两个会计年度资产负债表、利润表、现金流量表；

6）近三年承建或参建工程情况（质量、安全、履约和工程的流域、地区分布等）；

7）其他相关材料。

第十三条　申请单位应对提交材料的真实、有效性负责，并应接受现场调查和验证工作。

第十四条　中国水利工程协会受理申请后三个月内对申报材料核查，必要时进行现场调查和验证。

第十五条　评价专家组依据信用评价标准进行综合评价，提出评价结果经信用评价委员会审定后,由中国水利工程协会发布。

第十六条 一次信用评价结果有效期为三年。到期后进行复查,复查合格的继续享有原信用等级,不合格的,根据实际情况调整其信用等级。

申请单位取得信用等级一年后,即可申请信用等级升级,不受有效期限制。

(6) 监督管理

第十七条 信用等级评价工作接受社会各界监督,任何单位和个人若对评价结果有异议,可向信用评价委员会投诉。

第十八条 信用等级评定之后,若发现被评单位有未记录的或新产生的违法失信行为或其他不良信用信息的,收回其信用等级证书,并对其信用等级重新评价,根据新评价结果调整该单位的信用等级。

第十九条 参评单位在申请信用评价过程中,不得有行贿、隐瞒事实、弄虚作假等行为。发现有上述行为的,对初次申请的取消其参评资格;对已获得信用等级的单位,取消其信用等级并予以公告,且三年内不得重新申报。

4.1.2 水电行业诚信体系建设的有关规定

1. 《全国电力建设行业信用体系建设管理办法》主要内容

(1) 目的

第一条 为进一步规范电力建设市场竞争秩序,推进行业信用体系建设,根据国务院办公厅《关于加快社会信用体系建设的若干意见》(国办发[2007]17号)和商务部信用办公室、国资委行业协会联系办公室《关于行业信用评价工作有关事项的通知》(商秩字[2009]7号)精神,特制定本办法。

(2) 职责

第二条 中国电力建设企业协会(以下简称中电建协)是经商务部信用办公室、国资委行业协会联系办公室确认的全国电力建设行业信用体系建设和信用评价单位,接受其监督指导。

第三条 中电建协根据国家电力发展规划和行业实际,把行业信用体系建设纳入协会总体发展规划之中,加强行业自律,提高会员企业信用管理水平,促进行业信用体系建设健康发展,为政府、行业、企业和社会服务。

第十二条 信用体系建设的组织机构

由中电建协牵头,发电、电网、省电力协会和电力建设企业的代表共同组成全国电力建设行业信用管理委员会(以下简称信管委)。信管委下设信用办公室、信用专家库和信用专家委员会。

第十三条 信用体系建设组织机构的工作职责

1) 信管委是信用体系建设的决策机构,信管委设主任委员、副主任委员各1名,委员若干名。信管委每三年一届,期间如个别委员因工作变动等原因更换,由委员单位出具证明文件报信管委主任委员批准。其工作职责:

①贯彻国家信用体系建设的方针政策和法律法规;
②审定行业信用体系建设发展规划和规章制度,并监督执行情况;
③对信用评价等级评审成果进行监督;
④决定行业信用评价成果应用方案等重大事项。

2) 信用办公室在信管委休会期间，负责行业信用体系建设和信用评价的日常管理工作。其工作职责：

①编制行业信用体系建设发展规划，报信管委审定；

②编制行业信用体系建设、信用评价、信用评价标准、信用信息档案、信用专家库、信用评价成果应用、信用监督等管理制度性文件；

③制定并组织实施行业信用体系建设和企业信用评价年度工作计划；

④组织企业信用评价现场访谈核查和评审会；按有关规定公示、公布和向有关部门备案确认信用评价成果，颁发企业信用证书、文件和标牌；

⑤负责行业信用信息数据库的采集、审核、使用、披露的动态管理和关联协会的信用信息交换共享等工作；

⑥负责信用专家库管理和信用专家的业务培训、注册、继续教育和监督考核等工作。

3) 专家委员会专家（评估师）严格按《电力建设行业信用专家库管理办法》评选，专家（评估师）为行业信用体系建设和信用评价提供可靠的技术支持。其工作职责：

①负责行业信用体系建设和企业信用评价标准等制度性文件的专业技术工作；

②负责完成企业信用评价现场访谈、评价报告编写和信用等级评审工作；

③为会员企业提供信用管理咨询服务等工作；

④信用办公室交办的其他技术性工作。

(3) 信用体系建设的管理内容

第七条 以培养企业树立"诚信兴企"经营思想为目标，加强信用建设理念教育；以创建行业自律公约示范活动为措施，规范市场竞争秩序；以专题会议、学术讲座、经验交流、媒体发布为形式，广泛宣传信用建设重要意义，在行业内形成以诚信求生存、以信用谋发展的竞争环境。

第八条 根据行业信用体系建设进程，制定行业信用体系建设相关制度，使行业信用体系建设有章可循。

第九条 建立行业信用数据库和信用档案，严格信用信息管理制度，严守企业商业秘密，按照自愿和互换的原则，为会员企业提供信用信息和管理咨询服务，帮助会员企业规避经营风险。

第十条 开展信用等级评价活动，依法公示公布信用评价成果，及时向会员企业和相关部门通报信用评价成果信息，积极推进信用评价成果应用，促进企业信用评价成果的上下游共享。

第十一条 加强会员企业信用管理知识普及工作，加强行业信用人才队伍建设，定期开展信用管理培训。各会员单位应有 2 名以上经培训合格的信用评估师，由中电建协登记注册并接受两年一次的继续教育。

2.《全国电力建设企业信用评价办法》主要内容

(1) 目的

第一条 根据商务部信用工作办公室、国资委行业协会联系办公室《关于行业信用评价工作有关事项的通知》（商秩字〔2009〕7 号）精神，为规范全国电力建设企业信用评价工作，特制定本办法。

第二条 全国电力建设企业信用评价是行业信用体系建设的重要组成部分，是规范行业市场秩序、加强行业自律和创造良好竞争环境的重要举措。通过信用评价，逐步在行业内形成以建立信用信息平台为基础，以规范企业市场行为为目标，以培育企业信用意识和提高履约能力为支撑，以营造"守信光荣，失信可耻"信用环境为导向，展现行业企业的良好形象，促进行业信用体系建设健康发展。

（2）评价对象

第四条　评价对象

1）中电建协的会员单位；

2）具有独立法人资格并具有电力工程施工总承包、电力工程专业施工承包、电力工程监理和电力工程调试等二级（或乙级）及以上资质的非会员企业；

3）经行政许可部门核准的电力建设项目总承包企业。

（3）评价标准

第五条　评价标准

1）信用评价标准是对参评企业在经营和管理过程中执行国家相关法律法规、履行相关合同的能力及意愿的综合评价，评价内容包括参评企业的履约能力和企业的信用记录等；

2）根据参评企业的特征，评价标准设置火电、送变电、水电、监理、调试等五个专业类别，每个专业在指标设定、记分标准和权重分配等方面均有其差异性；

3）评价标准由企业综合素质、财务状况、管理水平、竞争力、社会信用五个一级要素构成，每个一级要素下设二级要素和三级要素，从而构成评价标准的指标体系。

（4）评价程序

第七条　企业申报

申请参加信用等级评价的企业（以下简称参评企业）须按《各专业类别企业信用评价标准》、《信用评价标准要素说明》和《全国电力建设企业信用评价申报书》规定的内容和格式向信用办公室提交申报材料。申报材料内容及装订顺序如下：

1）《全国电力建设企业信用评价申报书》原件；

2）企业综述：包括企业的组织机构、法人治理结构、人力资源、生产经营、科技创新、信用建设等方面情况介绍；

3）企业在行业中的定位、优劣势分析及企业发展战略管理；

4）企业管理主要规章制度及体系文件目录；

5）企业近三年的财务审计报告复印件；

6）企业资质证明：包括营业执照、法人代码证、资质证书、认证证书等证明材料复印件；

7）企业及个人获得的重要荣誉表彰、参与公益事业的证明材料复印件；

8）企业信用记录：包括质量、安全、环保、劳动保护、工商、税务、银行、法律诉讼等方面的优良和不良记录。

第八条　现场访谈

1）信用评价现场访谈目的是依据评价标准，对参评企业申报书及证明材料内容的真实性、有效性和完整性作进一步的信息采集和核实，从而保证评价报告的准确和公正；

2）现场访谈由信用办公室组织访谈专家（信用评估师），按规定程序和访谈提纲重点核查。访谈程序包括领导层访谈（首次会议）、管理层访谈、项目部抽样访谈和交换访谈意见（末次会议）。

第九条　初评报告

初评报告由信用办公室组织专家（信用评估师）撰写质量安全、财务、企业管理、信用建设等专业评价报告，经质量安全、法律诉讼等信用信息排查后，确定参评企业信用等级初评报告。

第十条　等级评审

根据初评报告，信用办公室组织信用专家委员会（各专业不少于2人）召开评审会，评审会2/3以上成员表决通过后，确定评审意见并报告信管委。

第十一条　成果公示

根据评审会会议决议，企业信用评价成果在以下网站公示，接受各界监督。
1) 中国电力建设企业协会网：www.cepca.org.cn；
2) 商务部反商业欺诈网：www.12312.gov.cn；
3) 商务部研究院信用中国网：www.creditcn.com；
4) 有关媒体和会议等相应渠道。

第十二条　备案确认

公示期满，经商务部信用办公室和国资委行业协会联系办公室备案确认方可公布信用评价成果。

第十三条　成果公布

信用评价成果以中电建协文件形式或在有关会议上定期发布，并颁发由商务部信用办公室、国资委行业协会联系办公室统一制作标准的信用等级证书、标牌。

（5）等级评审

第十四条　根据信用等级评价标准和各级别信用要素综合得分对照《信用评价等级表》，确定参评企业信用评价等级和经营风险程度。信用等级级别分为"三等五级"，即A、B、C三等，AAA、AA、A、B、C五级。

（6）信用的动态管理

第十八条　信用等级证书有效期为三年，有效期内参评企业自身条件发生较大变化，可申请变更信用等级。

第十九条　参评企业在信用等级证书有效期满前三个月应向信用办公室申请复评。

第二十条　信用办公室在有效期内对参评企业每年组织一次年检。年检采取资料核查和现场抽查相结合的方式，主要检查内容包括企业名称、法人、地址、隶属关系、人力资源、质量安全记录、财务状况及信用记录等方面的变化情况。年检达不到等级要求的，作警示通知、降级和撤销信用等级等相应处理。

第二十一条　参评企业接到年检警示通知后，须认真整改，并在规定期限内将整改报告及证明材料上报信用办公室。凡被降级的单位，原信用等级证书同时作废。

第二十二条　参评企业发生较大及以上安全事故、重大质量事故及重大社会影响事件等失信行为，经审查核实确认，视情况撤销或降低该企业信用等级。凡被撤销信用等级的企业，自撤销之日起，一年后方可重新申报信用等级评价。

第二十三条　参评企业发生不良信用行为造成严重影响的，经信用办公室向有关部门和参评企业核实后,由信用办公室提出书面处理意见。

3.《全国电力建设行业信用信息管理办法》主要内容

(1) 目的

第一条 为加强全国电力建设行业信用体系建设,促进行业信用信息的社会化服务,提高企业信用信息管理水平,根据有关规定并结合行业企业实际情况和特点,特制定本办法。

(2) 职责

电力建设行业信用办公室(以下简称信用办公室)负责行业企业信用信息管理工作。依法征集、审核、使用、披露和公示行业企业的信用信息。

(3) 信息的征集对象

第五条 信用信息的征集对象

信用信息征集是行业信用体系建设和信用信息管理的重要内容。征集对象是企业在履行合同和社会责任过程中产生的信用记录及在经营活动中发生的与信用有关的信息记录。

(4) 征集范围

第七条 信用信息的征集范围

1) 企业名称、组织机构代码、营业执照、资质等级、法定代表人、营业地址、注册地址、注册资本、经营范围、经营方式、企业类型、登记注册机关、成立日期、经营期限等;

2) 企业资产总额、负债总额、所有者权益、实收资本、产值、营业额、税后利润和亏损额等;

3) 工商、金融、税务、财政和审计等行政机构对企业信用状况的认定;

4) 企业获得行政许可及实施行政许可的相关信息;

5) 企业所获得的各种荣誉信息和处罚信息;

6) 通过信用信息采集并核实的企业不良信用记录;

7) 企业同意披露或法律法规未禁止披露的其他信用信息。

(5) 信息的披露与查询

第十一条 信用信息的披露

信用信息的披露是按照信用信息管理的有关规定,在中电建协网站、媒介和有关会议上公布相关企业的信用信息。

信用信息的披露包括企业的良好信用记录和不良信用记录。

1) 良好信用记录:

企业在行业评优选先、工程创优、质量认证、科技成果、业主评价、银行资信、税务状况、工商信誉等方面的获得的各种荣誉;政府部门和行业组织的各种奖励;企业员工所获荣誉及担任社会职务等方面的良好信用记录。

2) 不良信用记录:

企业不正当竞争、拖欠工资、偷逃税款、虚假注册、环境污染、发生较大安全和重大质量事故及社会影响事件、民事诉讼败诉案、合同违约、债务失信、侵犯知识产权和刑事案件等被各级政府部门和行业协会所查处的不良信用记录。

第十二条 信用信息的查询

信用信息的查询内容包括企业的身份信息、良好信息、提示信息和警示信息:

1) 身份信息内容：
①企业登记注册的基本情况；
②企业取得的专项行政许可；
③企业的资质等级；
④行政机关依法对企业进行专项或者周期性检查结果；
⑤行政机关依法登记的其他有关企业身份情况；
⑥企业登记、变更、注销或者撤销的内容。
2) 良好信息内容：
①企业被行政机关、主管部门及行业协会评定的各种企业荣誉奖项和认定资格；
②企业管理和承建工程被评定的省部（行业）级及以上科技成果和优质工程等奖项；
③企业领导及员工被评定的省部级（行业）及以上优秀企业家、优秀职业经理人、优秀项目经理、优秀建造师、五一劳动奖状奖章和劳动模范等个人荣誉；
④其他认为可以记入企业及个人的良好信用信息。
3) 提示信息内容：
①企业因违规行为受到警告、罚款和暂扣证照等行政处罚的；
②企业申请关系到国家公共安全、环境保护、人身健康和生命财产安全的行政许可事项时，隐瞒有关情况或者提供虚假材料的；
③企业未通过法定的专项或者周期性检查的；
④企业违反行业自律公约受到通报批评警告的；
⑤行政机关和有关单位认为应当通报的其他违规行为。
4) 警示信息内容：
①企业因违法行为受行政机关吊销许可证、营业执照处罚或企业资质降级的；
②企业被责令停产停业或在两年内因同一类违法行为受到行政处罚的；
③企业以欺骗、贿赂等不正当手段骗取关系国家公共安全、人身健康和生命财产安全的行政许可事项或以恶意压价、串标和贿赂等不正当手段中标工程的；
④企业因违规作业造成较大安全事故、重大质量事故及重大社会影响事件的；
⑤企业管理者因违法构成犯罪，被追究刑事责任的；
⑥企业拖欠员工工资、社会保险数额较大以及违法使用童工的；
⑦企业其他扰乱市场经济秩序的严重违法行为。
第十五条 信用信息公示渠道：
1) 中国电力建设企业协会网：www.cepca.org.cn；
2) 商务部反商业欺诈网：www.12312.gov.cn；
3) 商务部研究院信用中国网：www.creditcn.com；
4) 中电建协及二级机构的有关会议；
5) 其他渠道。
（6）信用信息的异议处理
第十六条 企业和其他利害关系人对披露的有关信用信息有异议的，应以书面形式向中电建协或信息原始发布单位提出异议，经中电建协核实后及时作出处理意见。
（7）罚则

第十七条　企业违反本办法规定，在信用等级评价和信用信息征集过程中有意提供虚假信息骗取荣誉或造成严重后果的，其行为记入该企业的不良信用记录中。

第十八条　在征集、使用和披露信用信息的管理工作中出现失误对企业造成重大影响损害的，由权益受侵害企业提出书面申请，中电建协酌情给予处理意见。

4.2　水利水电工程注册建造师执业相关制度

4.2.1　水利水电工程执业工程范围解读

1. 注册建造师执业工程范围

建设部《注册建造师执业管理办法（试行）》（建市[2008]48号）第四条规定："注册建造师应当在其注册证书所注明的专业范围内从事建设工程施工管理活动，具体执业按照本办法附件《注册建造师执业工程范围》执行。未列入或新增工程范围由国务院建设主管部门会同国务院有关部门另行规定。"规定中提到的注册建造师执业工程范围具体详见表4.2-1（以下简称《执业范围表》）。

注册建造师执业工程范围　　　　　　　表4.2-1

序号	注册专业	工程范围
1	建筑工程	房屋建筑、装饰装修、地基与基础、土石方、建筑装修装饰、建筑幕墙、预拌商品混凝土、混凝土预制构件、园林古建筑、钢结构、高耸建筑物、电梯安装、消防设施、建筑防水、防腐保温、附着升降脚手架、金属门窗、预应力、爆破与拆除、建筑智能化、特种专业
2	公路工程	公路，地基与基础、土石方、预拌商品混凝土、混凝土预制构件、钢结构、消防设施、建筑防水、防腐保温、预应力、爆破与拆除、公路路面、公路路基、公路交通、桥梁、隧道、附着升降脚手架、起重设备安装、特种专业
3	铁路工程	铁路，土石方、地基与基础、预拌商品混凝土、混凝土预制构件、钢结构、附着升降脚手架、预应力、爆破与拆除、铁路铺轨架梁、铁路电气化、铁路桥梁、铁路隧道、城市轨道交通、铁路电务、特种专业
4	民航机场工程	民航机场，土石方、预拌商品混凝土、混凝土预制构件、钢结构、高耸构筑物、电梯安装、消防设施、建筑防水、防腐保温、附着升降脚手架、金属门窗、预应力、爆破与拆除、建筑智能化、桥梁、机场场道、机场空管、航站楼弱电系统、机场目视助航、航油储运、暖通、空调、给水排水、特种专业
5	港口与航道工程	港口与航道，土石方、地基与基础、预拌商品混凝土、混凝土预制构件、消防设施、建筑防水、防腐保温、附着升降脚手架、爆破与拆除、港口及海岸、港口装卸设备安装、航道、航运梯级、通航设备安装、水上交通管制、水工建筑物基础处理、水工金属结构制作与安装、船台、船坞、滑道、航标、灯塔、栈桥、人工岛、筒仓、堆场道及陆域构筑物、围堤、护岸、特种专业
6	水利水电工程	水利水电，土石方、地基与基础、预拌商品混凝土、混凝土预制构件、钢结构、建筑防水、消防设施、起重设备安装、爆破与拆除、水工建筑物基础处理、水利水电金属结构制作与安装、水利水电机电设备安装、河湖整治、堤防、水工大坝、水工隧洞、送变电、管道、无损检测、特种专业
7	矿业工程	矿山、地基与基础、土石方、高耸构筑物、消防设施、防腐保温、环保、起重设备安装、管道、预拌商品混凝土、混凝土预制构件、钢结构、建筑防水、爆破与拆除、隧道、窑炉、特种专业

续表

序号	注册专业	工程范围
8	市政公用工程	市政公用、土石方、地基与基础、预拌商品混凝土、混凝土预制构件、预应力、爆破与拆除、环保、桥梁、隧道、道路路面、道路路基、道路交通、城市轨道交通、城市及道路照明、体育场地设施、给排水、燃气、供热、垃圾处理、园林绿化、管道、特种专业
9	通信与广电工程	通信与广电、通信线路、微波通信、传输设备、交换、卫星地球站、移动通信基站、数据通信及计算机网络、本地网、接入网、通信管道、通信电源、综合布线、信息化工程、铁路信号、特种专业
10	机电工程	机电、石油化工、电力、冶炼、钢结构、电梯安装、消防设施、防腐保温、起重设备安装、机电设备安装、建筑智能化、环保、电子、仪表安装、火电设备安装、送变电、核工业、炉窑、冶炼机电设备安装、化工石油设备、管道安装、管道、无损检测、海洋石油、体育场地设施、净化、旅游设施、特种专业

2. 关于注册专业的说明

《执业范围表》中注册专业的划分总体上与《建筑业企业资质等级标准》中施工总承包企业的专业划分以及《建造师专业分类标准》中建造师的专业划分相衔接。

2003年建设部发布的《关于建造师专业划分有关问题的通知》（建市［2003］232号），依据建设工程项目的特点对建造师划分了十四个专业，包括：房屋建筑工程、公路工程、铁路工程、民航机场工程、港口与航道工程、水利水电工程、电力工程、矿山工程、冶炼工程、石油化工工程、市政公用与城市轨道工程、通信与广电工程、机电安装工程、装饰装修工程。其中除装饰装修工程和民航机场工程外，其余十二个专业是与《建筑业企业资质等级标准》中的十二个工程专业相一致的。

为适应建筑市场发展需要，有利于建设工程项目与施工管理，人事部办公厅以《关于建造师资格考试相关科目专业类别调整有关问题的通知》（国人厅发［2006］213号）对建造师资格考试《专业工程管理与实务》科目的专业类别进行调整，主要调整如下：

（1）合并的专业类别

1）将原"房屋建筑、装饰装修"合并为"建筑工程"。

2）将原"矿山、冶炼（土木部分内容）"合并为"矿业工程"。

3）将原"电力、石油化工、机电安装、冶炼（机电部分内容）"合并为"机电工程"。

（2）保留的专业类别

此次调整中未变动的专业类别有7个：公路、铁路、民航机场、港口与航道、水利水电、市政公用、通信与广电。

（3）调整后的专业类别

调整后的一级建造师资格考试《专业工程管理与实务》科目设置10个专业类别：建筑工程、公路工程、铁路工程、民航机场工程、港口与航道工程、水利水电工程、市政公用工程、通信与广电工程、矿业工程、机电工程。《执业范围表》中注册专业的划分是和调整后的上述10个专业类别统一的。

根据《一级建造师注册实施办法》，注册证书所注明的专业范围亦是指上述10个专业类别。

3. 关于工程范围的说明

《执业范围表》中各注册专业工程范围的划分是以《建筑业企业资质等级标准》中专业承包企业的 60 个专业为基础的。这 60 个专业包括：地基与基础、土石方、建筑装修装饰、建筑幕墙、预拌商品混凝土、混凝土预制构件、园林古建筑、钢结构、高耸建筑物、电梯安装、消防设施、建筑防水、防腐保温、附着升降脚手架、金属门窗、预应力、起重设备安装、机电设备安装、爆破与拆除、建筑智能化、环保、电信、电子、桥梁、隧道、公路路面、公路路基、公路交通、铁路电务、铁路铺轨架梁、铁路电气化、机场场道、机场空管及航站楼弱电系统、机场目视助航、港口及海岸、港口装卸设备安装、航道、通航建筑、通航设备安装、水上交通管制、水工建筑物基础处理、水利水电金属结构制作与安装、水利水电机电设备安装、河湖整治、堤防、水工大坝、水工隧洞、火电设备安装、送变电、核工业、炉窑、冶炼机电设备安装、化工石油设备管道安装、管道、无损检测、海洋石油、城市轨道交通、城市及道路照明、体育场地设施、特种专业等。

建设部《建筑业企业资质管理规定实施意见》明确《建筑业企业资质等级标准》中涉及水利方面的资质包括：水利水电工程施工总承包（水利专业）企业资质；水工建筑物基础处理工程专业、水工金属结构制作与安装工程专业、河湖整治工程专业、堤防工程专业、水利水电机电设备安装工程专业（水利专业）、水工大坝工程专业、水工隧洞工程专业等共七个专业承包企业资质。

涉及多个专业部门的资质包括：钢结构工程专业承包企业资质、桥梁工程专业承包企业资质、隧道工程专业承包企业资质、核工程专业承包企业资质、海洋石油专业承包企业资质、爆破与拆除工程专业承包企业资质。其中，钢结构工程和爆破与拆除工程两个专业亦纳入水利水电工程专业。

另外，为将来建造师执业留有适当的空间，在上述基础上，水利水电工程专业的执业工程范围补充增加了土石方、地基与基础、预拌商品混凝土、混凝土预制构件、建筑防水、消防设施、起重设备安装、送变电、管道、无损检测、特种专业等十一个专业。这样就形成了表中所列的二十一个工程范围，包括工程总承包企业的水利水电工程专业和专业承包企业的二十个专业。

4. 水利水电工程工程范围的具体工程内容

（1）水利水电工程，不同类型的大坝、电站厂房、引水和泄水建筑物、通航建筑物、基础工程、导截流工程、砂石料生产、水轮发电机组、输变电工程的建筑安装；金属结构制作安装；压力钢管、闸门制作安装；堤防加高加固、泵站、涵洞、隧道、施工公路、桥梁、河道疏浚、灌溉、排水工程施工。

（2）水利水电金属结构制作与安装工程，各类钢管、闸门、拦污栅等水工金属结构的制作、安装及启闭机的安装。

（3）水利水电机电设备安装工程，各类水电站、泵站主机（各类水轮发电机组、水泵机组）及其附属设备和水电（泵）站电气设备的安装工程。

（4）河湖整治工程，各类河道、湖泊的河势控导、险工处理、疏浚、填塘固基工程。

（5）堤防工程专业，各类堤防的堤身填筑、堤身除险加固、防渗导渗、填塘固基、堤防水下工程、护坡护岸、堤顶硬化、堤防绿化、生物防治和穿堤、跨堤建筑物（不含单独立项的分洪闸、进水闸、排水闸、挡潮闸等）工程。

(6) 水工大坝工程，各类坝型的坝基处理、永久和临时水工建筑物及其辅助生产设施的施工。

(7) 水工隧洞工程，各类有压或明流隧洞工程和与其相应的进出口工程的开挖、临时和永久支护、回填与固结灌浆、金属结构预埋件等工程，以及辅助生产设施的施工。

4.2.2 水利水电工程执业工程规模标准解读

1. 注册建造师执业工程规模标准

《注册建造师执业管理办法（试行）》（建市〔2008〕48号）第五条规定："大中型工程施工项目负责人必须由本专业注册建造师担任。一级注册建造师可担任大、中、小型工程施工项目负责人，二级注册建造师可以承担中、小型工程施工项目负责人。

各专业大、中、小型工程分类标准按《关于印发〈注册建造师执业工程规模标准〉（试行）的通知》（建市〔2007〕171号）执行。"

注册建造师执业工程规模标准是按照建造师的十四个专业分别进行划分的。建造师的十四个专业包括：房屋建筑工程、公路工程、铁路工程、民航机场工程、港口与航道工程、水利水电工程、电力工程、矿山工程、冶炼工程、石油化工工程、市政公用与城市轨道工程、通信与广电工程、机电安装工程、装饰装修工程。其中水利水电工程专业注册建造师执业工程规模标准详见表4.2-2。

注册建造师执业工程规模标准（水利水电工程）　　表4.2-2

序号	工程类别	项目名称	单位	规模			备注
				大型	中型	小型	
1	水库工程（蓄水枢纽工程）		亿立方米	≥1.0	1.0～0.001	<0.001	总库容（总蓄水容积）
		主要建筑物工程（包括大坝、隧洞、溢洪道、电站厂房、船闸等）	级	1、2	3、4、5		建筑物级别
		次要建筑物工程	级		3、4	5	建筑物级别
		临时建筑物工程	级		3、4	5	建筑物级别
		基础处理工程	级	1、2	3、4、5		相应建筑物级别
		金属结构制作与安装工程	级	1、2	3、4、5		相应建筑物级别
		机电设备安装工程	级	1、2	3、4、5		相应建筑物级别
2	防洪工程			特别重要、重要	中等、一般		保护城镇及工矿企业的重要性
			10^4亩	≥100	100～5	<5	保护农田
		主要建筑物工程	级	1、2	3、4	5	建筑物级别
		次要建筑物工程	级		3、4	5	建筑物级别
		临时建筑物工程	级		3、4	5	建筑物级别
		基础处理工程	级	1、2	3、4	5	相应建筑物级别
		金属结构制作与安装工程	级	1、2	3、4	5	相应建筑物级别
		机电设备安装工程	级	1、2	3、4	5	相应建筑物级别

续表

序号	工程类别	项目名称	单位	规模 大型	规模 中型	规模 小型	备注
3	治涝工程		10^4 亩	≥60	60～3	<3	治涝面积
		主要建筑物工程	级	1、2	3、4	5	建筑物级别
		次要建筑物工程	级		3、4	5	建筑物级别
		临时建筑物工程	级		3、4	5	建筑物级别
		基础处理工程	级	1、2	3、4	5	相应建筑物级别
		金属结构制作与安装工程	级	1、2	3、4	5	相应建筑物级别
		机电设备安装工程	级	1、2	3、4	5	相应建筑物级别
4	灌溉工程		10^4 亩	≥50	50～0.5	<0.5	灌溉面积
		主要建筑物工程	级	1、2	3、4	5	建筑物级别
		次要建筑物工程	级		3、4	5	建筑物级别
		临时建筑物工程	级		3、4	5	建筑物级别
		基础处理工程	级	1、2	3、4	5	相应建筑物级别
		金属结构制作与安装工程	级	1、2	3、4	5	相应建筑物级别
		机电设备安装工程	级	1、2	3、4	5	相应建筑物级别
5	供水工程			特别重要、重要	中等、一般		供水对象重要性
		主要建筑物工程	级	1、2	3、4		建筑物级别
		次要建筑物工程	级		3、4	5	建筑物级别
		临时建筑物工程	级		3、4	5	建筑物级别
		基础处理工程	级	1、2	3、4	5	相应建筑物级别
		金属结构制作与安装工程	级	1、2	3、4	5	相应建筑物级别
		机电设备安装工程	级	1、2	3、4	5	相应建筑物级别
6	发电工程		10^4 kW	≥30	30～1	<1	装机容量
		主要建筑物工程（包括大坝、隧洞、溢洪道、电站厂房、船闸等）	级	1、2	3、4	5	建筑物级别
		次要建筑物工程	级		3、4	5	建筑物级别
		临时建筑物工程	级		3、4	5	建筑物级别
		基础处理工程	级	1、2	3、4	5	相应建筑物级别
		金属结构制作与安装工程	级	1、2	3、4	5	相应建筑物级别
		机电设备安装工程	级	1、2	3、4	5	相应建筑物级别
7	拦河水闸工程		m^3/s	≥1000	1000～20	<20	过闸流量
		主要建筑物工程	级	1、2	3、4	5	建筑物级别
		次要建筑物工程	级		3、4	5	建筑物级别
		临时建筑物工程	级		3、4	5	建筑物级别
		基础处理工程	级	1、2	3、4	5	相应建筑物级别
		金属结构制作与安装工程	级	1、2	3、4	5	相应建筑物级别
		机电设备安装工程	级	1、2	3、4	5	相应建筑物级别

4.2 水利水电工程注册建造师执业相关制度

续表

序号	工程类别	项目名称	单位	规模 大型	规模 中型	规模 小型	备注
8	引水枢纽工程		m³/s	≥50	50～2	<2	引水流量
		主要建筑物工程	级	1、2	3、4	5	建筑物级别
		次要建筑物工程	级		3、4	5	建筑物级别
		临时建筑物工程	级		3、4	5	建筑物级别
		基础处理工程	级	1、2	3、4	5	相应建筑物级别
		金属结构制作与安装工程	级	1、2	3、4	5	相应建筑物级别
		机电设备安装工程	级	1、2	3、4	5	相应建筑物级别
9	泵站工程（提水枢纽工程）		m³/s	≥50	50～2	<2	装机流量
			10⁴kW	≥1	1～0.01	<0.01	装机功率
		主要建筑物工程	级	1、2	3、4	5	建筑物级别
		次要建筑物工程	级		3、4	5	建筑物级别
		临时建筑物工程	级		3、4	5	建筑物级别
		基础处理工程	级	1、2	3、4	5	相应建筑物级别
		金属结构制作与安装工程	级	1、2	3、4	5	相应建筑物级别
		机电设备安装工程	级	1、2	3、4	5	相应建筑物级别
10	堤防工程		重现期（年）	≥50	50～20	<20	防洪标准
		堤基处理及防渗工程	级	1、2	3、4	5	堤防级别
		堤身填筑（含戗台、压渗平台）及护坡工程	级	1、2	3、4	5	堤防级别
		交叉、连接建筑物工程（含金属结构与机电设备安装）	级	1、2	3、4	5	堤防级别
		填塘固基工程	级		1、2、3	4、5	堤防级别
		堤顶道路（含坡道）工程	级		1、2、3	4、5	堤防级别
		堤岸防护工程	级		1、2、3	4、5	堤防级别
11	灌溉渠道或排水沟		m³/s	≥300	300～20	<20	灌溉流量
			m³/s	≥500	500～50	<50	排水流量
			级	1	2、3	4、5	工程级别
12	灌排建筑物		m³/s	≥100	100～5	<5	过水流量
		永久建筑物工程	级	1、2	3、4	5	建筑物级别
		临时建筑物工程	级		3、4	5	建筑物级别
		基础处理工程	级	1、2	3、4	5	相应建筑物级别
		金属结构制作与安装工程	级	1、2	3、4	5	相应建筑物级别
		机电设备安装工程	级	1、2	3、4	5	相应建筑物级别

续表

序号	工程类别	项目名称	单位	规模			备注
				大型	中型	小型	
13	农村饮水工程		万元	≥3000	3000~200	<200	单项合同额
14	河湖整治工程（含疏浚、吹填工程等）		万元	≥3000	3000~200	<200	单项合同额
15	水土保持工程（含防浪林）		万元	≥3000	3000~200	<200	单项合同额
16	环境保护工程		万元	≥3000	3000~200	<200	单项合同额
17	其他	其他强制要求招标的项目或上述小型工程项目	万元	≥3000	3000~200	<200	单项合同额

注：1. 大中型工程项目负责人必须由本专业注册建造师担任，其中大型工程项目负责人必须由本专业一级注册建造师担任。
2. 对综合利用的水利水电工程，当各综合利用项目的分等（级）指标对应的规模不同时，应按最高规模确定。
3. 水利水电工程包含的通航、过木（竹）、桥梁、公路、港口和渔业等建筑物，注册建造师执业工程规模标准应参照本表中相关工程类别确定。

2. 关于工程类别划分的说明

表 4.2-2 中工程类别共划分为 17 类，包括：①水库工程（蓄水枢纽工程）、②防洪工程、③治涝工程、④灌溉工程、⑤供水工程、⑥发电工程、⑦拦河水闸工程、⑧引水枢纽工程、⑨泵站工程（提水枢纽工程）、⑩堤防工程、⑪灌溉渠道或排水沟、⑫灌排建筑物、⑬农村饮水工程、⑭河湖整治工程（含疏浚、吹填工程等）、⑮水土保持工程（含防浪林）、⑯环境保护工程、⑰其他（其他强制要求招标的项目或上述小型工程项目）。

上述类别的划分主要依据三个标准：《水利水电工程等级划分及洪水标准》SL 252—2000、《灌溉与排水工程设计规范》GB 50288—1999 和《堤防工程设计规范》GB 50286—1998，涵盖了水利水电工程及其他水利工程的主要分类，便于在实际运用中的操作。

3. 关于项目名称分类的说明

表 4.2-2 中①水库工程（蓄水枢纽工程）、②防洪工程等 10 个工程类别中的项目名称是根据建筑物的重要性及其包含的主要专业来划分的，并与现场施工标段划分的需要相适应。施工单位承担的可能是枢纽工程，也可能是枢纽工程中的一部分，包括主要建筑物工程、次要建筑物工程和临时性建筑物工程、基础处理工程、金属结构制作与安装工程、机电设备安装工程六个方面。

⑩堤防工程是依据其具体工程内容来划分的，并与现场施工标段划分的需要相适应，其项目名称包括：堤基处理及防渗工程；堤身填筑（含戗台、压渗平台）及护坡工程；交叉、连接建筑物工程（含金属结构与机电设备安装）；填塘固基工程；堤顶道路（含坡道

工程；堤岸防护工程六个方面。

⑫灌溉渠道或排水沟、⑬农村饮水工程、⑭河湖整治工程（含疏浚、吹填工程等）、⑮水土保持工程（含防浪林）、⑯环境保护工程以及⑰其他（其他强制要求招标的项目或上述小型工程项目）等六个类别的工程未再进行项目划分。

4. 关于规模标准的说明

(1) 水利水电工程执业工程规模标准确定的原则

1) 与注册建造师执业管理相关规定相结合；

2) 与现行有关划分工程等别与建筑物级别的规程、规范相衔接；

3) 便于注册建造师在执业过程中的操作。

(2) 水利水电工程工程等别及建筑物级别

在确定建造师执业工程规模标准前，先分析一下水利水电工程分等（级）指标的有关规定，根据《水利水电工程等级划分及洪水标准》SL 252—2000，水利水电工程分等指标见表 4.2-3，拦河水闸工程、引水枢纽工程等其他水利工程分等指标见相关规范。

水利水电工程分等指标　　　　　　　表 4.2-3

工程等别	工程规模	水库总库容 ($10^8 m^3$)	防洪		治涝 治涝面积 (10^4 亩)	灌溉 灌溉面积 (10^4 亩)	供水 供水对象重要性	发电 装机容量 ($10^4 kW$)
			保护城镇及工矿企业的重要性	保护农田 (10^4 亩)				
Ⅰ	大(1)型	≥10	特别重要	≥500	≥200	≥150	特别重要	≥120
Ⅱ	大(2)型	10～1.0	重要	500～100	200～60	150～50	重要	120～30
Ⅲ	中型	1.0～0.1	中等	100～30	60～15	50～5	中等	30～5
Ⅳ	小(1)型	0.1～0.01	一般	30～5	15～3	5～0.5	一般	5～1
Ⅴ	小(2)型	0.01～0.001		<5	<3	<0.5		<1

水利水电工程的永久性建筑物的级别，根据其所在工程的等别和建筑物的重要性，按表 4.2-4 确定。

水利水电工程的永久性建筑物的级别　　　　表 4.2-4

工程等别	主要建筑物	次要建筑物
Ⅰ	1	3
Ⅱ	2	3
Ⅲ	3	4
Ⅳ	4	5
Ⅴ	5	5

根据《堤防工程设计规范》GB 50286—1998，堤防工程的级别应按表 4.2-5 确定。

堤防工程的级别　　　　　　　表 4.2-5

防洪标准（重现期，年）	≥100	<100，且≥50	<50，且≥30	<30，且≥20	<20，且≥10
堤防工程的级别	1	2	3	4	5

水利水电工程施工期使用的临时性挡水和泄水建筑物的级别，根据其保护对象的重要性、失事后果、使用年限和临时性建筑物规模，按表 4.2-6 确定。

水利水电工程临时性建筑物级别　　　　　　表 4.2-6

级别	保护对象	失事后果	使用年限（年）	临时性水工建筑物规模	
				高度（m）	库容（$10^8 m^3$）
3	有特殊要求的 1 级永久性水工建筑物	淹没重要城镇、工矿企业、交通干线或推迟总工期及第一台（批）机组发电，造成重大灾害和损失	>3	>50	>1.0
4	1、2 级永久性水工建筑物	淹没一般城镇、工矿企业、交通干线或影响总工期及第一台（批）机组发电，造成较大经济损失	3~1.5	50~15	1.0~0.1
5	3、4 级永久性水工建筑物	淹没基坑，但对总工期及第一台（批）机组发电影响不大，经济损失较小	<1.5	<15	<0.1

（3）注册建造师执业工程规模标准与水利水电工程分等指标的关系

水库工程（蓄水枢纽工程）、防洪工程等十一类工程执业规模标准是根据上述分等指标经适当调整后确定的，两者之间的关系见表 4.2-7。

堤防工程不分等别，因此其执业工程规模标准根据其级别来确定。

农村饮水、河湖整治、水土保持、环境保护及其他等五类工程的规模标准以投资额划分。

分等指标中的工程规模与执业工程规模的关系　　　　　　表 4.2-7

序号	工程类别	分等指标中的工程规模	执业工程规模	备注
1	①水库工程（蓄水枢纽工程）	大（1）型	大型	
		大（2）型		
		中型	中型	
		小（1）型		
		小（2）型		
		小（2）型以下	小型	
2	②防洪工程	大（1）型	大型	③、④、⑤、⑥、⑦、⑧、⑨、⑪、⑫等九类工程与防洪工程相同
		大（2）型		
		中型	中型	
		小（1）型		
		小（2）型	小型	

4.2.3 水利水电工程执业签章文件解读

1. 水利水电工程注册建造工程师签章文件目录

水利水电工程注册建造师施工管理签章文件目录

表 4.2-8

序号	工程类别	文件类别	文件名称	表号	备注
1	水库工程（蓄水枢纽工程）	施工组织文件	施工组织设计报审表	CF101	
			现场组织机构及主要人员报审表	CF102	
		进度管理文件	施工进度计划报审表	CF201	
			暂停施工申请表	CF202	
			复工申请表	CF203	
			施工进度计划调整报审表	CF204	
			延长工期报审表	CF205	
		合同管理文件	合同项目开工申请表	CF301	
			合同项目开工令	CF302	
			变更申请表	CF303	
			变更项目价格签认单	CF304	
			费用索赔签认单	CF305	
			报告单	CF306	
			回复单	CF307	
			施工月报	CF308	
			整改通知单	CF309	
			施工分包报审表	CF310	
			索赔意向通知单	CF311	
			索赔通知单	CF312	
		质量管理文件	施工技术方案报审表	CF401	
			联合测量通知单	CF402	
			施工质量缺陷处理措施报审表	CF403	
			质量缺陷备案表	CF404	
			单位工程施工质量评定表	CF405	
		安全及环保管理文件	施工安全措施文件报审表	CF501	
			事故报告单	CF502	
			施工环境保护措施文件报审表	CF503	
		成本费用管理	工程预付款申请表	CF601	
			工程材料预付款申请表	CF602	
			工程价款月支付申请表	CF603	
			完工/最终付款申请表	CF604	
		验收管理文件	验收申请报告	CF701	
			法人验收质量结论	CF702	
			施工管理工作报告	CF703	
			代表施工单位参加工程验收人员名单确认表	CF704	

注：1. 表中工程类别的划分是与注册建造师执业工程规模标准中的工程类别相一致的。
  2. 本表以水库工程（蓄水枢纽工程）为例对注册建造师施工管理签章文件目录进行规定，其他16个类别的工程其签章文件目录同样适合本规定。

4 建造师诚信体系与执业相关制度

2. 水利水电工程注册建造工程师签章文件背景

现行相关标准、规程对施工单位项目负责人需签署的文件已经进行了规定,主要体现在《水利工程建设项目施工监理规范》SL 288—2003、《水利水电工程施工质量检验与评定规程》SL 176—2007、《水利水电土建工程施工合同条件》GF—2000—0208、《水利水电建设工程验收规程》SL 223—2008 等,共有近百份表格,其中,又以《水利工程建设项目施工监理规范》SL 288—2003 中居多。

本着突出重点、兼顾全面的原则,从上述近百种表式文件中选取了 35 份作为水利水电工程注册建造师签章文件,详见表 4.2-9。其中,施工组织文件 2 份,进度管理文件 5 份,合同管理文件 12 份,质量管理文件 5 份,安全及环保管理文件 3 份,成本费用管理文件 4 份,验收管理文件 4 份。

考虑与其他行业的统一,同时本着完善和创新的原则,所有表式文件均进行了调整和修订。另外,为突出注册建造师在工程施工建设中的作用,对个别文件签署人员还进行了修正。签章文件与现行标准使用的表式文件基本对应,详见表 4.2-9。

注册建造师签章文件与现行标准使用文件对照表 表 4.2-9

序号	工程类别	文件类别	文件名称	表号	对应表号	对应文件	备注
1	水库工程(蓄水枢纽工程)	施工组织文件	施工组织设计报审表	CF101	CB01	《水利工程建设项目施工监理规范》	
			现场组织机构及主要人员报审表	CF102	CB06	《水利工程建设项目施工监理规范》	
		进度管理文件	施工进度计划报审表	CF201	CB02	《水利工程建设项目施工监理规范》	
			暂停施工申请表	CF202	CB21	《水利工程建设项目施工监理规范》	
			复工申请表	CF203	CB22	《水利工程建设项目施工监理规范》	
			施工进度计划调整报审表	CF204	CB24	《水利工程建设项目施工监理规范》	
			延长工期报审表	CF205	CB25	《水利工程建设项目施工监理规范》	
		合同管理文件	合同项目开工申请表	CF301	CB14	《水利工程建设项目施工监理规范》	
			合同项目开工令	CF302	JL02	《水利工程建设项目施工监理规范》	
			变更申请表	CF303	CB23	《水利工程建设项目施工监理规范》	
			变更项目价格签认单	CF304	JL15	《水利工程建设项目施工监理规范》	
			费用索赔签认单	CF305	JL20	《水利工程建设项目施工监理规范》	

续表

序号	工程类别	文件类别	文件名称	表号	对应表号	对应文件	备注
1	水库工程（蓄水枢纽工程）	合同管理文件	报告单	CF306	CB34	《水利工程建设项目施工监理规范》	
			回复单	CF307	CB35	《水利工程建设项目施工监理规范》	
			施工月报	CF308	CB32	《水利工程建设项目施工监理规范》	
			整改通知单	CF309	JL11	《水利工程建设项目施工监理规范》	
			施工分包报审表	CF310	CB05	《水利工程建设项目施工监理规范》	
			索赔意向通知单	CF311	CB27	《水利工程建设项目施工监理规范》	
			索赔通知单	CF312	CB28	《水利工程建设项目施工监理规范》	
		质量管理文件	施工技术方案报审表	CF401	CB01	《水利工程建设项目施工监理规范》	
			联合测量通知单	CF402	CB12	《水利工程建设项目施工监理规范》	
			施工质量缺陷处理措施报审表	CF403	CB19	《水利工程建设项目施工监理规范》	
			质量缺陷备案表	CF404	附录F	《水利水电工程施工质量检验与评定规程》	
			单位工程施工质量评定表	CF405	附录I表I.0.2	《水利水电工程施工质量检验与评定规程》	
		安全及环保管理文件	施工安全措施文件报审表	CF501			新增
			事故报告单	CF502	CB20	《水利工程建设项目施工监理规范》	
			施工环境保护措施文件报审表	CF503			新增
		成本费用管理	工程预付款申请表	CF601	CB09	《水利工程建设项目施工监理规范》	
			工程材料预付款申请表	CF602	CB10	《水利工程建设项目施工监理规范》	
			工程价款月支付申请表	CF603	CB31	《水利工程建设项目施工监理规范》	
			完工/最终付款申请表	CF604	CB36	《水利工程建设项目施工监理规范》	

续表

序号	工程类别	文件类别	文件名称	表号	对应表号	对应文件	备注
1	水库工程（蓄水枢纽工程）	验收管理文件	验收申请报告	CF701	CB33	《水利工程建设项目施工监理规范》	
			法人验收质量结论	CF702		《水利水电建设工程验收规程》	
			施工管理工作报告	CF703		《水利水电建设工程验收规程》	
			代表施工单位参加工程验收人员名单确认表	CF704		《水利水电建设工程验收规程》	

3. 水利水电工程注册建造工程师签章文件说明

注册建造师签章文件的 35 份表格总体表式基本一致，现对各表式文件共性部分说明如下：

（1）表右上角的"CF×××"，指水利水电工程注册建造师签章文件的表式编号，如"CF203"指的是水利水电工程注册建造师签章文件第 2 组的第 3 份表式文件；"CF502"是水利水电工程注册建造师签章文件中第 5 组的第 2 份表式文件，依此类推。

（2）合同名称，指工程施工合同上所标注的名称，填写时可将合同编号用括号附在其后。

（3）编号，指该表式文件需编写的流水号，可自行编排。

（4）承包人、监理机构、发包人、设代机构，均指各方的现场管理机构，如"项目经理部"、"项目监理部"、"建管处"、"设代组"等。

（5）表式文件中的"□"，指示选择项，请在文件对应的"□"上打"√"。

（6）"签章"，指的是签字并加盖注册建造师图章。

4. 水利水电工程注册建造工程师签章文件解读

（1）施工组织设计报审表

施工组织设计文件是工程施工建设过程中最重要的文件之一，是现场施工的指导性文件，有别于一般的施工措施计划、试验及测量方法等作业性文件，因此，本签章文件规定此项单独报审。施工组织设计报审表填表示范见表 4.2-10。

（2）现场组织机构及主要人员报审表

1）考虑施工单位现场人员进场先后之分，施工人员、机构在施工过程中可能有所调整等因素，因此，可能有多次报审，故表中有"第××次"之分。

2）施工现场的各方人员均有相关资格要求，如施工项目负责人、施工员、安全员、试验员、财务人员、焊工、起重工、电工等，因此，此文件中需附相关资格证书或岗位证书。

3）实际投入人员与投标承诺进场人员有所变化常有发生，需侧重说明变化原因，另外，替代人员与投标人员的资历、业绩、经验与水平需相当。

（3）施工进度计划报审表

1）施工进度计划有总进度、年进度、月进度计划之分，甚至在工程施工紧张期，还有旬进度、周进度等，此文件将进度计划报审作为一种表式，并以"□"作为选择项处理。

2）进度计划的说明书中，需重点描述为完成该进度计划在"4M1E"上所采取的保证措施。

（4）暂停施工申请表/复工申请表

1）工程施工中出现的任何暂停施工和复工都是影响进度甚至影响投资的重大事项，有可能引起合同纠纷，因此，本文件规定需由注册建造师签署。

2）工程施工中，由于出现地质变异、文物、地方环境干扰、质量问题、图纸供应、原材料供应、气候因素等，均有可能致使工程暂停施工，因此需要详述停工部位、原因、适用合同条款等，以便为审批作出正确决策。

暂停施工申请表填表示范见表4.2-11。

（5）施工进度计划调整报审表

1）该表式文件一般指工程项目在实施过程中，遇到一些重大事件如文物、地方环境干扰、重大设计变更等，致使工程中重大的阶段目标（如截流、度汛、水下工程等）实现产生无法逾越的困难，从而对工程总进度计划目标实现产生重大影响，因此，需提出施工进度计划调整。

2）该调整文件需证据明确，分析合理，由此而产生的各方面影响均需考虑清晰。

（6）延期工期报审表

延长工程报审的原因应是非施工单位方面的原因，这是申报工期延长的基本出发点。因此，对合同条款的研究和运用就尤显重要，相关证明材料和其他支持性资料需准确、详实、有效。

（7）合同项目开工申请表/合同项目开工令

合同项目之适时开工是确定合同工期的最重要的时间点之一，是施工单位和监理机构均共同关注的重要事件之一，故本文件规定需由注册建造师签署。

合同项目开工申请表填表示范见表4.2-12。

（8）变更申请表/变更项目价格签认单

工程实施过程中，由于设计不够完善、施工便利、地质变化、外部环境制约导致施工方案变化等原因，施工单位均可提出相应变更建议，由此会引起工期、费用等方面的变动，对变更理由、变更方案、变更影响等均需认真分析。

（9）索赔意向通知单/索赔通知单/费用索赔签认单

根据《水利水电在建工程施工合同条件》GF—2000—0208，这三份签章文件组成了索赔工作的完整程序，按一般惯例，此类费用文件需由注册建造师签署。

（10）报告单

此文件是施工单位在现有签章文件之外需要向监理机构、发包人报告其他事宜的所有通用表式，如发现文物、出现超标准气候、产生不可抗力、某种工作之备忘性质、执行指示时出现意外情况的请示等，皆可使用此表式文件。

（11）回复单

本表式文件是施工单位对监理机构发出的通知、指令、指示的回复，有的简单回复可以不用此表，直接在签收栏明确；有的则需要对涉及工程质量、安全、进度、投资、协调、信息管理等方面予以详细答复和说明，便可使用此表式文件。

（12）施工月报

施工月报是本月施工情况的一个总体评述，涉及与工程有关的所有方面，作为向监理机构、发包人汇报的一个专题文件，同时也是施工单位本月工作的一个书面总结，故规定应由注册建造师签署。

（13）整改通知单

由于各种原因，工程质量达不到设计、规范等合同要求，监理机构将以此表式文件对施工单位发出指令，包括原因、要求及费用承担说明等，并规定签收栏应由注册建造师签署。

（14）施工分包报审表

根据《水利工程建设施工项目施工分包管理暂行规定》（水建管〔1998〕481号），根据合同约定和工程需要，施工单位可将不超过合同总额30%的非主体工程（不含发包人在标书中指定部分）分包给具有相应资质、业绩的其他施工单位，可使用此表式文件向监理机构、发包人报审。

（15）施工技术方案报审表

工程施工建设过程中，按合同约定及相应规范的规定，施工单位要在各专业工程（如土方、混凝土、基础处理、砌石等）、各主要建筑物、质保体系、试验、测量放线等方面编制施工措施计划、方案并报审，以确保工程质量、保证工程的顺利实施。上述各种方案、计划可统一采用此表式文件，以"□"作为选择项处理，并规定需由注册建造师签署。

（16）联合测量通知单

工程开工前，工程范围内的原始地形地貌测量是一项对工程投资影响较大的技术工作，一般情况都采用发包人、监理机构、施工单位三方联合测量的方式，以节省时间、避免矛盾。该表式文件中需详述施测部位、内容、时间安排等，监理机构签收后将与发包人协商，以确定具体方案。

（17）施工质量缺陷处理措施报审表

根据《水利工程质量事故处理暂行规定》（水利部令第9号），小于一般质量事故的质量问题称为质量缺陷。在工程施工过程中，质量缺陷是难以避免的，如混凝土的蜂窝、麻面、错台、露筋，如土方工程的压实度，如砌石工程的表面平整度，如金属结构的喷锌防腐厚度等，这些质量缺陷的处理措施需由施工单位报送给监理机构审批后才能实施。施工质量缺陷处理措施报审表填表示范见表4.2-13。

（18）质量缺陷备案表

根据《水利水电工程施工质量检验与评定规程》SL 176—2007规定，并对施工单位签署人员进行了修改。该表式文件在分部工程及以上级别的验收时需提交备案。

（19）单位工程施工质量评定表

根据《水利水电工程施工质量检验与评定教程》SL 176—2007规定。该表式文件将在单位工程以上级别的验收时附于提供资料文件中。

（20）施工安全措施文件报审表/施工环境保护措施文件报审表

1）根据《水利工程建设安全生产管理规定》（水利部令第26号）的规定，施工单位在工程开工前需编报安全技术措施、专项施工方案等。施工中有度汛需求的还需编报度汛方案，有些工程还需视具体情况编报消防安全方案、民用爆破品安全方案、临时用电安全方案等，均使用此文件报审，并以"□"作为选择项处理。

2）按施工合同约定和设计要求，施工单位还需编报施工环境保护措施文件。施工环境保护措施文件报审表填表示范见表 4.2-14。

（21）事故报告单

此表式文件适用于工程现场出现质量、安全事故时，施工单位在第一时间根据事故类别向发包人或监理机构进行报告，并规定由注册建造师签署。

（22）工程预付款申请表/工段材料预付款申请表

按施工合同约定的工程预付款和材料预付款，在不同的工程中有各种处理方式，如有的将预付款分为两次，一次是施工单位进场，相当于动员预付款；一次是大宗设备进场报验后再支付。材料预付款在土建工程中大都不采用，仅对金属结构工程还在采用。申请时，重要的是要符合施工合同约定的条件。按惯例，此类文件要注册建造师签署（包括所有费用管理的四个文件）。工程预付款申请表填表示范见表 4.2-15。

（23）工程价款月支付申请表

工程价款一般按月支付，只有当工程工期要求太紧，月施工强度太大，耗费的人力、物力资源太多，又未约定材料预付款等特殊情况时，经与发包人协商一致，支付频率才可加大（如半月、旬支付等）。月支付申请表中含本月工程中发生的一切费用，如合同内总价项目、单价项目、计日工，合同外新增项目，合同索赔项目等。

（24）完工/最终付款申请表

在工程价款月支付中，合同外新增项目，索赔项目因各种原因并经各方协商一致，往往不能逐月结付或以"暂定价"先行支付，此项工作在合同项目完工或工程项目竣工前予以进行；另外，有可能还涉及甲供材、工程量增减达到合同约定调价的比例、材料差价调整等其他原因，因此，完工结算便不仅仅是逐月结付的累加，而是合同约定范围内所有工程的完工结算。另外，即便在完工结算后，在工程质量保修责任期内还有可能发生其他应付费用，因此，还会有最终付款申请。

（25）验收申请报告

根据《水利水电建设工程验收规程》SL 223—2008，施工单位仅在法人验收阶段需进行验收申请，即该表式文件中的分部工程、单位工程、合同项目完工验收等；在政府验收阶段时，验收申请报告是由发包人向项目验收单位申请的。

（26）法人验收质量结论

根据《水利水电建设工程验收规程》SL 223—2008，法人验收时，为分清各参建方职责，要求各参建方对所验收工程的质量分别填写各自的意见，此表式文件要求注册建造师签署。法人验收质量结论填表示范见表 4.2-16。

（27）施工管理工作报告

根据《水利水电建设工程验收规程》SL 223—2008，在由法人验收的单位工程验收、合同项目完工验收及所有的政府验收中，施工单位需编制施工管理工作报告并提供给验收委员会（组），要求注册建造师在批准或审定栏签署。

（28）代表施工单位参加工程验收人员名单确认表

根据《水利水电建设工程验收规程》SL 223—2008，在各类验收中，各参建方参加验收的人员需经各单位书面授权确认，以明确各参建方验收人员的职责。代表施工单位参加工程验收人员的名单需由注册建造师签署确认。

水利水电工程	表 4.2-10
施工组织设计报审表（例表）	CF101

工程名称：×××枢纽节制闸工程　　　　　　　　　　　　　　　　　　　编号：×××

致：×××项目监理部

现提交_____×××枢纽节制闸（×××—××）_____工程（名称及编码）的施工组织设计，请贵方审批

　　　　承包人（盖章）：×××项目部　　　　　　施工项目负责人（签章）：×××
　　　　　　　　×年×月×日　　　　　　　　　　　　　　　　×年×月×日

审批意见另行签发

　　　　签收机构（盖章）：×××项目监理部　　　　签收人（签名）：×××
　　　　　　　　×年×月×日　　　　　　　　　　　　　　　　×年×月×日

说明：本表一式三份，由承包人填写。签收机构审签后，随同审批意见，承包人、监理机构、发包人、设代机构各一份。

4.2 水利水电工程注册建造师执业相关制度

表 4.2-11　CF202

水利水电工程暂停施工申请表（例表）

工程名称：×××工程　　　　　　　　　　　　　　　编号：×××

致：×××项目监理部
由于发生下列原因，造成工程无法正常施工，依据施工合同约定，我方申请对所列工程项目暂停施工，请审批

暂停施工工程项目范围/部位	×××枢纽节制闸工程下游河道土方开挖，距闸中心线 185m 处河道范围内
暂停施工原因	因发现古墓
引用合同条款	
附　注	

承包人（盖章）：×××项目经理部　　　　　施工项目负责人（签章）：×××
　　　　×年×月×日　　　　　　　　　　　　　　　×年×月×日

审批意见另行签发

签收机构（盖章）：×××项目监理部　　　　签收人（签名）：×××
　　　　×年×月×日　　　　　　　　　　　　　　　×年×月×日

说明：本表一式三份，由承包人填写。签收机构审签后，随同审批意见，承包人、监理机构、发包人各一份。

4 建造师诚信体系与执业相关制度

水利水电工程 合同项目开工申请表（例表）	表 4.2-12 CF301
工程名称：×××工程施工 1 标	编号：HZLSJ-GHSG-1

致：×××工程项目监理部

我方承担的×××工程施工 1 标（HZLSJ-GHSG-1）合同项目工程，已完成了各项准备工作，具备了开工条件，现申请开工，请贵方审批

附件：1. 开工申请报告；
   2. 开工条件说明；
   3. 其他

承包人：×××工程局　　　　　　　　　　施工项目负责人：×××
×××工程项目经理部
×年×月×日　　　　　　　　　　　　　　×年×月×日

审批后另行签发合同项目开工令

签收机构：×××工程项目监理部　　　　监理工程师：×××
　　　　　×年×月×日　　　　　　　　　　×年×月×日

说明：本表一式四份，由承包人填写。签收机构审签后，随同"合同项目开工令"，承包人，监理机构、发包人、设代机构各一份。

水利水电工程
施工质量缺陷处理措施报审表（例表）

表 4.2-13　CF403

合同名称：×××工程　　　　　　　　　　　　　　　　编号：×××

致：×××项目监理部

现提交引水闸涵洞段工程施工质量缺陷处理措施，请贵方审批

单位工程名称	引水闸工程	分部工程名称	涵洞段
单元工程名称	1号、2号、3号左右边墙	单元工程编码	I-3-2、I-3-7、I-3-12
质量缺陷工程部位	涵洞段1号箱涵左右边墙、2号箱涵左右边墙、3号箱涵左右边墙		
质量缺陷情况简要说明	涵洞段墩墙施工时间为2005年7月25日至9月11日。至2007年3月，墩墙上有长短不等的竖向裂缝共9条，裂缝大都自墙底抹角向上，基本竖直，缝宽0.1～0.3mm，缝长0.2～5.3m不等。经检测，裂缝缝长及缝宽均未继续发展。2008年4月发现箱涵边墩局部裂缝出现渗水现象		
拟采用的处理措施简述	贯通型裂缝进行化学灌浆处理，浅表型裂缝开v形槽，采用CST管道抢修剂填塞密实，处理完毕经检测合格后进行其外观修整		
附件目录	处理措施报告图纸	计划施工时段	×年×月×日 至 ×年×月×日

承包人（盖章）：×××项目监理部　　　　　施工项目负责人（签章）：×××
　　　　　×年×月×日　　　　　　　　　　　　　　　　×年×月×日

（审批意见）

经参建单位共同查看研究同意按此措施方案实施，详见备案表

监理机构（盖章）：×××项目监理部　　　总监理工程师（签章）：×××
监理工程师：
　　×年×月×日　　　　　　　　　　　　　　　×年×月×日

说明：本表一式三份，由承包人填写。监理机构审签后，承包人、监理机构、发包人各一份。

4 建造师诚信体系与执业相关制度

水利水电工程
施工环境保护措施文件报审表（例表）

表 4.2-14
CF503

合同名称：×××工程　　　　　　　　　　　　　　　　　　　编号：×××

致：×××项目监理部

现提交×××节制闸工程的施工环境保护措施文件

请贵方审批

附件：施工环境保护措施文件

承包人（盖章）：×××项目经理部　　　　施工项目负责人（签章）：×××
　　　　×年×月×日　　　　　　　　　　　　　　×年×月×日

审批意见另行签发

签收机构（盖章）：×××项目监理部　　　　签收人（签名）：×××
　　　　×年×月×日　　　　　　　　　　　　　　×年×月×日

说明：本表一式四份，由承包人填写。签收机构审签后，随同审批意见，承包人、监理机构、发包人、设代机构各一份。

4.2 水利水电工程注册建造师执业相关制度

水利水电工程 表 4.2-15
工程预付款申请表（例表） CF601

工程名称：×××枢纽节制闸工程　　　　　　　　　编号：××—×××

致：×××项目监理部

我方承担的×××枢纽节制闸工程合同项目，依据施工合同约定，已具备工程预付款支付条件，现申请支付第一次预付款，金额总计为（大写）贰佰贰拾叁万元（小写 2230000.00 元），请贵方审核。

附件：1. 支付条件说明；
　　　2. 计算依据；
　　　3. 其他

承包人（盖章）：×××项目部　　　　　施工项目负责人（签章）：×××
　　×年×月×日　　　　　　　　　　　　　×年×月×日

工程预付款付款证书另行签发

签收机构（盖章）：×××项目监理部　　　签收人：（签名）×××
　　×年×月×日　　　　　　　　　　　　　×年×月×日

说明：本表一式四份，由承包人填写。签收机构审签后，随同付款证书，承包人二份，监理机构、发包人各一份。

水利水电工程 法人验收质量结论（例表）	表 4.2-16 CF702

××工程

法人验收质量结论

单位工程名称：×××

分部工程名称：×××

项目法人：×××建设管理局

××××年××月××日

续表

项目法人意见
该分部工程符合国家有关施工及验收规范，满足设计要求；且资料齐全合格，故该分部工程验收合格 　　　　　　　　　　　　　　　　　　　　　　　　签字 ××× 　　　　　　　　　　　　　　　　　　　　　　　　×年×月×日
监理机构意见
该分部工程符合国家有关施工及验收规范，满足设计要求；且资料齐全合格，故该分部工程验收合格 　　　　　　　　　　　　　　　　　　　　　　　　签字 ××× 　　　　　　　　　　　　　　　　　　　　　　　　×年×月×日
设计单位意见
该分部工程符合国家有关施工及验收规范，满足设计要求；且资料齐全合格，故该分部工程验收合格 　　　　　　　　　　　　　　　　　　　　　　　　签字 ××× 　　　　　　　　　　　　　　　　　　　　　　　　×年×月×日
施工单位意见
该分部工程符合国家有关施工及验收规范，满足设计要求；且资料齐全合格，故该分部工程验收合格 　　　　　　　　　　　　　　　　　　　　　　　　签字 ××× 　　　　　　　　　　　　　　　　　　　　　　　　×年×月×日
验收工作组意见
验收委员会通过现场检查、听取汇报、查阅资料和认真讨论，认为：本次验收范围内的工程已按设计和规范要求完成，工程档案资料基本齐全，未发生工程质量和安全生产事故，同意通过验收
质量监督机构核备（定）意见
符合质量评定规程要求，同意验收委员会结论意见 　　　　　　　　　　　　　　　　　　　　　　质量监督机构（盖章） 　　　　　　　　　　　　　　　　　　　　　　质量监督机构项目负责人（签字）×××

备注：页面不够时，可加页。

5 水利水电工程法律法规与标准规范

5.1 国家关于水利水电改革与发展的有关政策

5.1.1 中共中央 国务院关于加快水利改革发展的决定

2011年1月29日,《中共中央 国务院关于加快水利改革发展的决定》(以下简称《决定》)正式公布。这是21世纪以来的第8个中央一号文件,也是新中国成立62年来中共中央首次系统部署水利改革发展全面工作的决定。文件出台了一系列针对性强、覆盖面广、含金量高的新政策、新举措。

《决定》采取条块结合、以条为主的构架,分为三个板块,共8个部分、30条。第一板块由序言、第1部分和第2部分组成,主要回顾总结成就,分析研判形势,明确水利的定位和作用,提出水利改革与发展的指导思想、目标任务和基本原则;第二板块包括第3部分到第7部分,这是文件的主体部分,从突出加强农田水利等薄弱环节建设、全面加快水利基础设施建设、建立水利投入稳定增长机制、实行最严格水资源管理制度、不断创新水利发展体制机制五个方面提出具体政策措施;第三板块包括第8部分和结束语,主要强调各级党委和政府要切实加强对水利工作的领导。

《决定》的主要内容包括:

(1)新形势下水利的战略地位

1)水利面临的新形势

人多水少、水资源时空分布不均是我国的基本国情水情。洪涝灾害频繁仍然是中华民族的心腹大患,水资源供需矛盾突出仍然是可持续发展的主要瓶颈,农田水利建设滞后仍然是影响农业稳定发展和国家粮食安全的最大硬伤,水利设施薄弱仍然是国家基础设施的明显短板。

随着工业化、城镇化深入发展,全球气候变化影响加大,我国水利面临的形势更趋严峻,增强防灾减灾能力要求越来越迫切,强化水资源节约保护工作越来越繁重,加快扭转农业主要"靠天吃饭"局面的任务越来越艰巨。2010年西南地区发生特大干旱、多数省区市遭受洪涝灾害、部分地方突发严重山洪泥石流,再次警示我们加快水利建设刻不容缓。

2)新形势下水利的地位和作用

水是生命之源、生产之要、生态之基。水利是现代农业建设不可或缺的首要条件,是经济社会发展不可替代的基础支撑,是生态环境改善不可分割的保障系统,具有很强的公益性、基础性、战略性。加快水利改革发展,不仅事关农业农村发展,而且事关经济社会发展全局;不仅关系到防洪安全、供水安全、粮食安全,而且关系到经济安全、生态安全、国家安全。

要把水利工作摆上党和国家事业发展更加突出的位置,着力加快农田水利建设,推动水利实现跨越式发展。

(2) 水利改革发展的指导思想、目标任务和基本原则

1) 指导思想

"三个把":把水利作为国家基础设施建设的优先领域,把农田水利作为农村基础设施建设的重点任务,把严格水资源管理作为加快转变经济发展方式的战略举措。

"一个方向":注重科学治水、依法治水,突出加强薄弱环节建设,大力发展民生水利,不断深化水利改革,加快建设节水型社会,促进水利可持续发展,努力走出一条中国特色水利现代化道路。

2) 目标任务

"一个总目标":力争通过5年到10年努力,从根本上扭转水利建设明显滞后的局面。

"四大体系":到2020年,基本建成防洪抗旱减灾体系;基本建成水资源合理配置和高效利用体系;基本建成水资源保护和河湖健康保障体系;基本建成有利于水利科学发展的制度体系。

到2020年,基本建成防洪抗旱减灾体系,重点城市和防洪保护区防洪能力明显提高,抗旱能力显著增强,"十二五"期间基本完成重点中小河流(包括大江大河支流、独流入海河流和内陆河流)重要河段治理、全面完成小型水库除险加固和山洪灾害易发区预警预报系统建设;基本建成水资源合理配置和高效利用体系,全国年用水总量力争控制在6700亿m^3以内,城乡供水保证率显著提高,城乡居民饮水安全得到全面保障,万元国内生产总值和万元工业增加值用水量明显降低,农田灌溉水有效利用系数提高到0.55以上,"十二五"期间新增农田有效灌溉面积4000万亩;基本建成水资源保护和河湖健康保障体系,主要江河湖泊水功能区水质明显改善,城镇供水水源地水质全面达标,重点区域水土流失得到有效治理,地下水超采基本遏制;基本建成有利于水利科学发展的制度体系,最严格的水资源管理制度基本建立,水利投入稳定增长机制进一步完善,有利于水资源节约和合理配置的水价形成机制基本建立,水利工程良性运行机制基本形成。

3) 基本原则

"五个坚持":一要坚持民生优先。着力解决群众最关心最直接最现实的水利问题,推动民生水利新发展。二要坚持统筹兼顾。注重兴利除害结合、防灾减灾并重、治标治本兼顾,促进流域与区域、城市与农村、东中西部地区水利协调发展。三要坚持人水和谐。顺应自然规律和社会发展规律,合理开发、优化配置、全面节约、有效保护水资源。四要坚持政府主导。发挥公共财政对水利发展的保障作用,形成政府社会协同治水兴水合力。五要坚持改革创新。加快水利重点领域和关键环节改革攻坚,破解制约水利发展的体制机制障碍。

(3) 突出加强农田水利等薄弱环节建设

"五个薄弱环节建设":大兴农田水利建设;加快中小河流治理和小型水库除险加固;抓紧解决工程性缺水问题;提高防汛抗旱应急能力;继续推进农村饮水安全建设。

1) 大兴农田水利建设。到2020年,基本完成大型灌区、重点中型灌区续建配套和节水改造任务。结合全国新增千亿斤粮食生产能力规划实施,在水土资源条件具备的地区,新建一批灌区,增加农田有效灌溉面积。实施大中型灌溉排水泵站更新改造,加强重点涝区治理,完善灌排体系。健全农田水利建设新机制,中央和省级财政要大幅增加专项补助资金,市、县两级政府也要切实增加农田水利建设投入,引导农民自愿投工投劳。加快推

进小型农田水利重点县建设，优先安排产粮大县，加强灌区末级渠系建设和田间工程配套，促进旱涝保收高标准农田建设。因地制宜兴建中小型水利设施，支持山丘区小水窖、小水池、小塘坝、小泵站、小水渠等"五小水利"工程建设，重点向革命老区、民族地区、边疆地区、贫困地区倾斜。大力发展节水灌溉，推广渠道防渗、管道输水、喷灌滴灌等技术，扩大节水、抗旱设备补贴范围。积极发展旱作农业，采用地膜覆盖、深松深耕、保护性耕作等技术。稳步发展牧区水利，建设节水高效灌溉饲料草地。

2）加快中小河流治理和小型水库除险加固。中小河流治理要优先安排洪涝灾害易发、保护区人口密集、保护对象重要的河流及河段，加固堤岸，清淤疏浚，使治理河段基本达到国家防洪标准。巩固大中型病险水库除险加固成果，加快小型病险水库除险加固步伐，尽快消除水库安全隐患，恢复防洪库容，增强水资源调控能力。推进大中型病险水闸除险加固。山洪地质灾害防治要坚持工程措施和非工程措施相结合，抓紧完善专群结合的监测预警体系，加快实施防灾避让和重点治理。

3）抓紧解决工程性缺水问题。加快推进西南等工程性缺水地区重点水源工程建设，坚持蓄引提与合理开采地下水相结合，以县域为单元，尽快建设一批中小型水库、引提水和连通工程，支持农民兴建小微型水利设施，显著提高雨洪资源利用和供水保障能力，基本解决缺水城镇、人口较集中乡村的供水问题。

4）提高防汛抗旱应急能力。尽快健全防汛抗旱统一指挥、分级负责、部门协作、反应迅速、协调有序、运转高效的应急管理机制。加强监测预警能力建设，加大投入，整合资源，提高雨情汛情旱情预报水平。建立专业化与社会化相结合的应急抢险救援队伍，着力推进县乡两级防汛抗旱服务组织建设，健全应急抢险物资储备体系，完善应急预案。建设一批规模合理、标准适度的抗旱应急水源工程，建立应对特大干旱和突发水安全事件的水源储备制度。加强人工增雨（雪）作业示范区建设，科学开发利用空中云水资源。

5）继续推进农村饮水安全建设。到2013年解决规划内农村饮水安全问题，"十二五"期间基本解决新增农村饮水不安全人口的饮水问题。积极推进集中供水工程建设，提高农村自来水普及率。有条件的地方延伸集中供水管网，发展城乡一体化供水。加强农村饮水安全工程运行管理，落实管护主体，加强水源保护和水质监测，确保工程长期发挥效益。制定支持农村饮水安全工程建设的用地政策，确保土地供应，对建设、运行给予税收优惠，供水用电执行居民生活或农业排灌用电价格。

（4）全面加快水利基础设施建设

"五大建设任务"：继续实施大江大河治理；加强水资源配置工程建设；搞好水土保持和水生态保护；合理开发水能资源；强化水文气象和水利科技支撑。

1）继续实施大江大河治理。进一步治理淮河，搞好黄河下游治理和长江中下游河势控制，继续推进主要江河河道整治和堤防建设，加强太湖、洞庭湖、鄱阳湖综合治理，全面加快蓄滞洪区建设，合理安排居民迁建。搞好黄河下游滩区安全建设。"十二五"期间抓紧建设一批流域防洪控制性水利枢纽工程，不断提高调蓄洪水能力。加强城市防洪排涝工程建设，提高城市排涝标准。推进海堤建设和跨界河流整治。

2）加强水资源配置工程建设。完善优化水资源战略配置格局，在保护生态前提下，尽快建设一批骨干水源工程和河湖水系连通工程，提高水资源调控水平和供水保障能力。加快推进南水北调东中线一期工程及配套工程建设，确保工程质量，适时开展南水北调西线工程前期研究。积极推进一批跨流域、区域调水工程建设。着力解决西北等地区资源性缺水问题。大力推进污水处理回用，积极开展海水淡化和综合利用，高度重视雨水、微咸水利用。

3) 搞好水土保持和水生态保护。实施国家水土保持重点工程，采取小流域综合治理、淤地坝建设、坡耕地整治、造林绿化、生态修复等措施，有效防治水土流失。进一步加强长江上中游、黄河上中游、西南石漠化地区、东北黑土区等重点区域及山洪地质灾害易发区的水土流失防治。继续推进生态脆弱河流和地区水生态修复，加快污染严重江河湖泊水环境治理。加强重要生态保护区、水源涵养区、江河源头区、湿地的保护。实施农村河道综合整治，大力开展生态清洁型小流域建设。强化生产建设项目水土保持监督管理。建立健全水土保持、建设项目占用水利设施和水域等补偿制度。

4) 合理开发水能资源。在保护生态和农民利益前提下，加快水能资源开发利用。统筹兼顾防洪、灌溉、供水、发电、航运等功能，科学制定规划，积极发展水电，加强水能资源管理，规范开发许可，强化水电安全监管。大力发展农村水电，积极开展水电新农村电气化县建设和小水电代燃料生态保护工程建设，搞好农村水电配套电网改造工程建设。

5) 强化水文气象和水利科技支撑。加强水文气象基础设施建设，扩大覆盖范围。优化站网布局，着力增强重点地区、重要城市、地下水超采区水文测报能力，加快应急机动监测能力建设，实现资料共享，全面提高服务水平。健全水利科技创新体系，强化基础条件平台建设，加强基础研究和技术研发，力争在水利重点领域、关键环节和核心技术上实现新突破，获得一批具有重大实用价值的研究成果，加大技术引进和推广应用力度。提高水利技术装备水平。建立健全水利行业技术标准。推进水利信息化建设，全面实施"金水工程"，加快建设国家防汛抗旱指挥系统和水资源管理信息系统，提高水资源调控、水利管理和工程运行的信息化水平，以水利信息化带动水利现代化。加强水利国际交流与合作。

(5) 建立水利投入稳定增长机制

"三项具体措施"：加大公共财政对水利的投入；加强对水利建设的金融支持；广泛吸引社会资金投资水利。

1) 加大公共财政对水利的投入。多渠道筹集资金，力争今后10年全社会水利年平均投入比2010年高出一倍。发挥政府在水利建设中的主导作用，将水利作为公共财政投入的重点领域。各级财政对水利投入的总量和增幅要有明显提高。进一步提高水利建设资金在国家固定资产投资中的比重。大幅度增加中央和地方财政专项水利资金。从土地出让收益中提取10%用于农田水利建设，充分发挥新增建设用地土地有偿使用费等土地整治资金的综合效益。进一步完善水利建设基金政策，延长征收年限，拓宽来源渠道，增加收入规模。完善水资源有偿使用制度，合理调整水资源费征收标准，扩大征收范围，严格征收、使用和管理。有重点防洪任务和水资源严重短缺的城市要从城市建设维护税中划出一定比例用于城市防洪排涝和水源工程建设。切实加强水利投资项目和资金监督管理。

2) 加强对水利建设的金融支持。综合运用财政和货币政策，引导金融机构增加水利信贷资金。有条件的地方根据不同水利工程的建设特点和项目性质，确定财政贴息的规模、期限和贴息率。在风险可控的前提下，支持农业发展银行积极开展水利建设中长期政策性贷款业务。鼓励国家开发银行、农业银行、农村信用社、邮政储蓄银行等银行业金融机构进一步增加农田水利建设的信贷资金。支持符合条件的水利企业上市和发行债券,探索发展大型水利设备设施的融资租赁业务,积极开展水利项目收益权质押贷款等多种形式融资。鼓励和支持发展洪水保险。提高水利利用外资的规模和质量。

3) 广泛吸引社会资金投资水利。鼓励符合条件的地方政府融资平台公司通过直接、间接融资方式,拓宽水利投融资渠道,吸引社会资金参与水利建设。鼓励农民自力更生、艰苦奋斗,在统一规划基础上,按照多筹多补、多干多补原则,加大一事一议财政奖补力度,充分调动农民兴修农田水利的积极性。结合增值税改革和立法进程,完善农村水电增值税政策。完善水利工程耕地占用税政策。积极稳妥推进经营性水利项目进行市场融资。

(6) 实行最严格的水资源管理制度

"建立四项制度":建立用水总量控制制度;建立用水效率控制制度;建立水功能区限制纳污制度;建立水资源管理责任和考核制度。

"确立三条红线":确立水资源开发利用控制红线;确立用水效率控制红线;确立水功能区限制纳污红线。

1) 建立用水总量控制制度。确立水资源开发利用控制红线,抓紧制定主要江河水量分配方案,建立取用水总量控制指标体系。加强相关规划和项目建设布局水资源论证工作,国民经济和社会发展规划以及城市总体规划的编制、重大建设项目的布局,要与当地水资源条件和防洪要求相适应。严格执行建设项目水资源论证制度,对擅自开工建设或投产的一律责令停止。严格取水许可审批管理,对取用水总量已达到或超过控制指标的地区,暂停审批建设项目新增取水;对取用水总量接近控制指标的地区,限制审批新增取水。严格地下水管理和保护,尽快核定并公布禁采和限采范围,逐步削减地下水超采量,实现采补平衡。强化水资源统一调度,协调好生活、生产、生态环境用水,完善水资源调度方案、应急调度预案和调度计划。建立和完善国家水权制度,充分运用市场机制优化配置水资源。

2) 建立用水效率控制制度。确立用水效率控制红线,坚决遏制用水浪费,把节水工作贯穿于经济社会发展和群众生产生活全过程。加快制定区域、行业和用水产品的用水效率指标体系,加强用水定额和计划管理。对取用水达到一定规模的用水户实行重点监控。严格限制水资源不足地区建设高耗水型工业项目。落实建设项目节水设施与主体工程同时设计、同时施工、同时投产制度。加快实施节水技术改造,全面加强企业节水管理,建设节水示范工程,普及农业高效节水技术。抓紧制定节水强制性标准,尽快淘汰不符合节水标准的用水工艺、设备和产品。

3) 建立水功能区限制纳污制度。确立水功能区限制纳污红线,从严核定水域纳污容量,严格控制入河湖排污总量。各级政府要把限制排污总量作为水污染防治和污染减排工作的重要依据,明确责任,落实措施。对排污量已超出水功能区限制排污总量的地区,限制审批新增取水和入河排污口。建立水功能区水质达标评价体系,完善监测预警监督管理制度。加强水源地保护,依法划定饮用水水源保护区,强化饮用水水源应急管理。建立水生态补偿机制。

4) 建立水资源管理责任和考核制度。县级以上地方政府主要负责人对本行政区域水资源管理和保护工作负总责。严格实施水资源管理考核制度,水行政主管部门会同有关部门,对各地区水资源开发利用、节约保护主要指标的落实情况进行考核,考核结果交由干部主管部门,作为地方政府相关领导干部综合考核评价的重要依据。加强水量水质监测能力建设,为强化监督考核提供技术支撑。

(7) 不断创新水利发展体制机制

"四个方面体制机制创新":完善水资源管理体制;加快水利工程建设和管理体制改革;健全基层水利服务体系;积极推进水价改革。

1) 完善水资源管理体制。强化城乡水资源统一管理,对城乡供水、水资源综合利用、水环境治理和防洪排涝等实行统筹规划、协调实施,促进水资源优化配置。完善流域管理与区域管理相结合的水资源管理制度,建立事权清晰、分工明确、行为规范、运转协调的水资源管理工作机制。进一步完善水资源保护和水污染防治协调机制。

2) 加快水利工程建设和管理体制改革。区分水利工程性质,分类推进改革,健全良性运行机制。深化国有水利工程管理体制改革,落实好公益性、准公益性水管单位基本支出和维修养护经费。中央财政对中西部地区、贫困地区公益性工程维修养护经费给予补助。妥善解决水管单位分流人员社会保障问题。深化小型水利工程产权制度改革,明确所有权和使用权,落实管护主体和责任,对公益性小型水利工程管护经费给予补助,探索社会化和专业化的多种水利工程管理模式。对非经营性政府投资项目,加快推行代建制。充分发挥市场机制在水利工程建设和运行中的作用,引导经营性水利工程积极走向市场,完善法人治理结构,实现自主经营、自负盈亏。

3) 健全基层水利服务体系。建立健全职能明确、布局合理、队伍精干、服务到位的基层水利服务体系,全面提高基层水利服务能力。以乡镇或小流域为单元,健全基层水利服务机构,强化水资源管理、防汛抗旱、农田水利建设、水利科技推广等公益性职能,按规定核定人员编制,经费纳入县级财政预算。大力发展农民用水合作组织。

4) 积极推进水价改革。充分发挥水价的调节作用,兼顾效率和公平,大力促进节约用水和产业结构调整。工业和服务业用水要逐步实行超额累进加价制度,拉开高耗水行业与其他行业的水价差价。合理调整城市居民生活用水价格,稳步推行阶梯式水价制度。按照促进节约用水、降低农民水费支出、保障灌排工程良性运行的原则,推进农业水价综合改革,农业灌排工程运行管理费用由财政适当补助,探索实行农民定额内用水享受优惠水价、超定额用水累进加价的办法。

(8) 切实加强对水利工作的领导

"四个方面明确要求":落实各级党委和政府责任;推进依法治水;加强水利队伍建设;动员全社会力量关心支持水利工作。

1) 落实各级党委和政府责任。各级党委和政府要站在全局和战略高度,切实加强水利工作,及时研究解决水利改革发展中的突出问题。实行防汛抗旱、饮水安全保障、水资源管理、水库安全管理行政首长负责制。各地要结合实际,认真落实水利改革发展各项措施,确保取得实效。各级水行政主管部门要切实增强责任意识,认真履行职责,抓好水利改革发展各项任务的实施工作。各有关部门和单位要按照职能分工,尽快制定完善各项配套措施和办法,形成推动水利改革发展合力。把加强农田水利建设作为农村基层开展创先争优活动的重要内容,充分发挥农村基层党组织的战斗堡垒作用和广大党员的先锋模范作用,带领广大农民群众加快改善农村生产生活条件。

2) 推进依法治水。建立健全水法规体系,抓紧完善水资源配置、节约保护、防汛抗旱、农村水利、水土保持、流域管理等领域的法律法规。全面推进水利综合执法，严格执行水资源论证、取水许可、水工程建设规划同意书、洪水影响评价、水土保持方案等制度。加强河湖管理，严禁建设项目非法侵占河湖水域。加强国家防汛抗旱督察工作制度化建设。健全预防为主、预防与调处相结合的水事纠纷调处机制，完善应急预案。深化水行政许可审批制度改革。科学编制水利规划，完善全国、流域、区域水利规划体系，加快重点建设项目前期工作，强化水利规划对涉水活动的管理和约束作用。做好水库移民安置工作，落实后期扶持政策。

3) 加强水利队伍建设。适应水利改革发展新要求，全面提升水利系统干部职工队伍素质，切实增强水利勘测设计、建设管理和依法行政能力。支持大专院校、中等职业学校水利类专业建设。大力引进、培养、选拔各类管理人才、专业技术人才、高技能人才，完善人才评价、流动、激励机制。鼓励广大科技人员服务于水利改革发展第一线，加大基层水利职工在职教育和继续培训力度，解决基层水利职工生产生活中的实际困难。广大水利干部职工要弘扬"献身、负责、求实"的水利行业精神，更加贴近民生，更多服务基层，更好服务经济社会发展全局。

4) 动员全社会力量关心支持水利工作。加大力度宣传国情水情，提高全民水患意识、节水意识、水资源保护意识，广泛动员全社会力量参与水利建设。把水情教育纳入国民素质教育体系和中小学教育课程体系，作为各级领导干部和公务员教育培训的重要内容。把水利纳入公益性宣传范围，为水利又好又快发展营造良好舆论氛围。对在加快水利改革发展中取得显著成绩的单位和个人，各级政府要按照国家有关规定给予表彰奖励。

5.1.2 中央水利工作会议精神

中央水利工作会议 2011 年 7 月 8 日至 9 日在北京举行。本次中央水利工作会议，是我们党成立以来、新中国建立以来第一次以中央名义召开的水利工作会议，是继今年中央 1 号文件之后党中央、国务院再次对水利工作作出动员部署的重要会议，规格之高、内容之实、影响之大、效果之好前所未有，必将载入中华民族治水兴邦的史册，成为新中国水利事业继往开来的里程碑，开启我国水利跨越式发展的新征程。

1. 加快水利改革发展的重要性和紧迫性

胡锦涛在会议上发表重要讲话，强调加快水利改革发展，是事关我国社会主义现代化建设全局和中华民族长远发展重大而紧迫的战略任务，是保障国家粮食安全的迫切需要，是转变经济发展方式和建设资源节约型、环境友好型社会的迫切需要，是保障和改善民生、促进社会和谐稳定的迫切需要，是应对全球气候变化、增强抵御自然灾害综合能力的迫切需要。我们必须充分认识加快水利改革发展的重要性和紧迫性，积极行动起来，更加扎实地做好水利工作，推动水利事业又好又快发展。

2. 水利改革发展的原则

胡锦涛指出，加快水利改革发展，要坚持以下原则。一是坚持民生优先，着力解决人民最关心最直接最现实的水利问题，促进水利发展更好服务于保障和改善民生。二是坚持统筹兼顾，注重兴利除害结合、防灾减灾并重、治标治本兼顾，统筹安排水资源合理开发、优化配置、全面节约、有效保护、科学管理。三是坚持人水和谐，合理开发、优化配置、全面节约、有效保护、高效利用水资源，合理安排生活、生产、生态用水。四是坚持政府主导，充分发挥公共财政对水利发展的保障作用，大幅增加水利建设投资。五是坚持改革创新，加快水利重点领域和关键环节改革攻坚，着力构建充满活力、富有效率、更加开放、有利于科学发展的水利体制机制。

3. 水利改革发展的重点任务

胡锦涛强调，要切实完成水利改革发展的重点任务，加强顶层设计、统筹规划，科学确定水利发展长远目标、建设任务、投资规模，有计划、有步骤，分阶段、分层次推进，同时要齐心协力攻坚克难，确保不断取得阶段性突破和进展。当前，要全力以赴完成好以下重点任务。一要着力加强农田水利建设，下大气力在全国大规模开展农田水利建设，健全农田水利建设新机制，全面提高农业用水效率，持续改善农业水利基础条件，显著提高农业综合生产能力。二要着力提高防洪保障能力，在继续加强大江大河大湖治理的同时，加快推进防洪重点薄弱环节建设，继续推进主要江河河道整治和堤防建设，加大中小河流治理力度，巩固大中型病险水库除险加固成果，加快小型病险水库除险加固步伐，全面提高城市防洪排涝能力，从整体上提高抗御洪涝灾害能力和水平。三要着力建设水资源配置工程，实现江河湖库水系连通，全面提高水资源调控水平和供水保障能力，加快实施农村饮水安全工程，确保城乡居民饮水安全。四要着力推进水生态保护和水环境治理，坚持保护优先和自然恢复为主，维护河湖健康生态，改善城乡人居环境。五要着力实行最严格的水资源管理制度，加快确立水资源开发利用控制、用水效率控制、水功能区限制纳污3条红线，把节约用水贯穿经济社会发展和群众生活生产全过程。六要着力提高水利科技创新能力，力争在水利重点领域、关键环节、核心技术上实现新突破，加快水利科技成果推广转化。

4. 保障措施

胡锦涛指出，加快水利改革发展，是关系中华民族生存和发展的长远大计，一定要真抓实干、持之以恒，把中央各项决策部署落到实处。要加强领导、落实责任，各级党委和政府要加深对水利建设重要性的认识，把水利改革发展工作摆在重要位置，重点抓战略规划，抓工作部署，抓督促检查，确保责任到位、措施到位、投入到位。要科学治水、依法管水，坚持可持续发展治水思路，建立健全适应我国国情和水情的法律法规体系，提高水利工作科学化、法制化水平。要健全队伍、转变作风，建设一支高素质人才队伍，突出加强基层水利人才队伍建设，加大急需紧缺专业技术人才培养力度，加快解决西部地区水利人才不足问题。要密切协作、形成合力，牢固树立全流域一盘棋思想，全面统筹各项任务，形成治水兴水合力。要重视宣传、营造氛围，加大国情和水情宣传普及力度，提高全民水患意识、节水意识、水资源保护意识，在全社会形成节约用水、合理用水的良好风尚。

5. 新时期治水方略

温家宝在讲话中指出，要认真总结国内外治水的经验教训，立足我国基本国情，顺应自然规律和社会发展规律，适应经济社会发展要求，制定实施新形势下的治水方略。一是科学规划。立足当前、着眼长远，作好顶层设计、搞好规划布局，促进水资源合理开发、优化配置、全面节约、有效保护、科学管理、永续利用。二是统筹安排。注重兴利除害并举、防灾减灾并重、治标治本结合，统筹处理好重大关系，最大程度发挥水利的综合效益。三是综合治理。多措并举、综合治理，把工程措施与非工程措施结合起来，充分运用现代科技、信息、管理等手段，健全综合防灾减灾体系，不断提高治水的科学化水平。四是节水优先。大力倡导、全面强化节约用水，不断提高水资源利用效率和效益。五是强化保护。坚持在开发中保护、在保护中开发，以水资源的可持续利用保障经济社会的可持续发展。六是量水而行。在确定产业发展、生产力布局、城镇建设规划时，充分考虑水资源、水环境承载能力，因水制宜、以供定需。

6. 新时期水利重点工作

温家宝对下一阶段的水利重点工作作出安排。要全面提高防汛抗旱减灾能力，加快中小河流治理，加快小型水库除险加固步伐，加快山洪灾害防治，加快抗旱水源建设。要大力推进节水型社会建设，实行最严格的水资源管理制度，建立健全节约用水的利益调节机制，大力推广节水技术和产品。要加大水生态治理和水环境保护力度，加强水污染防治，实施地下水超采治理和保护，推进生态脆弱河湖修复，继续加强水土保持。要突出加强农田水利建设，充分发挥现有灌溉工程作用，因地制宜扩大有效灌溉面积，健全农田水利建设新机制。要着力保障城乡居民饮水安全，加强水资源配置工程建设，提高城乡供水保障能力，解决好农村饮水安全问题，加强城市供水能力建设。要健全加快水利发展的保障机制，加大水利建设投入，推进水利改革创新，加快水利科技进步。

回良玉在总结讲话中指出，要认真学习贯彻胡锦涛、温家宝同志的重要讲话和2011年中央1号文件精神，把思想切实统一到中央对水利形势的科学判断上来，把行动切实统一到中央对水利发展的战略部署上来，做到领导真重视、资金真投入、工作真落实。要抓紧建设一批重大水利工程，突出强化小型水利建设，明确政府在水利建设中负主要责任，建立健全体制机制，激发加快水利发展活力。要落实领导责任，提高工作水平，加强监督检查，搞好宣传引导，形成全社会治水兴水的强大合力。

2011年7月11日，水利部党组召开全国水利系统贯彻落实中央水利工作会议精神动员大会，传达学习胡锦涛总书记、温家宝总理和回良玉副总理在中央水利工作会议上的重要讲话精神，全面贯彻中央关于水利工作的重大战略部署。

陈雷要求，认真学习、深刻领会中央领导同志的重要讲话的丰富内涵和精神实质，准确把握、全面贯彻中央对水利改革发展作出的一系列重大决策部署。一要深刻审视我国基本国情水情，二要全面认识新形势下水利战略地位，三要深入领会新形势下中央水利工作方针，四要准确把握中央关于水利的战略部署，五要切实掌握治水兴水重大政策。

陈雷强调，要全面贯彻落实中央关于水利的决策部署，加快推进水利改革发展新跨越。中央水利工作会议全面吹响了加快水利改革发展新跨越的进军号角。要紧紧抓住这一重大历史机遇，把贯彻落实中央水利工作会议精神和贯彻落实中央1号文件紧密结合起来，全面掀起治水兴水新高潮，全力开创水利改革发展新局面。第一，明确一个思路，坚定不移地走中国特色水利现代化道路。第二，抓住两个关键，着力推动科学治水和依法管水。第三，实现三个突破，全面推进水利建设管理改革领域新跨越。一要在加强水利薄弱环节建设上实现新突破，二要在落实最严格水资源管理制度上实现新突破，三要在创新水利科学发展体制机制上实现新突破。第四，建成四大体系，加快形成与全面小康社会相适应的水利发展格局。力争通过5年到10年努力，从根本上扭转水利建设明显滞后的局面。到2020年，基本建成四大体系。一是基本建成防洪抗旱减灾体系，二是基本建成水资源合理配置和高效利用体系，三是基本建成水资源保护和河湖健康保障体系，四是基本建成有利于水利科学发展的体制机制和制度体系。第五，强化五个支撑，着力做好打基础利长远的各项水利工作。一要强化水利规划支撑,二要强化水利科技支撑,三要强化水文基础支撑,四要强化服务体系支撑,五要强化人才队伍支撑。第六,落实六项政策,不断为水利又好又快发展注入强大动力。一要落实公共财政投入政策,二要落实从土地出让收益中提取10%用于农田水利建设政策,三要落实水利建设基金筹集与使用政策,四要落实水资源费征收使用和管理政策,五要落实水利建设金融支持政策,六要落实鼓励农民群众参与水利建设政策。

5.2 国家关于水利水电工程建设领域突出问题专项治理工作的相关规定

为贯彻落实中共中央办公厅、国务院办公厅《关于开展工程建设领域突出问题专项治理工作的意见》(中办发〔2009〕27号)和中央治理工程建设领域突出问题工作领导小组《工程建设领域突出问题专项治理工作实施方案》(中治工发〔2009〕2号),有计划、有步骤地做好水利水电工程建设领域突出问题专项治理工作,水利部先后印发了《水利工程建设领域突出问题专项治理工作方案》、《关于贯彻落实2011年中央一号文件深入推进水利工程建设领域突出问题专项治理工作的实施方案》,国家电力监管委员会印发了《电监会工程建设领域突出问题专项治理工作实施方案》。

5.2.1 《水利工程建设领域突出问题专项治理工作方案》

1. 总体要求、主要任务和阶段性目标

(1) 总体要求

以科学发展观为统领,全面贯彻落实党的十七大精神,紧紧围绕扩大内需、加快发展、深化改革、改善民生、促进和谐等任务,以政府投资和使用国有资金的水利工程建设项目特别是扩大内需水利项目为重点,以改革创新、科学务实的精神,坚持围绕中心、统筹协调,标本兼治、惩防并举,坚持集中治理与加强日常监管相结合,着力解决水利工程建设领域存在的突出问题,确保工程安全、资金安全和干部安全,切实维护人民群众的根本利益,为水利事业又好又快发展提供坚强保证。

(2) 主要任务

用2年左右的时间,对2008年以来政府投资和使用国有资金的规模以上的水利项目特别是扩大内需水利项目进行全面排查,切实解决水利工程建设领域存在的突出问题。进一步推进决策和规划管理工作公开透明,确保水利规划和项目审批依法实施;进一步规范招标投标活动,促进水利工程招标投标市场健康发展;进一步加强监督管理,确保水利工程建设领域的行政行为、市场行为更加规范;进一步深化体制机制制度改革,建立规范的水利工程建设市场体系;进一步落实工程建设质量和安全责任制,确保水利工程建设质量与安全。

(3) 阶段性目标

水利工程建设法规制度比较完善,互联互通的水利工程建设市场信用体系初步建立,水利工程建设健康有序发展的长效机制基本形成,水利工程建设领域市场交易依法透明运行,领导干部违法违规插手干预水利工程建设的行为受到严肃查处,水利工程建设领域的腐败现象得到进一步遏制。

2. 职责分工

根据分级管理和业务归口管理的原则,明确分工,各负其责。水利部(包括流域机构）负责部直属水利工程建设项目的专项治理工作，对地方负责建设管理的水利工程建设项目专项治理工作进行督查指导；各省（区、市）水利（水务）厅（局）负责省直属水利工程建设项目的专项治理工作，部署、督查指导本地区地方水利工程建设项目的专项治理工作。水利工程建设项目的主管单位直接负责所管项目的专项治理工作。

水利部有关司局和单位按照职责分工，负责对所管理业务领域建设项目的专项治理工作进行督促检查和业务指导。规划计划司牵头负责水利工程规划、项目立项审查审批、投资计划管理等工作；建设与管理司负责水利工程建设的综合管理并牵头负责大江大河治理、骨干水利工程和病险水库（闸）除险加固等工程；水土保持司牵头负责水土保持建设工程；农村水利司牵头负责农村饮水安全、节水灌溉、灌区续建配套与节水改造、泵站建设与改造工程；水电局牵头负责水能资源开发和农村水电工程；驻部监察局牵头负责水利工程建设领域的执法监察、效能监察和案件查办工作。

3. 任务目标和措施

水利工程建设领域突出问题专项治理的任务分解为 5 个方面、29 项主要措施，具体内容如下：

（1）规范水利工程建设项目决策行为

目标要求：着重解决或避免擅自改变规划、未批先建、违规审批、设计粗糙、"报大建小"、不按程序变更设计以及决策失误造成重大损失等突出问题，促进水利工程建设项目规划和审批公开透明、依法实施，不断提高水利工程建设项目前期工作质量。

主要措施：

1）加强水利规划管理。出台水利规划管理办法，明确政府在水利规划编制中的主导地位，强化规划编制单位的公正性与公平性，编制规划体系名录，加快规划编制、协调审批进度；完善规划论证制度，提高规划专家咨询与公众参与度，强化规划的科学性、民主性；加强对规划实施的监管，开展规划后评估；依法批准的水利工程规划，未经法定程序不得修改。

2）严格水利项目审批。进一步明确水利工程建设项目行政审批事项的审批主体和审批权限，完善水利项目立项审批集体研究决策机制，逐步推行中央政府投资项目公示制度；根据《中华人民共和国水法》、《中华人民共和国防洪法》、《中华人民共和国水土保持法》、《中华人民共和国水污染防治法》、《中华人民共和国河道管理条例》等法律法规和《国务院关于投资体制改革的决定》（国发［2004］20 号）等政策规定，认真执行水利建设项目审查、审批、核准、备案管理程序，加强项目立项审批前置条件监管，严格实施规划同意书审批、水资源论证及取水许可审批、涉河建设项目审批、环境影响报告书（表）预审、水土保持方案审批、移民安置规划大纲审批、移民安置规划审核等水利行政许可事项，开展重大水利工程建设项目安全评价；积极推行网上审批和网上监察；修订《水利基本建设投资计划管理暂行办法》，加强与有关部门在项目分类、审批权限、报批程序等方面的工作衔接。

3）提高水利项目前期工作质量。加大前期工作投入，积极推行项目前期工作招投标制度，选择具备相应资质的单位承担项目勘测设计任务，加强勘探测量工作，严格各设计阶段工程设计标准和等别，认真执行强制性标准和规程规范，确保勘测设计工作达到规程规范要求深度；加强概算编制管理，科学合理确定项目建设规模，严格控制工程造价；重

5.2 国家关于水利水电工程建设领域突出问题专项治理工作的相关规定

视前期工作中的土地移民问题，从规划布局、工程方案比选论证、建筑物用地控制标准等方面从严把关，优选工程占地少、经济合理的工程方案；对前期工作不完善、不符合有关规定的中央项目和申请中央补助资金的地方项目，一律不安排投资计划。

4) 加强设计变更和概算调整管理。编制出台《水利建设工程设计变更管理办法》，严格执行设计变更手续，重大设计变更须报原审批单位审批；严格执行国家发展改革委《关于加强中央预算内投资项目概算调整管理的通知》(发改投资［2009］1550号)，加强中央预算内投资项目概算调整管理，确需调整概算的中央投资水利项目，报原审批单位审批；对概算调增幅度超过原批复概算10%的项目，原则上先安排进行审计，视审计情况再进行概算调整；严格资金拨付和使用程序，对未经审批的超概算、超计划的项目不下达预算，不支付资金。

5) 督促地方配套资金落实。督促检查地方落实水利建设项目配套资金，各地应明确地方配套投资责任主体，合理分摊配套投资比例，加大地方各级尤其是省级财政投入力度；对水利项目配套资金不到位的，采取控制审批新上项目、调减投资计划安排、申请财政部扣减预算、调整转移支付资金等方式进行处罚，促使地方配套资金足额及时到位。

6) 强化水能资源开发管理。建立健全水能资源开发制度和规范高效、协调有序的水能资源管理工作机制；坚决遏制水能资源无序开发，清理整顿"四无"水电站。

(2) 规范水利工程建设招标投标活动

目标要求：着重解决规避招标、虚假招标、围标串标、评标不公等突出问题，促进水利工程建设招标投标活动的公开、公平、公正。

主要措施：

1) 规范施工招标文件编制。继续做好《标准施工招标资格预审文件》、《标准施工招标文件》贯彻实施工作，加快编制完成《水利水电工程标准施工招标文件》和《水利水电工程标准施工招标资格预审文件》(已完成并于2009年颁布)。

2) 规范招标投标行为。根据《中华人民共和国招标投标法》、《水利工程建设项目招标投标管理规定》(水利部令第14号)、《工程建设项目招标范围和规模标准规定》(国家发展计划委令第3号)和《关于印发贯彻落实扩大内需促进经济增长决策部署进一步加强工程建设招标投标监管工作意见的通知》(发改法规［2009］1361号)等有关规定，严格履行招标投标程序，严格核准招标范围、招标方式和招标组织形式，严格审批非公开招标项目，确保依法应该公开招标的项目实行公开招标。

3) 规范评标工作。评标标准和方法应科学合理，建立防范低于成本价中标行为的机制，加强围标串标治理，有效控制围标串标、恶意低价中标行为；进一步加强评标专家管理，建立培训、考核、评价制度，规范评标专家行为，健全评标专家退出机制；积极探索招标投标电子化建设，开展电子招标的试点和推广应用；防范和打击水利建设领域围标串标、借用资质等违法违规行为。

4) 健全招标投标监督机制和举报投诉处理机制。认真执行《水利工程建设项目招标投标行政监督暂行规定》(水建管［2006］38号)等文件，建立健全科学、高效的监督机制和监控体系，对招标投标活动进行全过程监督。按照《工程建设项目招标投标活动投诉处理办法》(国家发展改革委令第11号)的要求，进一步健全举报投诉处理机构；强化招标投标行政监察和审计工作，严格落实招标投标违法行为记录公告制度。

(3) 加强水利工程建设实施和质量安全管理

目标要求：着重解决项目法人组建不规范、管理力量薄弱，转包和违法分包，监理不到位，质量与安全责任制不落实、措施不到位，资金管理使用混乱等突出问题，避免重、特大质量与安全事故的发生。

主要措施：

1) 加强法规制度建设。全面清理水利工程建设领域的法规制度，分类作出处理，不适应的予以废止，不完善的及时修订，需要新出台的抓紧研究制定。加强对重点部位和关键环节的制度建设，注重制度之间的配套衔接，增强制度的针对性、系统性和实效性。

2) 研究解决民生水利工程建设管理不规范的问题。结合病险水库（闸）除险加固、农村饮水、灌区配套与节水改造、水土保持、农村水电等工程实际，加强对民生水利工程建设管理中项目法人组建、招标投标、工程监理等重点环节的调查研究，出台相关管理规定，规范建设管理；统筹建设管理力量，开展业务培训，培育发展专业化的水利建设管理队伍，积极稳妥地推进项目代建制和委托制。

3) 严把水利建设市场准入关。严格水利工程建设市场主体准入条件，做好水利建设市场设计、监理、施工、质量检测等单位的资质管理和水利工程建设从业人员的资格管理工作，建立完善市场清出机制；参建单位必须在其资质等级许可范围内从事相应的经营活动，不得超越资质权限和任意扩大经营范围。

4) 加强建设监理管理。按照《水利工程建设监理规定》（水利部令第28号）等有关制度开展监理工作，修订《水利工程建设项目施工监理规范》，制定《水土保持工程施工监理规范》、《机电及金属结构设备制造监理导则》、《水利工程建设环境保护监理导则》；积极培育水利工程监理市场，着力规范监理市场秩序；强化监理行为监管，督促监理单位严格履行监理职责，保证现场监理力量；加强监理人员知识更新培训，提高监理人员业务素质和实际能力。

5) 加强合同管理。严格执行《中华人民共和国合同法》，督促项目主管部门、项目法人等提高依法履约意识，提高合同履约水平，防范水利工程建设转包和违法分包行为，逐步建立水利工程防止拖欠工程款和农民工工资长效机制。

6) 严把开工审批关。水利工程建设项目主体工程开工前，项目法人应按照《国务院办公厅关于加强和规范新开工项目管理的通知》（国办发［2007］64号）和《关于加强水利工程建设项目开工管理工作的通知》（水建管［2006］144号）的规定申请开工，经有审批权的水行政主管部门批准后，工程方能开工。严格审核项目开工条件，对未经批准擅自开工、弄虚作假骗取开工审批的建设项目要严肃处理。

7) 强化验收管理。验收工作要严格按照《水利工程建设项目验收管理规定》（水利部令第30号）、《水利水电建设工程验收规程》SL 223—2008等有关规定和技术标准进行；竣工验收前，应当按照国家有关规定，进行环境保护、水土保持、移民安置以及工程档案等专项验收，并完成竣工财务决算及审计工作；未经验收或者验收不合格的，不得交付使用或者进行后续工程施工。

8) 加强质量管理。修订《水利工程质量管理规定》（水利部令第7号）、《水利工程质量事故处理暂行规定》（水利部令第9号），健全项目法人负责、监理单位控制、施工单位保证和政府质量监督相结合的质量管理体系，严格质量标准和操作规程，落实质量终身负

5.2 国家关于水利水电工程建设领域突出问题专项治理工作的相关规定

责制；修订《水利工程质量监督管理规定》(水建[1997]339号)，完善水利工程质量监督管理制度，保证质量监督工作经费，健全质量监督工作机制，提高监督水平；认真贯彻执行《水利工程质量检测管理规定》(水利部令第36号)，确保质量检测工作有序开展。

9) 加强安全生产管理。严格执行《建设工程安全生产管理条例》和《水利工程建设安全生产管理规定》(水利部令第26号)，制定《水利工程建设安全生产监督管理规定》，建立安全生产综合监管与专业监管相结合的管理体系，落实水利工程建设安全生产责任制，明确安全责任主体，加强现场安全管理，完善安全技术措施，强化安全生产监督检查，加大事故隐患排查治理、安全生产违法违规行为处罚和安全事故查处督导力度；完善水利工程建设项目安全设施"三同时"工作。

10) 加强基建财务管理。督促项目法人加强项目账务管理，严格资金拨付和使用程序，严禁大额现金支付工程款，规范物资采购、合同管理等；完善灌区、农村饮水安全以及扩大内需水利工程等项目资金管理办法。

11) 加强征地补偿和移民安置管理工作。组织开展水利工程移民安置实施工作专项检查和督导，督促、指导地方严格执行经批准的补偿标准。

(4) 推进水利工程建设项目信息公开和诚信体系建设

目标要求：着重解决水利工程建设信息公开不规范不透明、市场准入和退出机制不健全以及水利工程建设领域信用缺失等突出问题，进一步规范水利建设市场秩序，逐步建立互联互通的水利工程建设市场信用体系。

主要措施：

1) 公开项目建设信息。认真贯彻政府信息公开条例，及时发布水利工程建设项目招标信息，公开项目招标过程、施工管理、合同履约、质量检查、安全检查和竣工验收等相关建设信息。

2) 拓宽信息公开渠道。利用政府门户网站和各种媒体，完善水利工程建设项目信息平台，逐步实现水利行业信息共建共享。

3) 深入宣传报道。发挥新闻媒体的作用，加强对专项治理工作的宣传报道，强化对水利工程建设领域的舆论监督和社会监督。

4) 加快信用体系建设。制定水利建设市场主体不良行为记录公告办法和水利建设市场主体信用信息管理暂行办法，建立全国统一的水利建设市场主体信用信息平台。研究出台建立水利建设市场信用体系的指导性意见，逐步建立失信惩戒和守信激励制度。

(5) 加强水利工程建设稽察、审计、监察工作，加大案件查办力度

目标要求：着重解决水利工程建设过程中存在的违法、违规、违纪行为和机关工作人员特别是领导干部利用职权违规干预招标投标、规划审批等突出问题，加大稽察、审计、监察、检查和责任追究力度，遏制水利工程建设领域腐败现象。

主要措施：

1) 强化水利工程建设稽察工作。加大对重点水利项目和重点民生水利工程的稽察力度；注重稽察工作成效，督促稽察整改意见落实，提高稽察工作效率和权威；开展稽察成果分析和对策研究，促进水利工程建设项目规范管理；加强稽察法制建设，规范稽察行为，修订《水利基本建设项目稽察暂行办法》。

2) 强化水利工程建设审计工作。抓住重点，提前介入，主动跟进，客观评价水利工

程建设项目绩效,及时揭示项目建设管理中存在的问题,督促整改落实,做到边审计、边整改、边规范、边提高,确保重点水利工程项目建设顺利进行。

3) 强化水利工程建设监察工作。开展水利工程建设专项执法监察和效能监察,加强对水利建设领域重点项目、重点环节和重点岗位的监督检查力度。

4) 加大案件查办力度。拓宽案源渠道,公布专项治理电话和网站,认真受理群众举报和投诉,注重案件线索,集中查处和通报一批水利工程建设领域典型案件;发挥查办案件的治本功能,剖析大案要案,开展警示教育,查找体制机制制度存在的缺陷和漏洞,提出加强管理的措施。

5.2.2 《关于贯彻落实2011年中央一号文件深入推进水利工程建设领域突出问题专项治理工作的实施方案》

《中共中央 国务院关于加快水利改革发展的决定》(中发〔2011〕1号,以下简称《决定》)进一步明确了新形势下水利的战略定位,把水利作为国家基础设施建设的优先领域,出台了一系列含金量高、可操作性强的政策措施,水利投入将大幅度增加,水利建设将迎来新的高潮。为贯彻落实《决定》精神,保障大规模水利建设的工程安全、资金安全、干部安全和生产安全,水利部出台《关于贯彻落实2011年中央一号文件深入推进水利工程建设领域突出问题专项治理工作的实施方案》,决定在"十二五"期间继续深入推进水利工程建设领域突出问题专项治理工作,深化重点环节治理,推进长效机制建设,确保大规模水利建设顺利实施。

1. 总体要求、主要措施和阶段性目标

(1) 总体要求

深入贯彻落实科学发展观,以贯彻落实《决定》为出发点和落脚点,以贯彻执行《关于解决当前政府投资工程建设中带有普遍性问题的意见》(国办发〔2010〕41号)为主线,坚持标本兼治、综合治理,突出重点、整体推进,坚持综合治理与专项治理、集中治理与加强日常监管相结合,着力解决水利工程建设领域存在的突出问题,推进体制机制制度创新,规范水利工程建设市场,严肃查处违法违纪案件,确保大规模水利建设的工程安全、资金安全、干部安全和生产安全,为加快水利改革发展保驾护航。

(2) 阶段性目标

水利工程建设法规制度体系比较完善,民生水利工程关键环节规章制度逐步健全;水利工程建设项目决策行为科学严格,规划约束力和前期工作质量得到有效保障;水利工程建设领域市场交易活动依法透明运行,围标串标等违法行为得到有效整治;互联互通的水利工程建设市场信用体系全面建成,失信惩戒和守信激励的长效机制基本形成;水利工程建设实施管理规范有序,工程质量安全事故基本杜绝;水利建设从业人员守法意识得到强化,建设管理水平有效提升;水利工程建设领域违法违规行为受到严肃查处,腐败现象得到进一步遏制;大规模水利建设工程安全、资金安全、干部安全和生产安全的目标整体实现。

(3) 主要措施

一是强化制度建设,建立长效机制。切实加强水利工程建设管理的制度建设,保证水利建设的关键环节有章可循、有规可依。

二是强化规划约束,确保工程项目安排科学合理。完善水利工程建设规划体系,保证

5.2 国家关于水利水电工程建设领域突出问题专项治理工作的相关规定

水利建设符合规划要求。

三是强化监督检查，保障建设行为依法规范。建立监察部门和水利部门联合监督检查机制，充分发挥稽察、审计、监察作用，保障水利建设有序实施。

四是强化人员培训，全面提高从业人员综合素质。加大水利建设基层管理人员培训力度，提高水利建设从业人员依法管理的意识和能力。

五是强化案件查办，形成强大威慑力量。严肃惩治水利建设中的腐败行为，保持对违法违纪案件查办的高压态势。

2. 工作机制

（1）建立监察部水利部联合监督检查机制。从2011年起，监察部、水利部联合开展对《中共中央国务院关于加快水利改革发展的决定》贯彻落实情况的监督检查，既充分发挥水行政主管部门的行业管理和业务指导职能，又发挥监察部门查办案件的威慑作用和治本功能。2011年联合监督检查工作与工程建设领域突出问题专项治理检查相结合，检查重点是贯彻落实《决定》工作部署情况、水利投入稳定增长机制落实情况和招标投标、资金使用和质量安全等重点环节。

（2）加强工程治理工作的监督检查。落实监管责任，把监督检查贯穿水利工程专项治理工作全过程，健全有效联动、密切监控的监督机制，综合运用跟踪检查、联合检查、重点抽查等形式，加强工程治理工作监督检查。加大对水利工程建设领域执行力的监督检查力度，维护法规制度的严肃性。对工程治理工作不认真、弄虚作假或边改边犯的，按照"谁主管、谁负责，谁建设、谁负责"的原则严肃追究责任。

（3）加大水利建设稽察力度。完善水利稽察管理制度，合理制定稽察工作计划，扎实完成各项水利建设项目稽察任务，充分发挥好水利稽察"检查、反馈、整改、提高"的综合功能。依托水利工程建设领域突出问题专项治理工作，建立完善稽察发现问题整改平台，确保稽察发现问题的整改落实到位，切实提高稽察工作效能。

5.2.3 《电监会工程建设领域突出问题专项治理工作实施方案》

1. 工作目标和要求

在中央专项治理工作领导小组和电监会党组领导下，按照《电监会工程建设领域突出问题专项治理工作实施方案》要求，坚持集中治理与日常监管工作相结合，配合有关部门，以政府投资和使用国有资金电力建设项目特别是扩大内需项目为重点，用2年左右的时间，对2008年以来规模以上的电力投资项目进行全面排查。着力解决电力工程建设领域存在的突出问题，规范电力工程建设项目决策行为，加强电力工程建设实施和工程质量管理，遏制重特大电力建设安全事故的发生，维护人民群众的根本利益，促进电力工业持续健康发展。

2. 主要任务

（1）积极配合有关部门，完成电力工程建设领域专项治理任务。

1）配合发展改革委规范电力工程建设项目决策行为。着重解决电力工程建设领域未批先建、违规审批以及决策失误造成重大损失等突出问题，规范电力建设市场秩序，严格执行环境评价制度，促进电力工程建设项目依法实施。

2）配合住房城乡建设部加强电力工程建设实施和工程质量的管理。着重解决电力工程建设项目标后监管薄弱、转包和违法分包、不认真履行施工监理责任、建设质量低劣等突出问题,保证电力工程建设质量。

(2) 结合电力监管工作实际,解决电力工程建设项目突出问题。

1) 依法查处电力工程建设项目无证施工行为。严格执行《承装(修、试)电力设施许可证管理办法》,依法查处电力工程建设领域无电力设施安装、维修、试验许可证施工等违规作业行为,确保电力建设工程质量和安全。

2) 加强电力工程造价与定额工作的监管。组织开展电力工程造价监管工作,掌握电力工程项目造价变化趋势,加强电力工程建设成本监管,促使企业不断提高工程造价工作水平。制定电力工程造价信息发布办法,逐步建立造价信息统计分析和发布的长效机制。

3) 严格监督国家工程建设强制性条文标准执行情况。依据《电力监管条例》、《建设工程质量管理条例》、《建设工程安全生产管理条例》等有关法规,开展工程建设强制性条文标准(电力工程部分)实施情况检查,强化电力建设、勘察(测)、设计、施工、监理等单位贯彻执行国家质量安全法律法规和强制性技术标准的力度。

4) 加强电力建设施工安全监管。督促各参建单位建立健全电力建设安全管理制度以及安全生产保证体系和监督体系,落实电力建设单位对工程安全生产负有的全面管理责任和其他各参建单位的安全生产责任,落实电力建设安全生产的各项措施,遏制电力工程建设重特大事故发生。

5) 完善电力建设施工应急机制。着力解决电力工程建设项目应急组织体系和工作机制未建立、应急预案不完善、应急演练不及时、应急救援队伍和装备不健全等问题,夯实应急管理基础,提高突发事件的应急处置能力。

6) 加强新建发电机组并网安全性评价工作。制定发电机组并网安全性评价技术标准,着力解决新建发电机组涉网设备和系统存在的不满足并网安全运行要求的问题,提高发电机组安全稳定运行水平,保证电网运行安全。

7) 积极推进电力行业诚信体系建设。将电力工程建设领域突出问题治理工作与治理商业贿赂相结合,依法查处电力工程建设领域的商业贿赂案件,规范电力建设市场秩序,维护公平竞争。

3. 具体措施

(1) 加强组织领导。成立电监会专项治理工作领导小组,由会领导担任组长,会内有关部门及中电联负责同志任成员;领导小组办公室设在安全监管局,承担日常工作。要求各有关部门把专项治理工作列入重要议事日程,并建立完善工作制度和责任体系,明确各项措施,确保任务落到实处。会纪检监察部门加强组织协调,会同有关部门作出总体部署,搞好任务分解,保证专项治理工作顺利进行。

各派出机构按照地方党委、政府的统一部署,参照本方案,结合当地实际,制定专项治理工作方案,做好专项治理工作。

(2) 积极配合有关部门工作。加强与中央专项治理工作领导小组办公室以及任务牵头部门的沟通和联系,明确任务分工和工作要求,结合电力监管工作实际,统筹协调,积极开展工作,按时高质量完成专项治理任务。

(3) 加强监督检查。深入企业、深入基层、深入现场,加强对重点项目、重点部位、关键环节的检查,加大监督检查力度,杜绝搞形式、走过场行为,认真查找问题,扎实进行整改,逐项抓好工作落实,力争在解决电力工程建设难点问题上取得新突破,推动专项治理工作深入开展。

（4）完善法规制度。开展调查研究，广泛听取各方面意见和建议，及时把专项治理工作中的有效措施和经验转化为法规制度，提出需要制修订的法规制度和日常监管的工作措施，进一步完善电力监管制度体系，积极推进电力监管法制化建设。

5.3 国家和水利水电行业的有关应急预案

5.3.1 国家突发公共事件总体应急预案

根据2005年1月26日国务院第79次常务会议通过的《国家突发公共事件总体应急预案》，突发公共事件是指突然发生，造成或者可能造成重大人员伤亡、财产损失、生态环境破坏和严重社会危害，危及公共安全的紧急事件。

根据突发公共事件的发生过程、性质和机理，突发公共事件主要分为以下四类：

（1）自然灾害。主要包括水旱灾害，气象灾害，地震灾害，地质灾害，海洋灾害，生物灾害和森林草原火灾等。

（2）事故灾难。主要包括工矿商贸等企业的各类安全事故，交通运输事故，公共设施和设备事故，环境污染和生态破坏事件等。

（3）公共卫生事件。主要包括传染病疫情，群体性不明原因疾病，食品安全和职业危害，动物疫情，以及其他严重影响公众健康和生命安全的事件。

（4）社会安全事件。主要包括恐怖袭击事件，经济安全事件和涉外突发事件等。

各类突发公共事件按照其性质、严重程度、可控性和影响范围等因素，一般分为四级：Ⅰ级（特别重大）、Ⅱ级（重大）、Ⅲ级（较大）和Ⅳ级（一般）。

全国突发公共事件应急预案体系包括：

（1）突发公共事件总体应急预案。总体应急预案是全国应急预案体系的总纲，是国务院应对特别重大突发公共事件的规范性文件，适用于跨省级行政区域，或超出事发地省级人民政府处置能力的，或者需要由国务院负责处置的特别重大突发公共事件的应对工作。

（2）突发公共事件专项应急预案。专项应急预案主要是国务院及其有关部门为应对某一类型或某几种类型突发公共事件而制定的应急预案。由主管部门牵头会同相关部门组织实施。

（3）突发公共事件部门应急预案。部门应急预案是国务院有关部门根据总体应急预案、专项应急预案和部门职责为应对突发公共事件制定的预案。部门应急预案由制定部门负责实施。

（4）突发公共事件地方应急预案。具体包括：省级人民政府的突发公共事件总体应急预案、专项应急预案和部门应急预案；各市（地）、县（市）人民政府及其基层政权组织的突发公共事件应急预案。上述预案在省级人民政府的领导下，按照分类管理、分级负责的原则，由地方人民政府及其有关部门分别制定。各地人民政府是处置发生在当地突发公共事件的责任主体。

（5）企事业单位根据有关法律法规制定的应急预案。企事业单位应急预案确立了企事业单位是处置其内部发生的突发事件的责任主体。

（6）举办大型会展和文化体育等重大活动，主办单位应当制定应急预案。

国家突发公共事件专项应急预案目前包括：

(1) 国家自然灾害救助应急预案；
(2) 国家防汛抗旱应急预案；
(3) 国家地震应急预案；
(4) 国家突发地质灾害应急预案；
(5) 国家处置重、特大森林火灾应急预案；
(6) 国家安全生产事故灾难应急预案；
(7) 国家处置铁路行车事故应急预案；
(8) 国家处置民用航空器飞行事故应急预案；
(9) 国家海上搜救应急预案；
(10) 国家处置城市地铁事故灾难应急预案；
(11) 国家处置电网大面积停电事件应急预案；
(12) 国家核应急预案；
(13) 国家突发环境事件应急预案；
(14) 国家通信保障应急预案；
(15) 国家突发公共卫生事件应急预案；
(16) 国家突发公共事件医疗卫生救援应急预案；
(17) 国家突发重大动物疫情应急预案；
(18) 国家重大食品安全事故应急预案；
(19) 国家粮食应急预案；
(20) 国家金融突发事件应急预案；
(21) 国家涉外突发事件应急预案。

5.3.2 国家防汛抗旱应急预案

依据《中华人民共和国水法》、《中华人民共和国防洪法》和《国家突发公共事件总体应急预案》等，为做好水旱灾害突发事件防范与处置工作，使水旱灾害处于可控状态，保证抗洪抢险、抗旱救灾工作高效有序进行，最大程度地减少人员伤亡和财产损失，国务院发布了《国家防汛抗旱应急预案》，该预案适用于全国范围内突发性水旱灾害的预防和应急处置。突发性水旱灾害包括：江河洪水，渍涝灾害，山洪灾害（指由降雨引发的山洪、泥石流、滑坡灾害），台风暴潮灾害，干旱灾害，供水危机以及由洪水、风暴潮、地震、恐怖活动等引发的水库垮坝、堤防决口、水闸倒塌、供水水质被侵害等次生衍生灾害。

1. 应急工作原则与指挥体系

《国家防汛抗旱应急预案》确定防汛抗旱应急工作的原则是：

(1) 坚持以"三个代表"重要思想为指导，以人为本，树立和落实科学发展观，防汛抗旱并举，努力实现由控制洪水向洪水管理转变，由单一抗旱向全面抗旱转变，不断提高防汛抗旱的现代化水平。

(2) 防汛抗旱工作实行各级人民政府行政首长负责制，统一指挥，分级分部门负责。

(3) 防汛抗旱以防洪安全和城乡供水安全、粮食生产安全为首要目标，实行安全第一，常备不懈，以防为主，防抗结合的原则。

(4) 防汛抗旱工作按照流域或区域统一规划，坚持因地制宜，城乡统筹，突出重点，兼顾一般，局部利益服从全局利益。

（5）坚持依法防汛抗旱，实行公众参与，军民结合，专群结合，平战结合。中国人民解放军、中国人民武装警察部队主要承担防汛抗洪的急难险重等攻坚任务。

（6）抗旱用水以水资源承载能力为基础，实行先生活、后生产，先地表、后地下，先节水、后调水，科学调度，优化配置，最大程度地满足城乡生活、生产、生态用水需求。

（7）坚持防汛抗旱统筹，在防洪保安的前提下，尽可能利用洪水资源；以法规约束人的行为，防止人对水的侵害，既利用水资源又保护水资源，促进人与自然和谐相处。

《国家防汛抗旱应急预案》确定国家防汛抗旱应急组织指挥体系及各自职责是：

（1）国务院设立国家防汛抗旱指挥机构，县级以上地方人民政府、有关流域设立防汛抗旱指挥机构，负责本行政区域的防汛抗旱突发事件应对工作。有关单位可根据需要设立防汛抗旱指挥机构，负责本单位防汛抗旱突发事件应对工作。

（2）国家防汛抗旱总指挥部（简称国家防总）负责领导、组织全国的防汛抗旱工作，其办事机构国家防总办公室设在水利部。国家防总主要职责是拟订国家防汛抗旱的政策、法规和制度等，组织制订大江大河防御洪水方案和跨省、自治区、直辖市行政区划的调水方案，及时掌握全国汛情、旱情、灾情并组织实施抗洪抢险及抗旱减灾措施，统一调控和调度全国水利、水电设施的水量，做好洪水管理工作，组织灾后处置，并做好有关协调工作。

（3）长江、黄河、松花江、淮河等流域设立流域防汛总指挥部，负责指挥所管辖范围内的防汛抗旱工作。流域防汛总指挥部由有关省、自治区、直辖市人民政府和该江河流域管理机构的负责人等组成，其办事机构设在流域管理机构。

（4）有防汛抗旱任务的县级以上地方人民政府设立防汛抗旱指挥部，在上级防汛抗旱指挥机构和本级人民政府的领导下，组织和指挥本地区的防汛抗旱工作。防汛抗旱指挥部由本级政府和有关部门、当地驻军、人民武装部负责人等组成，其办事机构设在同级水行政主管部门。

（5）水利部门所属的各流域管理机构、水利工程管理单位、施工单位以及水文部门等，汛期成立相应的专业防汛抗灾组织，负责本流域、本单位的防汛抗灾工作；有防洪任务的重大水利水电工程、有防洪任务的大中型企业根据需要成立防汛指挥部。针对重大突发事件，可以组建临时指挥机构，具体负责应急处理工作。

《国家防汛抗旱应急预案》确定国家防汛抗旱应急指挥和调度的原则是：

（1）出现水旱灾害后，事发地的防汛抗旱指挥机构应立即启动应急预案，并根据需要成立现场指挥部。在采取紧急措施的同时，向上一级防汛抗旱指挥机构报告。根据现场情况，及时收集、掌握相关信息，判明事件的性质和危害程度，并及时上报事态的发展变化情况。

（2）事发地的防汛抗旱指挥机构负责人应迅速上岗到位，分析事件的性质，预测事态发展趋势和可能造成的危害程度，并按规定的处置程序，组织指挥有关单位或部门按照职责分工，迅速采取处置措施，控制事态发展。

（3）发生重大水旱灾害后，上一级防汛抗旱指挥机构应派出工作组赶赴现场指导工作，必要时成立前线指挥部。

《国家防汛抗旱应急预案》确定国家防汛抗旱应急抢险救灾的原则是：

（1）出现水旱灾害或防洪工程发生重大险情后，事发地的防汛抗旱指挥机构应根据事件的性质，迅速对事件进行监控、追踪，并立即与相关部门联系。

（2）事发地的防汛抗旱指挥机构应根据事件具体情况，按照预案立即提出紧急处置措施，供当地政府或上一级相关部门指挥决策。

（3）事发地防汛抗旱指挥机构应迅速调集本部门的资源和力量，提供技术支持；组织当地有关部门和人员，迅速开展现场处置或救援工作。大江大河干流堤防决口的堵复、水库重大险情的抢护应按照事先制定的抢险预案进行，并由防汛机动抢险队或抗洪抢险专业部队等实施。

（4）处置水旱灾害和工程重大险情时，应按照职能分工，由防汛抗旱指挥机构统一指挥，各单位或各部门应各司其职，团结协作，快速反应，高效处置，最大程度地减少损失。

2. 预警信息与应急响应

《国家防汛抗旱应急预案》确定建立预防预警信息制度，其中：

（1）工程信息

1）当江河出现警戒水位以上洪水时，各级堤防管理单位应加强工程监测，并将堤防、涵闸、泵站等工程设施的运行情况报上级工程管理部门和同级防汛抗旱指挥机构。大江大河干流重要堤防、涵闸等发生重大险情应在险情发生后4小时内报到国家防总。

2）当堤防和涵闸、泵站等穿堤建筑物出现险情或遭遇超标准洪水袭击，以及其他不可抗拒因素而可能决口时，工程管理单位应迅速组织抢险，并在第一时间向可能淹没的有关区域预警，同时向上级堤防管理部门和同级防汛抗旱指挥机构准确报告。

3）当水库水位超过汛限水位时，水库管理单位应按照有管辖权的防汛抗旱指挥机构批准的洪水调度方案调度，其工程运行状况应向防汛抗旱指挥机构报告。当水库出现险情时，水库管理单位应立即在第一时间向下游预警，并迅速处置险情，同时向上级主管部门和同级防汛抗旱指挥机构报告。大型水库发生重大险情应在险情发生后4小时内上报到国家防总。当水库遭遇超标准洪水或其他不可抗拒因素而可能溃坝时，应提早向水库溃坝洪水风险图确定的淹没范围发出预警，为群众安全转移争取时间。

（2）洪涝灾情信息

1）洪涝灾情信息主要包括：灾害发生的时间、地点、范围、受灾人口以及群众财产，农林牧渔，交通运输，邮电通信，水电设施等方面的损失。

2）洪涝灾情发生后，有关部门及时向防汛抗旱指挥机构报告洪涝受灾情况，防汛抗旱指挥机构应收集动态灾情，全面掌握受灾情况，并及时向同级政府和上级防汛抗旱指挥机构报告。对人员伤亡和较大财产损失的灾情，应立即上报，重大灾情在灾害发生后4小时内将初步情况报到国家防总，并对实时灾情组织核实，核实后及时上报，为抗灾救灾提供准确依据。

3）地方各级人民政府、防汛抗旱指挥机构应按照规定上报洪涝灾情。

（3）江河洪水预警

1）当江河即将出现洪水时，各级水文部门应做好洪水预报工作，及时向防汛抗旱指挥机构报告水位、流量的实测情况和洪水走势，为预警提供依据。

2）各级防汛抗旱指挥机构应按照分级负责原则，确定洪水预警区域、级别和洪水信息发布范围，按照权限向社会发布。

3) 水文部门应跟踪分析江河洪水的发展趋势，及时滚动预报最新水情，为抗灾救灾提供基本依据。

（4）山洪灾害预警

1) 凡可能遭受山洪灾害威胁的地方，应根据山洪灾害的成因和特点，主动采取预防和避险措施。水文、气象、国土资源等部门应密切联系，相互配合，实现信息共享，提高预报水平，及时发布预报警报。

2) 凡有山洪灾害的地方，应由防汛抗旱指挥机构组织国土资源、水利、气象等部门编制山洪灾害防御预案，绘制区域内山洪灾害风险图，划分并确定区域内易发生山洪灾害的地点及范围，制订安全转移方案，明确组织机构的设置及职责。

3) 山洪灾害易发区应建立专业监测与群测群防相结合的监测体系，落实观测措施，汛期坚持24小时值班巡逻制度，降雨期间，加密观测、加强巡逻。每个乡镇、村、组和相关单位都要落实信号发送员，一旦发现危险征兆，立即向周边群众报警，实现快速转移，并报本地防汛抗旱指挥机构，以便及时组织抗灾救灾。

《国家防汛抗旱应急预案》确定建立应急响应制度，按洪涝、旱灾的严重程度和范围，将应急响应行动分为四级，其中：

（1）Ⅰ级应急响应。出现下列情况之一者，为Ⅰ级响应：

1) 某个流域发生特大洪水；
2) 多个流域同时发生大洪水；
3) 大江大河干流重要河段堤防发生决口；
4) 重点大型水库发生垮坝；
5) 多个省（区、市）发生特大干旱；
6) 多座大型以上城市发生极度干旱。

Ⅰ级响应行动：

1) 国家防总总指挥主持会商，防总成员参加。视情启动国务院批准的防御特大洪水方案，作出防汛抗旱应急工作部署，加强工作指导，并将情况上报党中央、国务院。国家防总密切监视汛情、旱情和工情的发展变化，做好汛情、旱情预测预报，做好重点工程调度，并在24小时内派专家组赴一线加强技术指导。国家防总增加值班人员，加强值班，每天在中央电视台发布《汛（旱）情通报》，报道汛（旱）情及抗洪抢险、抗旱措施。财政部门为灾区及时提供资金帮助。国家防总办公室为灾区紧急调拨防汛抗旱物资；铁路、交通、民航部门为防汛抗旱物资运输提供运输保障。民政部门及时救助受灾群众。卫生部门根据需要，及时派出医疗卫生专业防治队伍赴灾区协助开展医疗救治和疾病预防控制工作。国家防总其他成员单位按照职责分工，做好有关工作。

2) 相关流域防汛指挥机构按照权限调度水利、防洪工程；为国家防总提供调度参谋意见。派出工作组、专家组，支援地方抗洪抢险、抗旱。

3) 相关省、自治区、直辖市的流域防汛指挥机构，省、自治区、直辖市的防汛抗旱指挥机构启动Ⅰ级响应，可依法宣布本地区进入紧急防汛期，按照《中华人民共和国防洪法》的相关规定，行使权力。同时，增加值班人员，加强值班，动员部署防汛抗旱工作；按照权限调度水利、防洪工程；根据预案转移危险地区群众，组织强化巡堤查险和堤防防守，及时控制险情，或组织强化抗旱工作。受灾地区的各级防汛抗旱指挥机构负责人、成员单位负责人，应按照职责到分管的区域组织指挥防汛抗旱工作，或驻点具体帮助重灾区做好防汛抗旱工作。各省、自治区、直辖市的防汛抗旱指挥机构应将工作情况上报当地人民政府和国家防总。相关省、自治区、直辖市的防汛抗旱指挥机构成员单位全力配合做好防汛抗旱和抗灾救灾工作。

（2）Ⅱ级应急响应。出现下列情况之一者，为Ⅱ级响应：
1）一个流域发生大洪水；
2）大江大河干流一般河段及主要支流堤防发生决口；
3）数省（区、市）多个市（地）发生严重洪涝灾害；
4）一般大中型水库发生垮坝；
5）数省（区、市）多个市（地）发生严重干旱或一省（区、市）发生特大干旱；
6）多个大城市发生严重干旱，或大中城市发生极度干旱。

Ⅱ级响应行动：
1）国家防总副总指挥主持会商，作出相应工作部署，加强防汛抗旱工作指导，在2小时内将情况上报国务院并通报国家防总成员单位。国家防总加强值班，密切监视汛情、旱情和工情的发展变化，做好汛情旱情预测预报，做好重点工程的调度，并在24小时内派出由防总成员单位组成的工作组、专家组赴一线指导防汛抗旱。国家防总办公室不定期在中央电视台发布汛（旱）情通报。民政部门及时救助灾民。卫生部门派出医疗队赴一线帮助医疗救护。国家防总其他成员单位按照职责分工，做好有关工作。

2）相关流域防汛指挥机构密切监视汛情、旱情发展变化，做好洪水预测预报，派出工作组、专家组，支援地方抗洪抢险、抗旱；按照权限调度水利、防洪工程；为国家防总提供调度参谋意见。

3）相关省、自治区、直辖市防汛抗旱指挥机构可根据情况，依法宣布本地区进入紧急防汛期，行使相关权力。同时，增加值班人员，加强值班。防汛抗旱指挥机构具体安排防汛抗旱工作，按照权限调度水利、防洪工程，根据预案组织加强防守巡查，及时控制险情或组织加强抗旱工作。受灾地区的各级防汛抗旱指挥机构负责人、成员单位负责人，应按照职责到分管的区域组织指挥防汛抗旱工作。相关省级防汛抗旱指挥机构应将工作情况上报当地人民政府主要领导和国家防总。相关省、自治区、直辖市的防汛抗旱指挥机构成员单位全力配合做好防汛抗旱和抗灾救灾工作。

（3）Ⅲ级应急响应。出现下列情况之一者，为Ⅲ级响应：
1）数省（区、市）同时发生洪涝灾害；
2）一省（区、市）发生较大洪水；
3）大江大河干流堤防出现重大险情；
4）大中型水库出现严重险情或小型水库发生垮坝；
5）数省（区、市）同时发生中度以上的干旱灾害；
6）多座大型以上城市同时发生中度干旱；
7）一座大型城市发生严重干旱。

Ⅲ级响应行动：
1）国家防总秘书长主持会商，作出相应工作安排，密切监视汛情、旱情发展变化，加强防汛抗旱工作的指导，在2小时内将情况上报国务院并通报国家防总成员单位。国家防总办公室在 24 小时内派出工作组、专家组，指导地方防汛抗旱。

2）相关流域防汛指挥机构加强汛（旱）情监视，加强洪水预测预报，做好相关工程调度，派出工作组、专家组到一线协助防汛抗旱。

3）相关省、自治区、直辖市的防汛抗旱指挥机构具体安排防汛抗旱工作；按照权限调度水利、防洪工程；根据预案组织防汛抢险或组织抗旱，派出工作组、专家组到一线具体帮助防汛抗旱工作，并将防汛抗旱的工作情况上报当地人民政府分管领导和国家防总。省级防汛指挥机构在省级电视台发布汛（旱）情通报；民政部门及时救助灾民。卫生部门组织医疗队赴一线开展卫生防疫工作。其他部门按照职责分工，开展工作。

（4）Ⅳ级应急响应。出现下列情况之一者，为Ⅳ级响应：

1）数省（区、市）同时发生一般洪水；

2）数省（区、市）同时发生轻度干旱；

3）大江大河干流堤防出现险情；

4）大中型水库出现险情；

5）多座大型以上城市同时因旱影响正常供水。

Ⅳ级响应行动：

1）国家防总办公室常务副主任主持会商，作出相应工作安排，加强对汛（旱）情的监视和对防汛抗旱工作的指导，并将情况上报国务院并通报国家防总成员单位。

2）相关流域防汛指挥机构加强汛情、旱情监视，做好洪水预测预报，并将情况及时报国家防总办公室。

3）相关省、自治区、直辖市的防汛抗旱指挥机构具体安排防汛抗旱工作；按照权限调度水利、防洪工程；按照预案采取相应防守措施或组织抗旱；派出专家组赴一线指导防汛抗旱工作；并将防汛抗旱的工作情况上报当地人民政府和国家防总办公室。

《国家防汛抗旱应急预案》相关名词术语定义为：

（1）洪水风险图。是融合地理、社会经济信息、洪水特征信息，通过资料调查、洪水计算和成果整理，以地图形式直观反映某一地区发生洪水后可能淹没的范围和水深，用以分析和预评估不同量级洪水可能造成的风险和危害的工具。

（2）防御洪水方案。是有防汛抗洪任务的县级以上地方人民政府根据流域综合规划、防洪工程实际状况和国家规定的防洪标准，制定的防御江河洪水（包括对特大洪水）、山洪灾害（山洪、泥石流、滑坡等）、台风暴潮灾害等方案的统称。

（3）抗旱预案。是在现有工程设施条件和抗旱能力下，针对不同等级、程度的干旱，而预先制定的对策和措施，是各级防汛抗旱指挥部门实施指挥决策的依据。

（4）一般洪水。洪峰流量或洪量的重现期 5～10 年一遇的洪水。

（5）较大洪水。洪峰流量或洪量的重现期 10～20 年一遇的洪水。

（6）大洪水。洪峰流量或洪量的重现期 20～50 年一遇的洪水。

（7）特大洪水。洪峰流量或洪量的重现期大于 50 年一遇的洪水。

（8）大型城市。指非农业人口在 50 万以上的城市。

（9）紧急防汛期。根据《中华人民共和国防洪法》规定，当江河、湖泊的水情接近保证水位或者安全流量，水库水位接近设计洪水位，或者防洪工程设施发生重大险情时，有关县级以上人民政府防汛指挥机构可以宣布进入紧急防汛期。

5.4 水利水电工程建设项目招标投标管理有关规定

5.4.1 《水利工程建设项目招标投标行政监察暂行规定》

1. 招标投标行政监察目的

为了保证政令畅通，维护行政纪律，促进廉政建设，改善行政管理，提高行政效能，国家实行行政监察制度。监察机关是人民政府行使监察职能的机关，依法对国家行政机关、国家公务员和国家行政机关任命的其他人员实施监察。国家行政机关任命的其他人员是指企业、事业单位、社会团体中由国家行政机关以委任、派遣等形式任命的人员。

《中华人民共和国行政监察法》第八条规定"县级以上各级人民政府监察机关根据工作需要，经本级人民政府批准，可以向政府所属部门派出监察机构或者监察人员。监察机关派出的监察机构或者监察人员，对派出的监察机关负责并报告工作"，如国家监察部在水利部设监察部驻水利部监察局。

《中华人民共和国行政监察法》第十八条规定，监察机关为行使监察职能履行下列职责：

（1）检查国家行政机关在遵守和执行法律、法规和人民政府的决定、命令中的问题；

（2）受理对国家行政机关、国家公务员和国家行政机关任命的其他人员违反行政纪律行为的控告、检举；

（3）调查处理国家行政机关、国家公务员和国家行政机关任命的其他人员违反行政纪律的行为；

（4）受理国家公务员和国家行政机关任命的其他人员不服主管行政机关给予行政处分决定的申诉，以及法律、行政法规规定的其他由监察机关受理的申诉；

（5）法律、行政法规规定由监察机关履行的其他职责。

《中华人民共和国行政监察法实施条例》（国务院令第419号）第七条规定，派出的监察机构或者监察人员履行下列职责：

（1）检查被监察的部门在遵守和执行法律、法规和人民政府的决定、命令中的问题；

（2）受理对被监察的部门和人员违反行政纪律行为的控告、检举；

（3）调查处理被监察的部门和人员违反行政纪律的行为；

（4）受理被监察人员不服行政处分决定或者行政处分复核决定的申诉；

（5）受理被监察人员不服监察决定的申诉；

（6）督促被监察的部门建立廉政、勤政方面的规章制度；

（7）办理派出的监察机关交办的其他事项。

《中华人民共和国招标投标法》第七条规定"招标投标活动及其当事人应当接受依法实施的监督。有关行政监督部门依法对招标投标活动实施监督，依法查处招标投标活动中的违法行为"。

《中华人民共和国政府采购法》第六十七条规定"依照法律、行政法规的规定对政府采购负有行政监督职责的政府有关部门，应当按照其职责分工，加强对政府采购活动的监督"。

《中华人民共和国政府采购法》第六十九条规定"监察机关应当加强对参与政府采购活动的国家机关、国家公务员和国家行政机关任命的其他人员实施监察"。

5.4 水利水电工程建设项目招标投标管理有关规定

为规范水利工程建设项目招标投标行政监察行为，强化监督，根据《中华人民共和国行政监察法》、《中华人民共和国招标投标法》、《中华人民共和国政府采购法》、《水利工程建设项目招标投标管理规定》等法律、法规和规章的规定，并结合水利工程实际，2006年8月水利部印发了《水利工程建设项目招标投标行政监察暂行规定》。规定所称水利工程建设项目招标投标行政监察（简称"招标投标行政监察"）是指水利行政监察部门依法对行政监察对象在水利工程建设项目招标投标活动中遵守招标投标有关法律、法规和规章制度情况的监督检查，以及对违法违纪行为的调查处理。招标投标行政监察工作不得替代招标投标行政监督工作。规定适用于《水利工程建设项目招标投标管理规定》所规定的水利工程建设项目的勘察设计、施工、监理，以及与水利工程建设有关的重要设备、材料采购等的招标投标的行政监察活动。招标投标行政监察工作实行分级管理、分级负责。上级水利行政监察部门可以指导和督查下级水利行政监察部门的招标投标行政监察工作。

招标人应将年度招标计划及时报送监察部门；列入监察工作计划的具体项目的招标公告发布、招标文件出售、评标委员会成员产生等事项于三天前报送监察部门；评标结果与报告按时报监察部门备案。

2. 招标投标行政监察的方式与内容

《水利工程建设项目招标投标行政监察暂行规定》规定，招标投标行政监察部门履行下列职责：

（1）对水行政主管部门及其工作人员依法履行招标投标管理和监督职责等情况开展监察；

（2）对属于行政监察对象的招标人、招标代理机构及其工作人员遵守招标投标有关法律、法规和规章制度情况开展监察；

（3）对属于行政监察对象的评标委员会成员遵守招标投标有关法律、法规和规章制度情况开展监察；

（4）对属于行政监察对象的投标人及其工作人员遵守招标投标有关法律、法规和规章制度情况开展监察；

（5）受理涉及招标投标的信访举报，查处招标投标中的违法违纪行为。

《水利工程建设项目招标投标行政监察暂行规定》规定，招标投标行政监察工作可采取以下方式：

（1）对招标投标活动进行全过程监察；

（2）对重要环节和关键程序进行现场监察；

（3）开展事后的专项检查。

《水利工程建设项目招标投标行政监察暂行规定》规定招标投标行政监察包括开标前的监察、开标监察、评标监察、中标结果监察、其他违规情况监察等。

开标前的招标投标监察工作内容有以下：

（1）对招标前准备工作的监察

1）招标项目是否按照国家有关规定履行了项目审批手续；

2）招标项目的相应资金或者资金来源是否已经落实；

3）招标项目分标方案是否已确定、是否合理。

（2）对招标方式的监察

1) 招标人是否按已备案的招标方案进行招标；
2) 邀请招标的，是否已履行审批程序；
3) 自行招标的，招标人是否已履行报批程序；
4) 委托招标的，被委托单位是否具备相应的资格条件。
（3）对招标公告的监察
1) 招标公告是否在国家或者省、自治区、直辖市人民政府指定的媒介发布，在两家以上媒介发布的同一招标公告内容是否一致；
2) 招标公告是否载明招标人的名称和地址、招标项目的性质、数量、实施地点和时间、投标截止日期以及获取招标文件的办法等事项，有关事项是否真实、准确和完整。
（4）对招标文件的监察
1) 招标文件是否有以不合理的条件限制或者排斥潜在投标人以及要求或者标明特定的生产供应者的内容；
2) 评标标准与方法是否列入招标文件，并向所有潜在投标人公开；
3) 招标文件中规定的评标标准和方法是否合理，是否含有倾向或者排斥潜在投标人的内容，是否有妨碍或者限制投标人之间竞争的内容；
4) 招标文件中载明的递交投标文件的截止时间是否符合有关法律法规和规章的规定；
5) 对招标文件进行澄清或者修改的，是否在规定的时限前以书面形式通知所有投标人。
（5）对资格审查的监察
1) 潜在投标人（或者投标人）资格条件是否符合招标文件要求和有关规定；
2) 是否对潜在投标人（或者投标人）仍在处罚期限内或者在工程质量、安全生产和信用等方面存在的不良记录进行审查；
3) 是否存在歧视、限制或者排斥潜在投标人（或者投标人）的行为。
（6）对标底编制的监察
1) 招标人标底编制过程及结果在开标前是否保密；
2) 招标人标底（或者标底产生办法）是否唯一。
（7）对投标的监察
1) 招标人或者其代理人是否核实投标文件递交人的合法身份；
2) 招标人或者其代理人是否当场检查投标文件的密封情况；
3) 招标人或者其代理人是否按规定的投标截止时间终止投标文件的接收。
开标过程的招标投标监察工作内容有以下：
（1）开标程序是否合法、公开、公平、公正；
（2）开标时间是否与接收投标文件截止时间为同一时间；
（3）开标地点是否为招标文件预先确定的地点；
（4）有效投标人是否满足三个以上的要求；
（5）招标人或者其代理人是否核实参加开标会的投标人代表的合法身份；
（6）招标人或者其代理人是否按照法定程序，组织投标人或者其推选的代表检查投标文件的密封情况，或者委托公证机构检查并公证投标文件的密封情况；
（7）招标人或者其代理人是否将所有投标文件均当众予以拆封、宣读。设有标底（或者标底产生办法）的，是否当场宣布标底（或者标底产生办法）。

评标的招标投标监察工作内容有以下：

（1）对评标委员会的监察

1）评标委员会组成人数以及专家库的使用是否符合有关法律法规和规章的规定；

2）评标委员会成员是否符合有关法律法规和规章规定的回避要求；

3）评标委员会中技术、经济、合同管理等方面的专家评委是否占成员总数的三分之二以上；

4）专家评委的产生是否根据专业分工从符合规定的评标专家库中随机抽取产生；技术特别复杂、专业性要求特别高或者国家有特殊要求的招标项目，采取随机抽取方式确定的专家难以胜任的除外；

5）评标委员会成员名单的产生时间是否符合有关规定；

6）评标委员会成员名单在中标结果确定前是否保密。

（2）对评标过程的监察

1）评标程序是否符合有关规定；

2）评标标准与方法是否与招标文件一致；

3）招标人是否采取必要措施，保证评标在严格保密的情况下进行；

4）评标委员会成员是否遵守职业道德和纪律要求；

5）评标委员会成员是否独立评审，但确需集体评议的除外；

6）评标委员会是否出具评标报告，评标报告的讨论及通过、中标候选人的推荐及其排序是否符合有关规定。

中标结果的招标投标监察工作内容有以下：

（1）招标人是否按评标委员会的推荐意见确定中标人。与评标委员会推荐意见不一致的，理由是否充足；

（2）招标人是否在中标通知书发出之日起三十日内，按照招标文件和中标人的投标文件订立书面合同；

（3）招标人与中标人是否订立背离合同实质性内容的其他协议。

招标投标活动中其他情况的招标投标监察工作内容有以下：

（1）水行政主管部门是否依法正确履行管理和监督职责；

（2）是否存在非法干预招标投标的行为；

（3）是否存在行贿、受贿等行为；

（4）中标合同的履行情况；

（5）其他需要监察的事项。

5.4.2 《水利工程建设项目招标投标审计办法》

1. 招标投标审计目的

《中华人民共和国审计法》规定，为了加强国家的审计监督，维护国家财政经济秩序，促进廉政建设，保障国民经济健康发展，国家实行审计监督制度。国务院和县级以上地方人民政府设立审计机关。《中华人民共和国审计法实施条例》（国务院令第231号）指出，审计是指审计机关依法独立检查被审计单位的会计凭证、会计账簿、会计报表以及其他与财政收支、财务收支有关的资料和资产，监督财政收支、财务收支真实、合法和效益的行为。

《中华人民共和国审计法》第二十九条规定"国务院各部门和地方人民政府各部门、国有的金融机构和企业事业组织,应当按照国家有关规定建立健全内部审计制度。各部门、国有的金融机构和企业事业组织的内部审计,应当接受审计机关的业务指导和监督"。

《中华人民共和国审计法》第二十三条规定"审计机关对国家建设项目预算的执行情况和决算,进行审计监督"。接受审计监督的国家建设项目,是指以国有资产投资或者融资为主的基本建设项目和技术改造项目。与国家建设项目直接有关的建设、设计、施工、采购等单位的财务收支,应当接受审计机关的审计监督。审计机关对国家建设项目总预算或者概算的执行情况、年度预算的执行情况和年度决算、项目竣工决算,依法进行审计监督。

《中华人民共和国招标投标法》第七条规定"招标投标活动及其当事人应当接受依法实施的监督。有关行政监督部门依法对招标投标活动实施监督,依法查处招标投标活动中的违法行为"。

《中华人民共和国政府采购法》第十三条规定"各级人民政府财政部门是负责政府采购监督管理的部门,依法履行对政府采购活动的监督管理职责。各级人民政府其他有关部门依法履行与政府采购活动有关的监督管理职责"。

《中华人民共和国政府采购法》第五十九条规定"政府采购监督管理部门应当加强对政府采购活动及集中采购机构的监督检查。监督检查的主要内容是:

(一)有关政府采购的法律、行政法规和规章的执行情况;

(二)采购范围、采购方式和采购程序的执行情况;

(三)政府采购人员的职业素质和专业技能。"

《中华人民共和国政府采购法》第六十八条"审计机关应当对政府采购进行审计监督。政府采购监督管理部门、政府采购各当事人有关政府采购活动,应当接受审计机关的审计监督"。

为了加强对水利工程建设项目招标投标的审计监督,规范水利工程建设项目招标投标行为,提高投资效益,根据《中华人民共和国审计法》、《中华人民共和国招标投标法》、《中华人民共和国政府采购法》等法律、法规,结合水利工作实际,2007年12月水利部印发了《水利工程建设项目招标投标审计办法》,该办法规定,各级水利审计部门在本单位负责人领导下,依法对本单位及其所属单位水利工程建设项目的招标投标活动进行审计监督。上级水利审计部门对下级单位的招标投标审计工作进行指导和监督。审计项目是指《水利工程建设项目招标投标管理规定》所规定的水利工程建设项目的勘察设计、施工、监理以及与水利工程建设项目有关的重要设备、材料采购等的招标投标。

2. 招标投标审计方式与内容

《水利工程建设项目招标投标审计办法》规定,审计部门根据工作需要对水利工程建设项目的招标投标进行事前、事中、事后的审计监督,对重点水利建设项目的招标投标进行全过程跟踪审计,对有关招标投标的重要事项进行专项审计或审计调查。

《水利工程建设项目招标投标审计办法》规定,在招标投标审计中,审计部门具有以下职责:

(1)对招标人、招标代理机构及有关人员执行招标投标有关法律、法规和行业制度的

情况进行审计监督;

(2) 对招标项目评标委员会成员执行招标投标有关法律、法规和行业制度的情况进行审计监督;

(3) 对属于审计监督对象的投标人及有关人员遵守招标投标有关法律、法规和行业制度的情况进行审计监督;

(4) 对与招标投标项目有关的投资管理和资金运行情况进行审计监督;

(5) 协同行政监督部门、行政监察部门查处招标投标中的违法违纪行为。

《水利工程建设项目招标投标审计办法》规定,在招标投标审计中,审计部门具有以下权限:

(1) 有权参加招标人或其代理机构组织的开标、评标、定标等活动,招标人或其代理机构应当通知同级审计部门参加;

(2) 有权要求招标人或其代理机构提供与招标投标活动有关的文件、资料,招标人或其代理机构应当按照审计部门的要求提供相关文件、资料;

(3) 对招标人或其代理机构正在进行的违反国家法律、法规规定的招标投标行为,有权予以纠正或制止;

(4) 有权向招标人、投标人、招标代理机构等调查了解与招标投标有关的情况;

(5) 监督检查招标投标结果执行情况。

《水利工程建设项目招标投标审计办法》规定,审计部门对水利工程建设项目招标投标中的下列事项进行审计监督:

(1) 招标项目前期工作是否符合水利工程建设项目管理规定,是否履行规定的审批程序;

(2) 招标项目资金计划是否落实,资金来源是否符合规定;

(3) 招标文件确定的水利工程建设项目的标准、建设内容和投资是否符合批准的设计文件;

(4) 与招标投标有关的取费是否符合规定;

(5) 招标人与中标人是否签订书面合同,所签合同是否真实、合法;

(6) 与水利工程建设项目招标投标有关的其他经济事项。

审计部门会同行政监督部门、行政监察部门对招标投标中的下列事项进行审计监督:

(1) 招标项目的招标方式、招标范围是否符合规定;

(2) 招标人是否符合规定的招标条件,招标代理机构是否具有相应资质,招标代理合同是否真实、合法;

(3) 招标项目的招标、投标、开标、评标和中标程序是否合法;

(4) 招标项目评标委员会、评标专家的产生及人员组成、评标标准和评标方法是否符合规定;

(5) 对招标投标过程中泄露保密资料、泄露标底、串通招标、串通投标、规避招标、歧视排斥投标等违法行为进行审计监督;

(6) 对勘察、设计、施工单位转包、违法分包和监理单位违法转让监理业务,以及无证或借用资质承接工程业务等违法违规行为进行审计监督。

《水利工程建设项目招标投标审计办法》规定,审计部门根据审计项目计划确定的审计事项组成审计组,并应在实施审计三日前,向被审计单位送达审计通知书。被审计单位以及与招标投标活动有关的单位、部门,应当配合审计部门的工作,并提供必要的工作条件。审计人员通过审查招标投标文件、合同、会计资料,以及向有关单位和个人进行调查等方式实施审计,并取得证明材料。

审计组对招标投标事项实施审计后,应当向派出的审计部门提出审计报告。审计报告应当征求被审计单位的意见。被审计单位应当自接到审计报告之日起十日内,将其书面意见送交审计组或者审计部门。审计部门审定审计报告,对审计事项作出评价,出具审计意见书;对违反国家规定的招标投标行为,需要依法给予处理、处罚的,在职权范围内作出审计决定或者向有关主管部门提出处理、处罚意见。被审计单位应当执行审计决定并将结果反馈审计部门;有关主管部门对审计部门提出的处理、处罚意见应及时进行研究,并将结果反馈审计部门。

5.5 水利水电工程安全管理的有关规定

5.5.1 《水电站大坝安全管理规定》

1. 大坝建设与除险加固

水电站大坝运行安全管理是电力安全生产管理的重要组成部分。为了进一步加强水电站大坝安全监督和管理工作,根据国务院1991年3月22日发布的《水库大坝安全管理条例》(国务院令第78号),电监会在原电力工业部颁发的《水电站大坝安全管理办法》的基础上,制定并颁布了《水电站大坝安全管理规定》(电监会令3号令),于2005年1月1日起施行。大坝包括永久性挡水建筑物以及与其配合运用的泄洪、输水和过船建筑物等。

《水库大坝安全管理条例》(国务院令第78号)有关大坝工程建设的主要规定有:

(1) 兴建大坝必须符合由国务院水行政主管部门会同有关大坝主管部门制定的大坝安全技术标准。

(2) 兴建大坝必须进行工程设计。大坝的工程设计必须由具有相应资格证书的单位承担。大坝的工程设计应当包括工程观测、通信、动力、照明、交通、消防等管理设施的设计。

(3) 大坝施工必须由具有相应资格证书的单位承担。大坝施工单位必须按照施工承包合同规定的设计文件、图纸要求和有关技术标准进行施工。建设单位和设计单位应当派驻代表,对施工质量进行监督检查。质量不符合设计要求的,必须返工或者采取补救措施。

(4) 兴建大坝时,建设单位应当按照批准的设计,提请县级以上人民政府依照国家规定划定管理和保护范围,树立标志。已建大坝尚未划定管理和保护范围的,大坝主管部门应当根据安全管理的需要,提请县级以上人民政府划定。

(5) 大坝开工后,大坝主管部门应当组建大坝管理单位,由其按照工程基本建设验收规程参与质量检查以及大坝分部、分项验收和蓄水验收工作。大坝竣工后,建设单位应当申请大坝主管部门组织验收。

《水电站大坝安全管理规定》有关大坝工程建设的主要规定有:

(1) 大坝的建设和管理应当贯彻安全第一的方针。

(2) 水电站大坝在建设过程中的安全管理,由项目法人负责。

（3）对于坝高 70m 以上的高坝或者监测系统复杂的中坝、低坝，项目法人应当按照国家有关规定，组织有关单位对水电站大坝监测系统进行专项设计、专项审查；在工程竣工验收时，进行专项检查验收。水电站大坝监测系统的专项检查验收报告应当报送国家电力监管委员会大坝安全监察中心（简称大坝中心）备案。

（4）水电站大坝工程的项目法人应当按照国家有关规定，在施工期和首次蓄水期对水电站大坝进行监测和分析，在水电站大坝蓄水和工程竣工时进行安全鉴定，并将水电站大坝有关监测分析资料、安全鉴定报告、工程竣工验收报告以及有关专题报告，报送大坝中心备案。

《水库大坝安全管理条例》（国务院令第 78 号）有关险坝处理的主要规定有：

（1）对尚未达到设计洪水标准、抗震设防标准或者有严重质量缺陷的险坝，大坝主管部门应当组织有关单位进行分类，采取除险加固等措施，或者废弃重建。

在险坝加固前，大坝管理单位应当制定保坝应急措施；经论证必须改变原设计运行方式的，应当报请大坝主管部门审批。

（2）大坝主管部门应当对其所管辖的需要加固的险坝制定加固计划，限期消除危险；有关人民政府应当优先安排所需资金和物料。

险坝加固必须由具有相应设计资格证书的单位作出加固设计，经审批后组织实施。险坝加固竣工后，由大坝主管部门组织验收。

（3）大坝主管部门应当组织有关单位，对险坝可能出现的垮坝方式、淹没范围作出预估，并制定应急方案，报防汛指挥机构批准。

2. 大坝安全运行

《水库大坝安全管理条例》（国务院令第 78 号）有关大坝安全运行的主要规定有：

（1）国务院水行政主管部门会同国务院有关主管部门对全国的大坝安全实施监督。县级以上地方人民政府水行政主管部门会同有关主管部门对本行政区域内的大坝安全实施监督。各级水利、能源、建设、交通、农业等有关部门，是其所管辖的大坝的主管部门。

（2）禁止在大坝管理和保护范围内进行爆破、打井、采石、采矿、挖沙、取土、修坟等危害大坝安全的活动。

（3）大坝的运行，必须在保证安全的前提下，发挥综合效益。大坝管理单位应当根据批准的计划和大坝主管部门的指令进行水库的调度运用。

在汛期，综合利用的水库，其调度运用必须服从防汛指挥机构的统一指挥；以发电为主的水库，其汛限水位以上的防洪库容及其洪水调度运用，必须服从防汛指挥机构的统一指挥。

任何单位和个人不得非法干预水库的调度运用。

（4）大坝主管部门应当建立大坝定期安全检查、鉴定制度。汛前、汛后，以及暴风、暴雨、特大洪水或者强烈地震发生后，大坝主管部门应当组织对其所管辖的大坝的安全进行检查。

（5）大坝主管部门对其所管辖的大坝应当按期注册登记，建立技术档案。大坝注册登记办法由国务院水行政主管部门会同有关主管部门制定。

（6）大坝管理单位和有关部门应当做好防汛抢险物料的准备和气象水情预报，并保证水情传递、报警以及大坝管理单位与大坝主管部门、上级防汛指挥机构之间联系通畅。

《水电站大坝安全管理规定》有关大坝安全运行的主要规定有：

（1）水电站运行单位的主要负责人对本单位水电站大坝的安全运行负责。水电站运行单位负责水电站大坝日常安全运行的观测、检查和维护；负责对水电站大坝勘测、设计、施工、监理、运行、安全监测的资料以及其他有关安全技术资料的收集、分析、整理和保存，建立大坝安全技术档案以及相应数据库；按照有关规定开展水电站大坝工程建设项目安全评价和定期检查、特种检查、大坝安全注册的相关工作；定期对水电站大坝安全监测仪器进行检查、率定，保证监测仪器能够可靠监测施工期和运行期的安全状况；组织实施水电站大坝的补强加固、更新改造和隐患治理，组织实施病坝、险坝的除险加固；负责水电站大坝险情、事故的报告、抢险和救护工作等。

（2）电监会负责水电站大坝安全生产的监督管理，参加水电站建设工程竣工验收。

（3）大坝中心负责水电站大坝安全技术监督服务工作，主要职责办理水电站大坝安全注册；组织对水电站大坝的定期检查和特种检查，提出定期检查审查意见和特种检查报告，报电监会备案；建立并管理水电站大坝安全监察数据库和档案库；参加水电站大坝补强加固的设计审查及竣工验收，参加水电站大坝附属设施更新改造的设计审查及竣工验收，参加水电工程蓄水验收和竣工验收等工作。

（4）水电站大坝安全检查分为日常巡查、年度详查、定期检查和特种检查。特种检查由水电站运行单位提出，大坝中心组织实施。发生特大洪水、强烈地震或者发现可能影响水电站大坝安全的异常情况，水电站运行单位应当向大坝中心提出特种检查申请。

（5）水电站大坝安全等级分为正常坝、病坝和险坝三级。根据设计、坝基良好程度、运行稳定性、是否存在塌方或者滑坡等隐患或事故迹象等来确定。

（6）水电站大坝运行实行安全注册制度。电监会主管水电站大坝安全注册工作，大坝中心负责办理水电站大坝安全注册具体事务。新建水电站大坝完成工程竣工安全鉴定一年内，或者水电站大坝完成首次定期检查半年内，水电站运行单位应当向大坝中心申报水电站大坝安全注册。水电站大坝安全注册等级分为甲、乙、丙三级。

3. 处罚规定

《水库大坝安全管理条例》（国务院令第78号）有关违反该条例的处罚主要有：

（1）违反本条例规定，有下列行为之一的，由大坝主管部门责令其停止违法行为，赔偿损失，采取补救措施，可以并处罚款；应当给予治安管理处罚的，由公安机关依照《中华人民共和国治安管理处罚条例》的规定处罚；构成犯罪的，依法追究刑事责任：

1）毁坏大坝或者其观测、通信、动力、照明、交通、消防等管理设施的；

2）在大坝管理和保护范围内进行爆破、打井、采石、采矿、取土、挖沙、修坟等危害大坝安全活动的；

3）擅自操作大坝的泄洪闸门、输水闸门以及其他设施，破坏大坝正常运行的；

4）在库区内围垦的；

5）在坝体修建码头、渠道或者堆放杂物、晾晒粮草的；

6）擅自在大坝管理和保护范围内修建码头、鱼塘的。

（2）盗窃或者抢夺大坝工程设施、器材的，依照刑法规定追究刑事责任。

（3）由于勘测设计失误、施工质量低劣、调度运用不当以及滥用职权，玩忽职守，导致大坝事故的，由其所在单位或者上级主管机关对责任人员给予行政处分；构成犯罪的，依法追究刑事责任。

（4）当事人对行政处罚决定不服的，可以在接到处罚通知之日起十五日内，向作出处罚决定机关的上一级机关申请复议；对复议决定不服的，可以在接到复议决定之日起十五日内，向人民法院起诉。当事人也可以在接到处罚通知之日起十五日内，直接向人民法院起诉。当事人逾期不申请复议或者不向人民法院起诉又不履行处罚决定的，由作出处罚决定的机关申请人民法院强制执行。对治安管理处罚不服的，依照《中华人民共和国治安管理处罚条例》的规定办理。

5.5.2 《病险水库除险加固工程项目建设管理办法》

1. 水库大坝安全鉴定

为搞好病险水库除险加固工作，加强对建设和资金的管理，2005年国家发展和改革委员会印发《病险水库除险加固工程项目建设管理办法》(发改办农经[2005]806号)。病险水库是指按照《水库大坝安全鉴定办法》(2003年8月1日前后分别执行水利部水管[1995]86号文、水建管[2003]271号文)，通过规定程序确定为三类坝的水库。大坝包括永久性挡水建筑物，以及与其配合运用的泄洪、输水和过船等建筑物。

根据水利部《水库大坝安全鉴定办法》(水建管[2003]271号)，大坝实行定期安全鉴定制度，首次安全鉴定应在竣工验收后5年内进行，以后应每隔6~10年进行一次。运行中遭遇特大洪水、强烈地震、工程发生重大事故或出现影响安全的异常现象后，应组织专门的安全鉴定。

国务院水行政主管部门对全国的大坝安全鉴定工作实施监督管理。水利部大坝安全管理中心对全国的大坝安全鉴定工作进行技术指导。大坝主管部门（单位）负责组织所管辖大坝的安全鉴定工作。

根据水利部《水库大坝安全鉴定办法》(水建管[2003]271号)，大坝安全状况分为三类，分类标准如下：

一类坝：实际抗御洪水标准达到《防洪标准》GB 50201—1994规定，大坝工作状态正常；工程无重大质量问题，能按设计正常运行的大坝。

二类坝：实际抗御洪水标准不低于部颁水利枢纽工程除险加固近期非常运用洪水标准，但达不到《防洪标准》GB 50201—1994规定；大坝工作状态基本正常，在一定控制运用条件下能安全运行的大坝。

三类坝：实际抗御洪水标准低于部颁水利枢纽工程除险加固近期非常运用洪水标准，或者工程存在较严重安全隐患，不能按设计正常运行的大坝。

大坝安全鉴定包括大坝安全评价、大坝安全鉴定技术审查和大坝安全鉴定意见审定三个基本程序。

（1）鉴定组织单位负责委托满足规定要求的大坝安全评价单位（简称鉴定承担单位）对大坝安全状况进行分析评价，并提出大坝安全评价报告和大坝安全鉴定报告书；

（2）由鉴定审定部门或委托有关单位组织并主持召开大坝安全鉴定会，组织专家审查大坝安全评价报告，通过大坝安全鉴定报告书；

（3）鉴定审定部门审定并印发大坝安全鉴定报告书。

根据水利部《水库大坝安全鉴定办法》(水建管[2003]271号)，满足规定要求的大坝安全评价单位是：

（1）大型水库和影响县城安全或坝高 50m 以上中型水库的大坝安全评价，由具有水利水电勘测设计甲级资质的单位或者水利部公布的有关科研单位和大专院校承担。

（2）其他中型水库和影响县城安全或坝高 30m 以上小型水库的大坝安全评价由具有水利水电勘测设计乙级以上（含乙级）资质的单位承担；其他小型水库的大坝安全评价由具有水利水电勘测设计丙级以上（含丙级）资质的单位承担。上述水库的大坝安全评价也可以由省级水行政主管部门公布的有关科研单位和大专院校承担。

（3）鉴定承担单位实行动态管理，对业绩表现差，成果质量不能满足要求的鉴定承担单位应当取消其承担大坝安全评价的资格。

大坝安全评价包括工程质量评价、大坝运行管理评价、防洪标准复核、大坝结构安全、稳定评价、渗流安全评价、抗震安全复核、金属结构安全评价和大坝安全综合评价等。大坝安全评价过程中，应根据需要补充地质勘探与土工试验，补充混凝土与金属结构检测，对重要工程隐患进行探测等。

根据水利部《全国病险水库除险加固专项规划》，3 年（2008～2010 年）内要完成《专项规划》确定的 6240 座水库的除险加固任务。如期完成病险水库除险加固任务，是保障人民群众生命财产安全的迫切需要，是完善我国综合防洪减灾体系的迫切需要，是有效缓解我国干旱缺水状况的迫切需要。产生病险水库的主要原因，一是建设上的"先天不足"；二是管理上的"后天失调"。水库长期存在安全隐患，影响了水库的安全运行和效益的充分发挥，制约着水库管理单位的良性运行和水库管理水平的提高。反过来，水库管理单位体制不顺、机制不活，经费短缺，管理粗放，工程设施长期得不到正常的维修养护和更新改造，进而积病成险。

2. 病险水库除险加固

《病险水库除险加固工程项目建设管理办法》（发改办农经〔2005〕806 号）规定，病险水库除险加固应按照国家规定的建设程序进行管理。其中前期工作要完成以下内容：

（1）安全鉴定：在大坝安全鉴定工作中，必须委托有相应资质的单位根据《大坝安全评价导则》对水库进行安全评价。按照水利部颁布的《水库大坝安全鉴定办法》的有关规定，按照分级负责的原则，由各级水行政主管部门组织安全鉴定。

（2）安全鉴定核查：中央补助投资的病险水库，必须按照有关规定将安全鉴定成果报水利部大坝安全管理中心及相应的核查承担单位（水利部大坝安全管理中心、水利建设与管理总站、水利水电规划设计总院江河水利水电咨询中心、中国水利水电科学研究院、长江水利委员会长江勘测规划设计研究院水利水电病险工程治理咨询研究中心五家单位之一），由核查承担单位核查后提出安全鉴定成果核查意见，经水利部大坝安全管理中心确认后印送地方。安全鉴定成果核查意见必须具体指出大坝病险的部位、程度和成因，不得涉及与大坝安全无关的内容。

（3）项目审批：病险水库必须进行安全评价和安全鉴定，并在履行建设程序后安排开工建设。

总投资 2 亿元（含 2 亿元）以上或总库容在 10 亿 m³（含 10 亿 m³）以上的病险水库除险加固工程，必须编制可行性研究报告，在此项工作中，要充分论证加固的必要性，根据大坝安全鉴定成果核查意见明确建设内容，可行性研究报告由水利部提出审查意见后报国家发展改革委审批。要严格按照经批准的可行性研究报告确定的建设规模和内容编制初步设计，初步设计的建设内容要与安全鉴定成果核查意见指出的问题相对应，超出安全鉴定成果核查意见的建设任务，一律不得列入初步设计的建设内容。初步设计在其概算经国家发展改革委核定后，由水利部审批。

总投资 2 亿元以下且总库容在 10 亿 m³ 以下的大中型和单位库容（每立方米）建设投资大于 4 元的小型病险水库除险加固工程，可直接编制初步设计，初步设计编制要求同上所述。其中：初步设计由省级水行政主管部门提出初步审查意见，经流域机构复核后，由省级发展改革部门审批，抄送水利部和国家发展改革委备案。

其他病险水库除险加固工程的审批程序，由省发展改革部门和省水行政主管部门协商确定。

《病险水库除险加固工程项目建设管理办法》（发改办农经〔2005〕806 号）规定，病险水库除险加固工程的建设管理实行项目法人责任制、招标投标制、工程监理制和竣工验收等各项制度，严格执行《工程建设项目招标范围和规模标准规定》（国家计委主任令第 3 号）及有关规定，加强计划管理和财务审计。

凡进行施工的项目，必须有经过批准的施工设计方案，严禁"三边工程"（指边施工、边勘察、边设计的）。

病险水库除险加固工程各阶段工作必须实行严格的资质管理，大中型水库除险加固的勘察、设计、施工和监理任务，要由具有甲级或乙级（大型水库必须是甲级）资质的单位承担。

工程建设过程中，项目法人、监理、设计及施工单位要按照有关规定，建立健全工程质量管理和监督体系，各单位要严把质量关，对因本单位的工作质量所产生的工程质量问题承担责任，避免加固工程完成后再发生病险情况，确保工程质量和按期完工。

病险水库除险加固工程完工后，按《水利水电建设工程验收规程》SL 223—1999（注：2008 年水利部修订颁布《水利水电建设工程验收规程》SL 223—2008）和水利部《关于切实做好病险水库除险加固工作的通知》（水建管〔2004〕168 号）的有关规定，严格组织竣工验收，并将验收结果报送水利部和国家发展改革委。

水利部对全国病险水库除险加固实施统一监督管理；县级以上地方人民政府水行政主管部门对本行政区域内的病险水库除险加固实施监督管理。为保证项目的顺利完成，水利部建立病险水库除险加固工程销号公告制度，落实除险加固责任单位及责任人，做到加固一批，公告一批，销号一批。在项目实施阶段，省级发展改革和水利部门不定期对项目执行情况进行检查，主要检查国家规定的落实、工程进度、工程质量、资金到位及使用、合同执行管理等情况，对违反规定和存在问题限期改正，逾期不改将追究有关单位和当事人的责任。

为深入贯彻落实胡锦涛总书记、温家宝总理等中央领导同志关于做好病险水库除险加固工作的一系列重要指示和全国病险水库除险加固工作电视电话会议精神，实现中央提出的在 3 年内完成全国大中型和重点小型病险水库除险加固任务的目标，确保工程建设进度、质量和安全，水利部 2008 年 2 月发布《关于进一步做好病险水库除险加固工作的通知》（水建管〔2008〕49 号），通知要求：

（1）严格病险水库除险加固项目建设管理。病险水库除险加固项目必须按基建程序进行管理，严格执行项目法人责任制、招标投标制、建设监理制和竣工验收等制度。各地要制定切实可行的工作方案,确保除险加固任务在3年内完成;对项目多、任务重的市(地)、县(市),要创新建设管理模式,推行集中建设管理,由县级以上人民政府负责组建统一的项目法人;省级水行政主管部门要组织对项目法人单位的行政和技术负责人进行培训,未经培训,不得上岗;要建立项目法人负责、监理单位控制、施工单位保证、政府部门监督的质量管理体系,防止发生质量事故;要按照国家有关规定做好验收工作,及时进行主体工程完工验收和项目竣工验收,大中型项目在主体工程完工验收后3年内必须进行竣工验收,重点小型项目原则上应在中央财政专项补助资金下达之日起1年内完工并验收,确保加固一座,验收一座,销号一座,发挥效益一座。

(2) 着力抓好病险水库除险加固资金配套与管理。各级水利部门要积极向政府汇报,加强与发展改革、财政部门沟通,多渠道筹集资金,切实保证地方配套资金及时、足额到位;要结合当地实际,明确省、市、县各级资金配套比例,对财政困难、配套资金难以到位的市县应加大省级配套比例;建设资金要及时拨付建设单位,专款专用,严禁挤占、挪用和滞留资金;要确保中央补助资金主要用于大坝稳定、基础防渗、泄洪安全等主体工程建设。要督促项目建设单位严格按照《基本建设财务管理规定》和《国有建设单位会计制度》做好项目财务管理工作,加强资金管理,提高资金使用效益。

(3) 建立健全病险水库除险加固安全监督管理体系。要高度重视水库安全,采取切实有效措施,确保病险水库除险加固项目施工和度汛安全。一要进一步强化安全意识,牢固树立以人为本、科学发展、安全发展、和谐发展的理念,坚决贯彻安全第一、预防为主、综合治理的方针;二要全面落实责任制,进一步明确各级水行政主管部门的监管责任和水库管理单位、项目法人单位及参建各方的主体责任,切实做到工作到位、任务到岗、责任到人;三要妥善处理施工进度、质量与安全的关系,确保施工安全,防止发生重大安全事故,坚决杜绝在建项目垮坝失事;四要制订完善水库大坝安全管理应急预案和病险水库控制运用方案,加强安全检查、隐患排查、应急管理等各项工作,确保水库度汛和运行安全。

(4) 进一步加大病险水库除险加固监督检查力度。要加大对病险水库除险加固项目的稽察和监督检查力度,同时要积极配合国家有关部门开展的稽察、审计和检查工作。对检查中发现的问题,要及时组织整改;对发生质量和安全事故的,要做到原因没有查清不放过,事故责任者没有处理不放过,干部职工没有受到教育不放过,防范措施没有落实不放过。各地要将检查与考核相结合,建立起科学、合理、有效的考核奖惩机制。

3. 验收前蓄水安全鉴定

根据《中华人民共和国防洪法》、《水库大坝安全管理条例》和《水利水电建设工程验收规程》等规定,水库建设工程(包括新建、续建、改建、加固、修复等)在水库蓄水验收前,必须进行蓄水安全鉴定。蓄水安全鉴定是大中型水利水电建设工程蓄水验收的必要条件,未经蓄水安全鉴定不得进行蓄水验收。为加强水利水电建设工程的安全管理,提高工程蓄水验收工作质量,保障工程及上下游人民生命财产的安全,水利部颁布了《水利水电建设工程蓄水安全鉴定暂行办法》(水建管〔1999〕177号),该办法规定:

(1) 蓄水安全鉴定,由项目法人负责组织实施。设计、施工、监理、运行、设备制造等单位负责提供资料,并有义务协助鉴定单位开展工作。建设各方应对所提供资料的准确性负责。凡在工程安全鉴定工作中提供虚假资料,发现工程安全隐患隐瞒不报或谎报的单位，由项目主管上级部门或责成有关单位按有关规定对责任者进行处理。

（2）蓄水安全鉴定的依据是有关法律、法规和技术标准，批准的初步设计报告、专题报告，设计变更及修改文件，监理签发的技术文件及说明，合同规定的质量和安全标准等。进行蓄水安全鉴定时，鉴定范围内的工程形象面貌应基本达到《水利水电建设工程验收规程》规定的蓄水验收条件，安全鉴定使用的资料已准备齐全。

（3）蓄水安全鉴定的范围是以大坝为重点，包括挡水建筑物、泄水建筑物、引水建筑物的进水口工程、涉及工程安全的库岸边坡及下游消能防护工程等与蓄水安全有关的工程项目。蓄水安全鉴定工作的重点是检查工程施工过程中是否存在影响工程安全的因素，以及工程建设期发现的影响工程安全的问题是否得到妥善解决，并提出工程安全评价意见；对不符合有关技术标准、设计文件并涉及工程安全的，分析其对工程安全的影响程度，并作出评价意见；对虽符合有关技术标准、设计文件，但专家认为构成工程安全运行隐患的，也应对其进行分析和作出评价。

（4）蓄水安全鉴定内容：

1）检查工程形象面貌是否符合蓄水要求。

2）检查工程质量（包括设计、施工等）是否存在影响工程安全的隐患。对关键部位、出现过质量事故的部位以及有必要检查的其他部位要进行重点检查，包括抽查工程原始资料和施工、设备制造验收签证，必要时应当使用钻孔取样、充水试验等技术手段进行检测。

3）检查洪水设计标准，工程泄洪设施的泄洪能力，消能设施的可靠性，下闸蓄水方案的可靠性，以及调度运行方案是否符合防洪和度汛安全的要求。

4）检查工程地质条件、基础处理、滑坡及处理、工程防震是否存在不利于建筑物的隐患。

5）检查工程安全检测设施、检测资料是否完善并符合要求。

（5）蓄水安全鉴定程序：

1）安全鉴定前，安全鉴定单位制定蓄水安全鉴定工作大纲，明确鉴定的主要内容，提出鉴定工作所需资料清单。

2）听取项目法人、设计、施工、监理、运行等建设各方的情况介绍。

3）进行现场调查，收集资料。

4）设计、施工、监理、运行等建设各方分别编写自检报告。

5）专家组集中分析、研究有关工程资料，与建设各方沟通情况，必要时进行设计复核、现场检查或检测。专家组讨论并提出鉴定报告初稿。

6）在与建设各方充分交换意见的基础上，作出工程安全评价，完成蓄水安全鉴定报告，专家组全体成员签字认可。

（6）项目法人认为工程符合蓄水安全鉴定条件时，可决定组织蓄水安全鉴定。蓄水安全鉴定，由项目法人委托经水利部认定有资格的单位承担，与之签订蓄水安全鉴定合同，并报工程建设项目上级主管部门核备。接受委托负责蓄水安全鉴定的单位（即鉴定单位）应成立专家组，并将专家组组成情况报工程验收主持单位和相应的水利工程质量监督部门（机构）核备。

（7）鉴定专家组应由专业水平高、工程设计、施工经验丰富、具有高级工程师以上职称的专家组成,包括水文、地质、水工、施工、机电、金属结构等有关专业。鉴定专家组三分之一以上人员须聘请鉴定责任单位以外的专家参加。项目法人、设计、施工、监理、运行、设备制造等参建单位的在职人员或从事过本工程设计、施工、管理的其他人员,不能担任专家组成员。

(8) 项目法人应组织建设各方认真做好配合鉴定专家组进行的工作,包括:

1) 准确、及时提供鉴定工作所需的各种工程资料。

2) 根据专家组的要求,组织相对固定的专业人员和工作人员,向专家组介绍有关工程情况,对专家组提出的问题进行解答。

3) 根据专家组的要求,对有关问题进行补充分析工作,并提出相应的专题报告。

4) 为专家组在现场工作提供必要的工作条件。

(9) 鉴定单位应将鉴定报告提交给项目法人,并抄报工程验收主持单位和水利工程质量监督部门(机构)。工程验收前,项目法人应负责将鉴定报告分送给验收委员会各成员。项目法人应组织建设各方,对鉴定报告中指出的工程安全问题和提出的建议,进行认真的研究和处理,并将处理情况书面报告验收委员会。建设各方对鉴定报告有重大分歧意见的,应形成书面意见送鉴定单位,并抄报工程验收主持单位和水利工程质量监督部门(机构)。

(10) 鉴定单位应独立地进行工作,提出客观、公正、科学的鉴定报告,并对鉴定结论负责。项目法人等任何单位或个人,均不得妨碍和干预鉴定单位和鉴定专家组独立地作出鉴定意见。

(11) 进行工程验收时,验收委员会依据鉴定报告,并听取建设各方的意见,作出验收结论。当对个别疑难问题难以作出结论时,主任委员单位应组织有关专家或委托科研单位进一步论证,提出结论意见。

(12) 蓄水安全鉴定不代替和减轻建设各方由于工程设计、施工、运行、制造、管理等方面存在问题应负的工程安全责任。

5.6 水利水电工程施工质量管理有关规定

5.6.1 《水利水电工程施工质量检验与评定规程》

1. 项目划分与质量术语

按照《水利技术标准编写规定》SL 1—2002,水利部组织有关单位对《水利水电工程施工质量评定规程(试行)》SL 176—1996 进行修订,修订后更名为《水利水电工程施工质量检验与评定规程》SL 176—2007(以下简称新规程),自 2007 年 10 月 14 日实施。《水利水电工程施工质量检验与评定规程》SL 176—2007 共 5 章,11 节,81 条,7 个附录。与原规程相比,新规程增补和调整的内容主要包括以下几个方面:

(1) 扩大了规程适用范围;

(2) 修订了质量术语、增加了新的术语;

(3) 修订了项目划分原则及项目划分程序,新增引水工程、除险加固工程项目划分原则,纳入了《堤防工程施工质量评定与验收规程(试行)》SL 239—1999 的有关条款;

(4) 增加了见证取样条款;

(5) 增加了检验不合格的处理条款及水利水电工程中涉及其他行业的建筑物施工质量

检验评定办法的条款；

（6）增加了委托水利行业质量检测机构抽样检测的条款；

（7）修订了质量事故检查的条款；

（8）增加了工程质量缺陷备案条款；

（9）增加了砂浆、砌筑用混凝土强度检验评定标准；

（10）修订了质量评定标准；

（11）修订了质量评定工作的组织与管理；

（12）增加了附录A水利水电工程外观质量评定办法，附录B水利水电工程施工质量缺陷备案表格式，附录C普通混凝土试块试验数据统计方法，附录D喷射混凝土抗压强度检验评定标准，附录E砂浆、砌筑用混凝土强度检验评定标准，附录F重要隐蔽单元工程（关键部位单元工程）质量等级签证表，附录G水利水电工程项目施工质量评定表；

（13）将原规程附录A水利水电枢纽工程项目划分表，附录B渠道及堤防工程项目划分表修订补充后列入条文3.1.1说明中，作为项目划分示例；

（14）删去原规程附录C水利水电工程质量评定报告格式；

（15）在附录后加入了"标准用词说明"。

新规程有关项目的名称与划分原则是：

（1）水利水电工程质量检验与评定应当进行项目划分。项目按级划分为单位工程、分部工程、单元（工序）工程等三级。

（2）水利水电工程项目划分应结合工程结构特点、施工部署及施工合同要求进行，划分结果应有利于保证施工质量以及施工质量管理。

（3）单位工程项目划分原则：

1）枢纽工程，一般以每座独立的建筑物为一个单位工程。当工程规模大时，可将一个建筑物中具有独立施工条件的一部分划分为一个单位工程。

2）堤防工程，按招标标段或工程结构划分单位工程。可将规模较大的交叉联结建筑物及管理设施以每座独立的建筑物划分为一个单位工程。

3）引水（渠道）工程，按招标标段或工程结构划分单位工程。可将大、中型（渠道）建筑物以每座独立的建筑物划分为一个单位工程。

4）除险加固工程，按招标标段或加固内容，并结合工程量划分单位工程。

（4）分部工程项目划分原则：

1）枢纽工程，土建部分按设计的主要组成部分划分；金属结构及启闭机安装工程和机电设备安装工程按组合功能划分。

2）堤防工程，按长度或功能划分。

3）引水（渠道）工程中的河（渠）道按施工部署或长度划分。大、中型建筑物按工程结构主要组成部分划分。

4）除险加固工程，按加固内容或部位划分。

5）同一单位工程中，各个分部工程的工程量（或投资）不宜相差太大，每个单位工程中的分部工程数目，不宜少于5个。

（5）单元工程项目划分原则：

1）按《水利建设工程单元工程施工质量验收评定标准》（以下简称《单元工程评定标

准》）规定进行划分。

2）河（渠）道开挖、填筑及衬砌单元工程划分界限宜设在变形缝或结构缝处，长度一般不大于100m。同一分部工程中各单元工程的工程量（或投资）不宜相差太大。

3）《单元工程评定标准》中未涉及的单元工程可依据工程结构、施工部署或质量考核要求，按层、块、段进行划分。

新规程有关项目划分程序是：

（1）由项目法人组织监理、设计及施工等单位进行工程项目划分，并确定主要单位工程、主要分部工程、重要隐蔽单元工程和关键部位单元工程。项目法人在主体工程开工前将项目划分表及说明书面报相应工程质量监督机构确认。

（2）工程质量监督机构收到项目划分书面报告后，应当在14个工作日内对项目划分进行确认并将确认结果书面通知项目法人。

（3）工程实施过程中，需对单位工程、主要分部工程、重要隐蔽单元工程和关键部位单元工程的项目划分进行调整时，项目法人应重新报送工程质量监督机构确认。

新规程修订和补充的有关质量术语包括：

（1）水利水电工程质量（quality of hydraulic and hydroelectric engineering）。工程满足国家和水利行业相关标准及合同约定要求的程度，在安全性、使用功能、适用性、外观及环境保护等方面的特性总和。

（2）质量检验（quality inspection）。通过检查、量测、试验等方法，对工程质量特性进行的符合性评价。

（3）质量评定（quality assessment）。将质量检验结果与国家和行业技术标准以及合同约定的质量标准所进行的比较活动。

（4）单位工程（unit project）。指具有独立发挥作用或独立施工条件的建筑物。

（5）分部工程（separated part project）。指在一个建筑物内能组合发挥一种功能的建筑安装工程，是组成单位工程的部分。对单位工程安全性、使用功能或效益起决定性作用的分部工程称为主要分部工程。

（6）单元工程（separated item project）。指在分部工程中由几个工序（或工种）施工完成的最小综合体，是日常质量考核的基本单位。

（7）关键部位单元工程（separated item project of critical position）。指对工程安全性、或效益、或使用功能有显著影响的单元工程。

（8）重要隐蔽单元工程（separated item project of crucial concealment）。指主要建筑物的地基开挖、地下洞室开挖、地基防渗、加固处理和排水等隐蔽工程中，对工程安全或使用功能有严重影响的单元工程。

（9）主要建筑物及主要单位工程（main structure & main unit project）。主要建筑物，指其失事后将造成下游灾害或严重影响工程效益的建筑物，如堤坝、泄洪建筑物、输水建筑物、电站厂房及泵站等。属于主要建筑物的单位工程称为主要单位工程。

（10）中间产品（intermediate product）。指工程施工中使用的砂石骨料、石料、混凝土拌合物、砂浆拌合物、混凝土预制构件等土建类工程的成品及半成品。

（11）见证取样（evidential testing）。在监理单位或项目法人监督下，由施工单位有关人员现场取样，并送到具有相应资质等级的工程质量检测机构所进行的检测。

(12) 外观质量 (quality of appearance)。通过检查和必要的量测所反映的工程外表质量。

(13) 质量事故 (accident due to poor quality)。在水利水电工程建设过程中，由于建设管理、监理、勘测、设计、咨询、施工、材料、设备等原因造成工程质量不符合国家和行业相关标准以及合同约定的质量标准，影响工程使用寿命和对工程安全运行造成隐患和危害的事件。

(14) 质量缺陷 (defect of constructional quality)。指对工程质量有影响，但小于一般质量事故的质量问题。

2. 施工质量检验

《水利水电工程施工质量检验与评定规程》SL 176—2007（以下简称新规程）有关施工质量检验的主要规定有：

(1) 承担工程检测业务的检测机构应具有水行政主管部门颁发的资质证书。

(2) 工程施工质量检验中使用的计量器具、试验仪器仪表及设备应定期进行检定，并具备有效的检定证书。国家规定需强制检定的计量器具应经县级以上计量行政部门认定的计量检定机构或其授权设置的计量检定机构进行检定。

(3) 检测人员应熟悉检测业务，了解被检测对象性质和所用仪器设备性能，经考核合格后，持证上岗。参与中间产品及混凝土（砂浆）试件质量资料复核的人员应具有工程师以上工程系列技术职称，并从事过相关试验工作。

(4) 工程质量检验项目和数量应符合《单元工程评定标准》规定。工程质量检验方法，应符合《单元工程评定标准》和国家及行业现行技术标准的有关规定。

(5) 工程项目中如遇《单元工程评定标准》中尚未涉及的项目质量评定标准时，其质量标准及评定表格，由项目法人组织监理、设计及施工单位按水利部有关规定进行编制和报批。

(6) 工程中永久性房屋、专用公路、专用铁路等项目的施工质量检验与评定可按相应行业标准执行。

(7) 项目法人、监理、设计、施工和工程质量监督等单位（机构）根据工程建设需要，可委托具有相应资质等级的水利工程质量检测机构进行工程质量检测。施工单位自检性质的委托检测项目及数量，按《单元工程评定标准》及施工合同约定执行。对已建工程质量有重大分歧时，由项目法人委托第三方具有相应资质等级的质量检测机构进行检测，检测数量视需要确定，检测费用由责任方承担。

(8) 对涉及工程结构安全的试块、试件及有关材料，应实行见证取样。见证取样资料由施工单位制备，记录应真实齐全，参与见证取样人员应在相关文件上签字。

(9) 工程中出现检验不合格的项目时，按以下规定进行处理。

1) 原材料、中间产品一次抽样检验不合格时，应及时对同一取样批次另取两倍数量进行检验，如仍不合格，则该批次原材料或中间产品应当定为不合格，不得使用。

2) 单元（工序）工程质量不合格时，应按合同要求进行处理或返工重作，并经重新检验且合格后方可进行后续工程施工。

3) 混凝土（砂浆）试件抽样检验不合格时，应委托具有相应资质等级的质量检测机构对相应工程部位进行检验。如仍不合格，由项目法人组织有关单位进行研究，并提出处理意见。

4)工程完工后的质量抽检不合格,或其他检验不合格的工程,应按有关规定进行处理,合格后才能进行验收或后续工程施工。

新规程对施工过程中参建单位的质量检验职责的主要规定有:

(1)施工单位应当依据工程设计要求、施工技术标准和合同约定,结合《单元工程评定标准》的规定确定检验项目及数量并进行自检,自检过程应当有书面记录,同时结合自检情况如实填写《水利水电工程施工质量评定表》。

(2)监理单位应根据《单元工程评定标准》和抽样检测结果复核工程质量。其平行检测和跟踪检测的数量按《监理规范》或合同约定执行。

(3)项目法人应对施工单位自检和监理单位抽检过程进行督促检查,对报工程质量监督机构核备、核定的工程质量等级进行认定。

(4)工程质量监督机构应对项目法人、监理、勘测、设计、施工单位以及工程其他参建单位的质量行为和工程实物质量进行监督检查。检查结果应当按有关规定及时公布,并书面通知有关单位。

(5)临时工程质量检验及评定标准,由项目法人组织监理、设计及施工等单位根据工程特点,参照《单元工程评定标准》和其他相关标准确定,并报相应的工程质量监督机构核备。

(6)质量检验包括施工准备检查,原材料与中间产品质量检验,水工金属结构、启闭机及机电产品质量检查,单元(工序)工程质量检验,质量事故检查和质量缺陷备案,工程外观质量检验等。

(7)质量缺陷备案表由监理单位组织填写,内容应真实、全面、完整。各工程参建单位代表应在质量缺陷备案表上签字,若有不同意见应明确记载。质量缺陷备案表应及时报工程质量监督机构备案。质量缺陷备案资料按竣工验收的标准制备。工程竣工验收时,项目法人应向竣工验收委员会汇报并提交历次质量缺陷备案资料。

3. 施工质量评定

《水利水电工程施工质量检验与评定规程》SL 176—2007(以下简称新规程)规定水利水电工程施工质量等级分为合格、优良两级。合格等级是工程验收标准。优良等级是为工程项目质量创优而设置。水利水电工程施工质量等级评定的主要依据有:

(1)国家及相关行业技术标准。

(2)《单元工程评定标准》。

(3)经批准的设计文件、施工图纸、金属结构设计图样与技术条件、设计修改通知书、厂家提供的设备安装说明书及有关技术文件。

(4)工程承发包合同中约定的技术标准。

(5)工程施工期及试运行期的试验和观测分析成果。

新规程有关施工质量合格标准是:

(1)单元(工序)工程施工质量合格标准

1)单元(工序)工程施工质量评定标准按照《单元工程评定标准》或合同约定的合格标准执行。

2)单元(工序)工程质量达不到合格标准时,应及时处理。处理后的质量等级按下列规定重新确定：

①全部返工重做的，可重新评定质量等级。

②经加固补强并经设计和监理单位鉴定能达到设计要求时，其质量评为合格。

③处理后的工程部分质量指标仍达不到设计要求时，经设计复核，项目法人及监理单位确认能满足安全和使用功能要求，可不再进行处理；或经加固补强后，改变了外形尺寸或造成工程永久性缺陷的，经项目法人、监理及设计单位确认能基本满足设计要求，其质量可定为合格，但应按规定进行质量缺陷备案。

(2) 分部工程施工质量合格标准

1) 所含单元工程的质量全部合格。质量事故及质量缺陷已按要求处理，并经检验合格。

2) 原材料、中间产品及混凝土（砂浆）试件质量全部合格，金属结构及启闭机制造质量合格，机电产品质量合格。

(3) 单位工程施工质量合格标准

1) 所含分部工程质量全部合格。

2) 质量事故已按要求进行处理。

3) 工程外观质量得分率达到 70%（含 70%，下同）以上。

4) 单位工程施工质量检验与评定资料基本齐全。

5) 工程施工期及试运行期，单位工程观测资料分析结果符合国家和行业技术标准以及合同约定的标准要求。

(4) 工程项目施工质量合格标准

1) 单位工程质量全部合格；

2) 工程施工期及试运行期，各单位工程观测资料分析结果均符合国家和行业技术标准以及合同约定的标准要求。

新规程有关施工质量优良标准是：

(1) 单元工程施工质量优良标准按照《单元工程评定标准》以及合同约定的优良标准执行。全部返工重做的单元工程，经检验达到优良标准时，可评为优良等级。

(2) 分部工程施工质量优良标准：

1) 所含单元工程质量全部合格，其中 70% 以上达到优良等级，主要单元工程以及重要隐蔽单元工程（关键部位单元工程）质量优良率达 90% 以上，且未发生过质量事故。

2) 中间产品质量全部合格，混凝土（砂浆）试件质量达到优良等级（当试件组数小于 30 时，试件质量合格）。原材料质量、金属结构及启闭机制造质量合格，机电产品质量合格。

(3) 单位工程施工质量优良标准：

1) 所含分部工程质量全部合格，其中 70% 以上达到优良等级，主要分部工程质量全部优良，且施工中未发生过较大质量事故。

2) 质量事故已按要求进行处理。

3) 外观质量得分率达到 85% 以上。

4) 单位工程施工质量检验与评定资料齐全。

5) 工程施工期及试运行期，单位工程观测资料分析结果符合国家和行业技术标准以及合同约定的标准要求。

(4) 工程项目施工质量优良标准：

1) 单位工程质量全部合格，其中70%以上单位工程质量达到优良等级，且主要单位工程质量全部优良。

2) 工程施工期及试运行期，各单位工程观测资料分析结果均符合国家和行业技术标准以及合同约定的标准要求。

新规程有关施工质量评定工作的组织要求是：

(1) 单元（工序）工程质量在施工单位自评合格后，报监理单位复核，由监理工程师核定质量等级并签证认可。

(2) 重要隐蔽单元工程及关键部位单元工程质量经施工单位自评合格、监理单位抽检后，由项目法人（或委托监理）、监理、设计、施工、工程运行管理（施工阶段已经有时）等单位组成联合小组，共同检查核定其质量等级并填写签证表，报工程质量监督机构核备。

(3) 分部工程质量，在施工单位自评合格后，报监理单位复核，项目法人认定。分部工程验收的质量结论由项目法人报质量监督机构核备。大型枢纽工程主要建筑物的分部工程验收的质量结论由项目法人报工程质量监督机构核定。

(4) 单位工程质量，在施工单位自评合格后，由监理单位复核，项目法人认定。单位工程验收的质量结论由项目法人报质量监督机构核定。

(5) 工程外观质量评定。单位工程完工后，项目法人组织监理、设计、施工及工程运行管理等单位组成工程外观质量评定组，进行工程外观质量检验评定并将评定结论报工程质量监督机构核定。参加工程外观质量评定的人员应具有工程师以上技术职称或相应执业资格。评定组人数应不少于5人，大型工程宜不少于7人。

(6) 工程项目质量，在单位工程质量评定合格后，由监理单位进行统计并评定工程项目质量等级，经项目法人认定后，报质量监督机构核定。

(7) 阶段验收前，质量监督机构应提交工程质量评价意见。

(8) 工程质量监督机构应按有关规定在工程竣工验收前提交工程质量监督报告，工程质量监督报告应当有工程质量是否合格的明确结论。

5.6.2 《水利工程建设项目验收管理规定》

1. 验收管理规定实施的意义

2006年12月18日时任水利部部长汪恕诚签发水利部令第30号，颁布《水利工程建设项目验收管理规定》，该规定自2007年4月1日起施行。

根据国家和行业有关规定，水利工程建设程序分为项目建议书、可行性研究报告、初步设计、施工准备、建设实施、生产准备、竣工验收、后评价八个阶段，国务院办公厅《关于加强基础设施工程质量管理的通知》（国发办[1999]16号）中指出工程建设项目管理"必须实行竣工验收制度。项目建成后必须按国家有关规定进行严格的竣工验收，由验收人员签字负责。项目竣工验收合格后，方可投入使用。"竣工验收是工程建设中不可缺少的一个重要环节。

有关水利工程建设项目的竣工验收工作，过去一直执行的是行业技术标准《水利水电建设工程验收规程》SL 223—1999（现已修订为SL 223—2008），但缺少行业管理具体的规章。《水利工程建设项目验收管理规定》是水利行业第一部针对验收工作的具体管理规章,该规定的颁布和实施,是完善水利工程建设管理方面制度的一项重要举措,标志着水利工程项目建设过程中的验收工作以及竣工验收管理工作进一步走向规范化、制度化,将有力推动水利工程建设管理各方面管理水平的提高。

《水利工程建设项目验收管理规定》的颁布和实施,为一系列围绕工程项目验收所需要的规章制度(如工程建设的技术鉴定、质量检测、优质工程评定、质量监督管理等)和技术标准(如验收规程、质量检验与评定规程、单元工程施工质量评定标准等)的修订提供了重要的依据。

2. 验收管理规定的主要特点

对比现行有关水利工程建设项目验收方面的规定和技术标准,《水利工程建设验收管理规定》主要有以下特点:

(1) 强调依据职责和责任划分工程验收的类别,将工程验收分为政府验收和法人验收。改变了以验收时工程是否投入使用作为划分工程验收类别的方法。明确法人验收是指在项目建设过程中由项目法人组织进行的验收。法人验收是政府验收的基础。政府验收是指由有关人民政府、水行政主管部门或者其他有关部门组织进行的验收,包括专项验收、阶段验收和竣工验收。

(2) 工程项目验收的依据在保持以往规定不变的基础上,增加和进一步明确了施工合同是验收工作的重要依据,强化工程参建单位的合同意识。

(3) 在验收工作中进一步落实水利工程建设项目法人责任制,强调项目法人以及其他参建单位应当提交真实、完整的验收资料,并对提交的资料负责。

(4) 加强对项目法人等参建单位工程建设过程中验收工作的监督管理,提出对法人验收进行监督管理,明确由水行政主管部门或者流域管理机构组建项目法人的,该水行政主管部门或者流域管理机构是本项目的法人验收监督管理机关;由地方人民政府组建项目法人的,本级地方人民政府水行政主管部门是本项目的法人验收监督管理机关。

(5) 针对水利工程建设项目的复杂性以及招标投标和合同管理等需要,除验收管理规定已经给出的验收工作种类外,明确项目法人可以根据工程建设的需要增设法人验收的环节。给项目法人的项目管理创造了更大的管理空间。

(6) 将验收工作纳入工程建设计划进度管理的一部分,要求项目法人在开工报告批准后 60 个工作日内,制定法人验收工作计划,报法人验收监督管理机关和竣工验收主持单位备案。

(7) 改变了工程质量监督机构对于工程质量评定的监督方式,除单位工程以及大型枢纽主要建筑物的分部工程验收的质量结论应当报该项目的质量监督机构核定外,其余改为核备,进一步强化了工程参建单位的质量责任。

(8) 解决了水利工程建设中施工合同双方关于工程保修期计算起止日期不清问题,明确工程保修期从通过单项合同工程完工验收之日算起,保修期限按合同约定执行。

(9) 进一步明确竣工验收的时间,将项目竣工验收的时间由全部工程完建后 3 个月内进行,改为竣工验收应当在工程建设项目全部完成并满足一定运行条件后 1 年内进行,进一步保证竣工验收工作的质量,防止竣工验收时验收遗留问题太多。

(10) 提出竣工验收原则上按照经批准的初步设计所确定的标准和内容进行,既进一步强调项目法人在工程建设时应当以批准的初步设计为依据,又明确了工程验收的范围,防止工程竣工验收时由于参加验收的人员所代表的单位不同,可能在验收标准和范围上引起歧义,影响竣工验收工作的正常进行。

(11) 用竣工技术预验收取代验收责任不明确的竣工初步验收,规范和强化技术专家在竣工验收工作的技术把关作用,进一步提高竣工验收工作的质量,把好竣工验收关。

(12) 进一步发挥第三方在工程建设中的作用,提出大型水利工程在竣工技术预验收前,项目法人应当按照有关规定对工程建设情况进行竣工验收技术鉴定。中型水利工程在竣工技术预验收前,竣工验收主持单位可以根据需要决定是否进行竣工验收技术鉴定。

(13) 进一步明确对工程建设中专项工程和工作的专项验收,提出专项验收成果文件是阶段验收以及竣工验收成果文件的组成部分,通过专项验收是阶段验收和竣工验收应具备的条件之一。

(14) 落实验收遗留问题的处理责任单位,规范和完善验收遗留问题的处理程序,提出项目法人和其他有关单位应当按照竣工验收鉴定书的要求妥善处理竣工验收遗留问题和完成尾工。强调验收遗留问题处理完毕以及尾工完成并通过验收后,项目法人应当将处理情况和验收成果报送竣工验收主持单位。

(15) 闭合管理环节,提出工程通过竣工验收以及验收遗留问题处理完毕和尾工完成并通过验收时,竣工验收主持单位向项目法人颁发工程竣工证书。工程竣工验收后颁发工程竣工证书,也同时进一步规范了政府对水利工程建设项目管理以及工程参建单位业绩证明。

(16) 对于验收工作中存在的不规范以及违法违规行为,明确了相应的处罚。

《水利工程建设项目验收管理规定》是一项全新的管理规章,在工程建设实施过程中,应当注意以下几点:

(1) 根据国家有关投资体制改革的决定和行政管理的有关规定,验收管理规定的适用范围是中央或者地方财政全部投资或者部分投资建设的大中型水利工程建设项目(含1、2、3级堤防工程)的验收活动,不是习惯上笼统的大中型水利工程建设项目。

(2) 工程验收可以通过也可以不通过,强调验收委员会(验收工作组)对工程验收不予通过的,应当明确不予通过的理由并提出整改意见。有关单位应当及时组织处理有关问题,完成整改,并按照程序重新申请验收。

(3) 明确法人验收由项目法人主持。验收工作组由项目法人、设计、施工、监理等单位的代表组成,必要时可以邀请工程运行管理单位等参建单位以外的代表及专家参加。项目法人可以委托监理单位主持分部工程验收,有关委托权限应当在监理合同或者委托书中明确。除分部工程验收外,其余的法人验收应当由项目法人负责主持并承担责任。

(4) 有关部门在批准开工报告时,同时明确竣工验收主持单位,不是以往在申请竣工验收时才明确竣工验收主持单位。

(5) 为提高工作效率,经有关部门同意,专项验收可以与竣工验收一并进行。

(6) 将工程运行管理单位调整进竣工验收委员会组成单位,不再是竣工验收的被验收单位,有利于工程运行管理单位职责的明确和落实。

(7) 明确水利工程建设项目验收应当具备的条件、验收程序、验收主要工作以及有关验收资料和成果性文件等具体要求,按照有关验收规程执行。即验收管理规定主要解决验收时应当做什么工作，至于相关工作怎么做，则需要根据有关验收技术标准，如《水利水电建设工程验收规程》SL 223—2008、《水利水电工程施工质量检验与评定规程》SL 176—2007等。

3. 验收分类与程序

（1）水利工程建设项目验收主持单位的分类。

水利工程建设项目验收，按验收主持单位性质不同分为法人验收和政府验收两类。

法人验收是指在项目建设过程中由项目法人组织进行的验收。法人验收是政府验收的基础。

政府验收是指由有关人民政府、水行政主管部门或者其他有关部门组织进行的验收，包括专项验收、阶段验收和竣工验收等。

（2）水利工程建设项目验收的依据。

1）国家有关法律、法规、规章和技术标准；

2）有关主管部门的规定；

3）经批准的工程立项文件、初步设计文件、调整概算文件；

4）经批准的设计文件及相应的工程变更文件；

5）施工图纸及主要设备技术说明书等；

6）法人验收还应当以施工合同为验收依据。

（3）法人验收包括分部工程、单位工程、单项合同工程验收等环节。项目法人可以根据工程建设的需要增设法人验收的环节。

（4）法人验收由项目法人主持。由项目法人、设计、施工、监理等单位的代表组成验收工作组负责；必要时可以邀请工程运行管理单位等参建单位以外的代表及专家参加验收工作组。项目法人可以委托监理单位主持分部工程验收，有关委托权限应当在监理合同或者委托书中明确。

（5）分部工程验收的质量结论应当报该项目的质量监督机构核备；未经核备的，项目法人不得组织下一阶段的验收。单位工程以及大型枢纽主要建筑物的分部工程验收质量结论应当报该项目的质量监督机构核定；未经核定的，项目法人不得通过法人验收；核定不合格的，项目法人应当重新组织验收。质量监督机构应当自收到核定材料之日起20个工作日内完成核定。

（6）政府验收中竣工验收主持单位按以下原则确定：

1）国家重点水利工程建设项目，竣工验收主持单位依照国家有关规定确定。

2）除前款规定以外，在国家确定的重要江河、湖泊建设的流域控制性工程、流域重大骨干工程建设项目，竣工验收主持单位为水利部。

3）除前两款规定以外的其他水利工程建设项目，竣工验收主持单位按照以下原则确定：

①水利部或者流域管理机构负责初步设计审批的中央项目，竣工验收主持单位为水利部或者流域管理机构；

②水利部负责初步设计审批的地方项目，以中央投资为主的，竣工验收主持单位为水利部或者流域管理机构，以地方投资为主的，竣工验收主持单位为省级人民政府（或者其委托的单位）或者省级人民政府水行政主管部门（或者其委托的单位）；

③地方负责初步设计审批的项目,竣工验收主持单位为省级人民政府水行政主管部门(或者其委托的单位);

竣工验收主持单位为水利部或者流域管理机构的,可以根据工程实际情况,会同省级人民政府或者有关部门共同主持;

④竣工验收主持单位应当在工程开工报告的批准文件中明确。

(7) 竣工验收应当在工程建设项目全部完成并满足一定运行条件后1年内进行。不能按期进行竣工验收的,经竣工验收主持单位同意,可以适当延长期限,但最长不得超过6个月。逾期仍不能进行竣工验收的,项目法人应当向竣工验收主持单位做出专题报告。

(8) 工程具备竣工验收条件的,项目法人应当提出竣工验收申请,经法人验收监督管理机关审查后报竣工验收主持单位。竣工验收主持单位应当自收到竣工验收申请之日起20个工作日内决定是否同意进行竣工验收。

(9) 竣工验收分为竣工技术预验收和竣工验收两个阶段。大型水利工程在竣工技术预验收前,项目法人应当按照有关规定对工程建设情况进行竣工验收技术鉴定。中型水利工程在竣工技术预验收前,竣工验收主持单位可以根据需要决定是否进行竣工验收技术鉴定。

(10) 竣工验收原则上按照经批准的初步设计所确定的标准和内容进行。

项目有总体初步设计又有单项工程初步设计的,原则上按照总体初步设计的标准和内容进行,也可以先进行单项工程竣工验收,最后按照总体初步设计进行总体竣工验收。

项目有总体可行性研究但没有总体初步设计而有单项工程初步设计的,原则上按照单项工程初步设计的标准和内容进行竣工验收。

建设周期长或者因故无法继续实施的项目,对已完成的部分工程可以按单项工程或者分期进行竣工验收。

4. 违反验收规定的处罚

《水利工程建设项目验收管理规定》中关于违反该规定的主要处罚有:

(1) 违反本规定,项目法人不按时限要求组织法人验收或者不具备验收条件而组织法人验收的,由法人验收监督管理机关责令改正。

(2) 项目法人以及其他参建单位提交验收资料不真实导致验收结论有误的,由提交不真实验收资料的单位承担责任。竣工验收主持单位收回验收鉴定书,对责任单位予以通报批评;造成严重后果的,依照有关法律法规处罚。

(3) 参加验收的专家在验收工作中玩忽职守、徇私舞弊的,由验收监督管理机关予以通报批评;情节严重的,取消其参加验收的资格;构成犯罪的,依法追究刑事责任。

(4) 国家机关工作人员在验收工作中玩忽职守、滥用职权、徇私舞弊,尚不构成犯罪的,依法给予行政处分;构成犯罪的,依法追究刑事责任。

5.7 水利水电工程施工合同管理有关规定

在国家发展和改革委员会等九部委联合编制的《标准施工招标资格预审文件》和《标准施工招标文件》基础上,结合水利水电工程特点和行业管理需要,水利部组织编制了《水利水电工程标准施工招标资格预审文件》(2009年版)和《水利水电工程标准施工招标文件》(2009年版),用于替代水利部、国家电力公司、国家工商行政管理总局2000年颁发的《水利水电工程施工合同和招标文件示范文本》(GF—2000—0208)。

5.7.1 《水利水电工程标准施工招标资格预审文件》

1. 基本框架

《水利水电工程标准施工招标资格预审文件》(2009年版)共分5章，即第1章资格预审公告、第2章申请人须知、第3章资格审查办法、第4章资格预审申请文件格式、第5章项目建设概况。其中，第3章按合格制和有限数量制两种资格审查办法编印，由招标人根据项目特点和实际需要分别选择使用。与《标准施工招标资格预审文件》(2007年版)相比，主要补充内容有如下两点：

一是在全文引用《标准施工招标资格预审文件》(2007年版)第二章"申请人须知"正文的基础上，根据水利水电行业管理的需要，规范统一了往来文件时间及书面格式、资格审查资料年份、资格预审申请文件的编制和递交等内容。

二是在全文引用《标准施工招标资格预审文件》(2007年版)第3章"资格审查办法"正文的基础上，根据水利水电行业管理的需要，列出初步审查通用标准（如申请人名称一致性、申请文件签字盖章、格式、份数、装订符合性）和详细审查通用标准（如营业执照、安全生产许可证、资质证书的有效性及业绩、信誉、主要人员的响应性）。

《水利水电工程标准施工招标资格预审文件》(2009年版)各章内容如下：

第1章资格预审公告，引用了《标准施工招标资格预审文件》(2007年版)第1章内容，包括招标条件、项目概况与招标范围、申请人资格要求、资格预审方法、资格预审文件的获取、资格预审申请文件的递交、发布公告的媒介、联系方式。

第2章申请人须知，包括申请人须知前附表、正文和附件格式。主要内容有：

(1) 总则，包括项目概况、资金来源和落实情况、招标范围、计划工期和质量要求、申请人资格要求、语言文字、费用承担；

(2) 资格预审文件，包括资格预审文件的组成、资格预审文件的澄清与修改；

(3) 资格预审申请文件的编制，包括资格预审申请文件的组成、资格预审文件的编制要求、资格预审申请文件的装订、签字；

(4) 资格预审申请文件的递交，包括资格预审申请文件的密封和标识和资格预审申请文件的递交；

(5) 资格预审申请文件的审查，包括审查委员会和资格审查；

(6) 通知和确认，包括通知、解释、确认；

(7) 申请人的资格改变；

(8) 纪律和监督，包括严禁贿赂、不得干扰资格审查工作、保密、投诉；

(9) 需要补充的其他内容，包括类似项目、资格变化、原件。

附件格式包括资格预审文件澄清申请函、资格预审文件澄清通知、资格预审文件修改通知、资格预审文件澄清通知、修改通知确认函、资格预审结果通知书、资格预审结果解释申请函、投标确认书。

第3章资格审查办法，分别编印了合格制、有限数量制两种资格审查办法。每种办法都包括资格审查办法前附表、正文和附件格式。正文主要内容包括审查方法、审查标准、审查程序、审查结果。附件格式包括资格预审申请文件澄清通知、资格预审申请文件澄清函。

第4章资格预审申请文件格式，包括资格预审申请函、法定代表人身份证明、授权委托书、联合体协议书、申请人基本情况表、近年财务状况表、近年完成的类似项目情况表、正在施工的和新承接的项目情况表、近年发生的诉讼及仲裁情况、资格审查自审表、原件的复印件、其他材料。

第5章项目建设概况包括项目说明、建设条件、建设要求、其他需要说明的情况。

2. 使用要求

《水利水电工程标准施工招标资格预审文件》(2009年版)应与《标准施工招标资格预审文件》(2007年版)结合使用,两者相同条款号若内容不一致时,采用《水利水电工程标准施工招标资格预审文件》(2009年版)的规定。《水利水电工程标准施工招标资格预审文件》(2009年版)用相同序号标示章、节、条、款、项、目时,招标人可选择使用;以空格标示时,招标人应根据招标项目具体特点和实际需要填写,确实不需要填写具体内容时,可在空格中用"/"标示。《水利水电工程标准施工招标资格预审文件》(2009年版)中有关招标人的约定除特别声明外,同时适用于受其委托承担招标代理任务的招标代理机构。《水利水电工程标准施工招标资格预审文件》(2009年版)适用于一个施工标段,若多个施工标段对申请人资格要求相同时,资格预审可合并进行。

各章具体使用要求如下:

第1章资格预审公告格式供参考,资格预审公告发布后,应编入资格预审文件中,作为资格预审邀请书使用。资格预审公告应同时注明该公告发布的所有媒介名称。

第2章申请人须知正文应全文引用。"申请人须知前附表"用于进一步明确"申请人须知正文"中未尽事宜,招标人应结合招标项目具体特点和实际需要编制和填写,但不应与"申请人须知正文"内容相抵触,否则抵触内容无效。"申请人须知附件"所提供的格式文件供招标人参考使用。

第3章资格审查办法分别编印了"合格制"和"有限数量制"两种资格审查方法,招标人宜根据招标项目具体特点和实际需要选择使用。鼓励招标人采用合格制。"资格审查办法正文"应全文引用。"资格审查办法前附表"用于进一步补充明确资格审查因素和审查标准。招标人应根据招标项目具体特点和实际需要,详细列明正文之外的审查因素和审查标准,没有明列的因素和标准不应作为资格审查的依据。"资格审查办法附件"所提供的格式文件供招标人参考使用。

第4章资格预审申请文件格式供招标人参考使用。

3. 主要条款解读

(1) 申请人须知

1) 申请人资格要求

申请人资格要求是资格预审文件中的核心内容,对应于资格审查办法中的详细审查标准。招标人根据项目具体特点和实际需要,提出申请人在资质、财务、业绩、项目经理资格等方面的要求,具体如下:

①资质条件

资质条件应与资格预审公告一致,包括资质证书有效和资质等级符合要求两个方面的内容。资质证书有效性要求申请人资质证书必须在有效期内,且无被吊销资质证书等情况。资质等级要求申请人资质必须符合承担招标项目的资质类别和等级要求。承揽水利水电工程的施工企业必须具备水利水电施工总承包资质或水利水电专业承包资质。招标人应根据《水利水电工程等级划分及洪水标准》SL 252—2000 和《建筑业企业资质管理规定》（2007 年建设部 159 号令）的规定，按照公平、竞争原则提出申请人资质要求。如对于一段 2 级堤防，申请人资质可要求"申请人须具有水利水电工程施工总承包二级及以上资质或堤防工程专业承包二级及以上资质"。

资格预审申请文件格式中，"申请人基本情况表"、"原件的复印件"要求申请人如实反映申请人资质条件，申请人应按照要求填写并提交资质等级证书副本复印件，有原件要求的提交原件。

②财务要求

资格预审公告对申请人财务状况仅作了原则要求，此处应详细提出。财务要求可从注册资本金、净资产、利润、流动资金投入等方面提出量化指标。如，注册资本金应符合承包的最高合同额限制；净资产达到×××万元；申请人在近三年应无亏损或利润率达到×××；拟投入的流动资金应达到×××。

资格预审申请文件格式中，"近 3 年财务状况表"、"原件的复印件"要求申请人如实反映申请人的财务状况，申请人应按照要求填写并提交相关证明材料复印件，有原件要求的提交原件。

在有限数量制下，财务状况还可作为打分的因素。

③业绩要求

业绩要求应与资格预审公告一致。业绩一般指类似工程业绩，招标人有特殊要求的，也可要求非类似工程业绩。类似工程业绩，指与本标段类似的申请人业绩。类似工程的定义应符合项目具体特点，通常从规模、功能、性质、造价等方面界定。

资格预审申请文件格式中，"近 5 年完成的类似项目情况表"、"原件的复印件"要求申请人如实反映申请人的业绩情况，申请人应按照要求填写并提交中标通知书、合同协议书、合同工程完工证书或工程竣工证书副本、合同工程完工验收鉴定书有关验收结论等相关证明材料复印件，有原件要求的提交原件。需要说明的是，不同时期的验收管理规定和不同的规范（如验收管理规定和施工监理规范）对证明申请人完成工程的文件名称并不一致，近 5 年完成的类似项目所附证明完工的材料不一定要求与申请人须知一致，但不同文件名称应表达一个意思只要能证明合同工程完工即可，否则不能认定为类似工程业绩。

在有限数量制下，业绩要求还可作为打分的因素。

④信誉要求

资格预审公告对信誉仅作了原则要求。此处招标人应根据《水利建设市场主体信用评价暂行办法》（中水协〔2009〕39 号文）和《水利建设市场主体不良行为记录公告暂行办法》（水建管〔2009〕518 号）对申请人信誉进行要求。

资格预审申请文件格式中，"近 5 年完成的类似项目情况表"和"近 3 年发生的诉讼及仲裁情况"、"原件的复印件"要求申请人如实反映信誉状况，申请人应按照要求填写并提交有关材料复印件，有原件要求的提交原件。申请人的信用等级和不良行为记录应与水利部信用管理系统载明或公告的内容一致。

在有限数量制下，信誉要求还可作为打分的因素。

⑤项目经理资格

资格预审公告对项目经理资格未提出要求，此处应按照招标项目具体特点提出项目经理资格要求。水利水电工程建设项目中,项目经理必须由注册在申请人处的水利水电工程专业注册建造师担任,注册建造师级别、是否允许临时建造师担任项目经理可根据招标项目具体特点约定。除执业资格要求外,项目经理还必须有类似工程业绩,且具备有效的安全生产考核合格证书。

资格预审申请文件格式中,"原件的复印件"要求申请人如实反映项目经理资格情况,申请人须提交有关材料复印件,有原件要求的提交原件。

⑥其他要求

其他要求一般可从营业执照有效性、安全生产许可证有效性、技术负责人资格、其他主要人员要求、设备、认证体系、剩余生产能力等方面要求。

营业执照有效性可要求营业执照上载明的注册资金应符合相应的承揽范围,营业执照应在有效期内,无被吊销营业执照等情况。

安全生产许可证有效性可要求安全生产许可证应在有效期内,无被吊销安全生产许可证等情况。

技术负责人资格可要求技术负责上必须是本单位人员,有类似工程业绩,具备有效的安全生产考核证书。

其他主要人员要求中,委托代理人、安全管理人员(专职安全生产管理人员)、质量管理人员、财务负责人要求必须是本单位人员,企业负责人和安全管理人员(专职安全生产管理人员)具备有效的安全生产考核合格证书。

在资格预审阶段,申请人尚不掌握招标项目的具体情况,无法确定人力资源的详细配备(如技术、质检、试验、安全、技工等人员的数量、要求),这些人员在资格预审时不宜作为资格审查因素。

设备要求,可根据招标项目施工特点和难点提出,但必须是与本标段施工相关联的特殊设备。在资格预审阶段,申请人尚不掌握招标项目的具体情况,无法确定常规设备投入,常规设备不宜作为资格审查因素。

认证体系,指质量、环境保护和职业健康、安全等管理体系认证等方面的要求。认证体系不宜作为强制的资格审查因素,可在有限数量制下作为打分的标准。

剩余生产能力,可原则提出。第4章资格预审申请文件格式"申请人基本情况表"和"正在施工和新承接的项目情况表"要求申请人如实反映申请人当前生产能力及剩余生产能力。申请人应按照要求填写并提交相关证明材料复印件以证明申请人有足够的生产能力完成本标段的施工任务,有原件要求的提交原件。

联合体申请人的资格参照上述要求,但需根据联合体协议书分工的项目内容核定联合体申请人的资质和类似项目业绩,对于财务状况、信誉、项目管理机构、营业执照等的要求应对应于联合体成员本身。

2) 资格预审文件的澄清与修改

招标人可以通过澄清与修改的方式对资格预审文件进行完善,应注意以下几点:

①申请人如对资格预审文件有疑问,应在申请截止时间5天前以书面形式(包括信函、电报、传真等可以有形表现所载内容的形式,下同)提出澄清申请,要求招标人对资格预审文件予以澄清。

②招标人应在申请截止时间3天前,以书面形式将澄清通知发给所有购买资格预审文

件的申请人，但不指明澄清问题的来源。如果澄清通知发出的时间距申请截止时间不足 3 天，申请截止时间应相应延长。

③申请人收到澄清通知后，应在 1 天内以书面形式告知招标人，确认已收到该澄清通知。

④在申请截止时间 3 天前，招标人可以书面形式通知申请人修改资格预审文件。修改资格预审文件距申请截止时间不足 3 天的，申请截止时间应相应延长。

⑤申请人收到修改通知后，应在 1 天内以书面形式告知招标人，确认已收到该修改通知。

3) 资格预审申请文件的编制要求

资格预审申请文件必须按照资格预审文件中所附格式编排内容，签署封装，并提供相关证明材料。主要要求如下：

①资格预审申请文件应按资格预审申请文件格式进行编写，如有必要，可以增加附页，并作为资格预审申请文件的组成部分。

②法定代表人授权委托书必须由法定代表人签署。

③"申请人基本情况表"应附申请人营业执照副本及其年检合格的证明材料、资质证书副本和安全生产许可证等材料的复印件。

④"近 3 年财务状况"应附经会计师事务所或审计机构审计的财务会计报表，包括资产负债表、现金流量表、利润表和财务情况说明书的复印件。

⑤"近 5 年完成的类似项目情况表"应附中标通知书、合同协议书以及合同工程完工证书（或工程竣工证书副本）的复印件。每张表格只填写一个项目，并标明序号。

⑥"正在施工和新承接的项目情况表"应附中标通知书和（或）合同协议书复印件。每张表格只填写一个项目，并标明序号。

⑦"近 3 年发生的诉讼及仲裁情况表"应说明相关情况，并附法院或仲裁机构作出的判决、裁决等有关法律文书复印件。

4) 通知和确认

通知与确认是资格预审过程结束后的两个程序。招标人必须在申请人须知前附表规定的时间内以书面形式将资格预审结果通知申请人，并向通过资格预审的申请人发出投标邀请书。如果申请人对资格预审结果有疑问，申请人应书面要求招标人对资格预审结果作出解释，但招标人的解释不保证申请人对解释内容满意。

通过资格预审的申请人收到投标邀请书后，应在 1 天内以书面形式明确表示是否参加投标。在规定时间内未表示是否参加投标或明确表示不参加投标的，不得再参加投标。因此造成潜在投标人数量不足 3 个的，招标人重新组织资格预审或不再组织资格预审而直接招标。

(2) 资格审查办法

资格审查办法分为合格制和有限数量制。两种办法均依据资格预审文件中载明的审查标准进行。审查标准分为初步审查标准和详细审查标准。其中初步审查标准包括 6 项：

1) 申请人名称应与营业执照、资质证书、安全生产许可证一致；
2) 资格预审申请文件的签字盖章符合申请人须知规定；
3) 资格预审申请文件格式符合资格预审申请文件格式的要求；
4) 联合体申请人应提交联合体协议书，并明确联合体牵头人；

5）资格预审申请文件的正本、副本数量符合申请人须知规定；

6）资格预审申请文件的印刷与装订符合申请人须知规定。

初步审查其他标准见资格审查办法前附表。

详细审查标准包括 11 项：

1）具备有效的营业执照；

2）具备有效的安全生产许可证；

3）具备有效的资质证书且资质等级符合申请人须知规定；

4）财务状况符合申请人须知规定；

5）类似项目业绩符合申请人须知规定；

6）信誉符合申请人须知规定；

7）项目经理资格符合申请人须知规定；

8）联合体申请人符合申请人须知规定；

9）企业主要负责人具备有效的安全生产考核合格证书；

10）技术负责人资格符合申请人须知规定；

11）委托代理人、安全管理人员（专职安全生产管理人员）、质量管理人员、财务负责人应是申请人本单位人员，其中安全管理人员（专职安全生产管理人员）具备有效的安全生产考核合格证书。

详细审查其他标准见资格审查办法前附表。

上述标准是水利水电行业管理中已经得到共识的内容，任何一项不符合均为资格审查不合格。招标人还可根据招标项目特点和实际需要在前附表中补充其他审查因素和标准，没有列明的审查因素和标准不得作为审查的依据，补充的审查因素和标准应与申请人须知要求一致。资格审查需要需要注意以下几点：

1）完成资格预审后，招标人掌握了申请人资格预审申请文件载明的相关信息，招标文件不得根据申请人的资格预审申请文件有针对性地设置评标因素和评标标准。

2）属于招标人在接收资格预审申请文件中需要记录的内容，招标人应将记录内容书面报告投标资格审查委员会，由投标资格审查委员会认定是否符合初步审查标准。

3）资格预审申请文件格式中设计了资格审查自审表，由申请人对照资格审查标准自我审查，供投标资格审查委员会参考。

4）资格预审文件格式设计了原件的复印件格式，内容包括资格审查中所需证明材料，招标人可根据项目具体情况参考使用。

5）相较于合格制的资格审查办法，有限数量制在完成前述初步审查和详细审查后还另加一个赋分环节。采用有限数量制时，应写明合格投标人的最大数量。若经过初步审查和详细审查后，合格资格预审申请人数量少于前述数量，则无须赋分。

5.7.2 《水利水电工程标准施工招标文件》

1.《水利水电工程标准施工招标文件》（2009 年版）与《水利水电工程施工合同和招标文件示范文本》GF—2000—0208 及《标准施工招标文件》（2007 年版）的比较

（1）《水利水电工程标准施工招标文件》（2009 年版）与《水利水电工程施工合同和招标文件示范文本》GF—2000—0208 的比较

《水利水电工程施工合同和招标文件示范文本》GF—2000—0208 分两册出版，共三卷，其中第一卷商务文件 8 章；第二卷技术条款 20 章；第三卷图纸只有标题没有内容。《水利水电工程施工合同和招标文件示范文本》GF—2000—0208 将合同条件从商务文件中单独列出，分通用合同条款和专用合同条款两个部分，后附有关于招标文件、合同条款、技术条款的使用说明。

《水利水电工程标准施工招标文件》（2009 年版）也分二册出版，第一册为为招标文件商务部门，第二册为招标文件技术标准和要求（合同技术条款）部分。《水利水电工程标准施工招标文件》（2009 年版），补充完善了投标人须知内容，突出了评标办法，丰富了通用合同条款，调整了投标文件格式，增加了适应计价规范的工程量清单格式，调整了技术条款的编排结构和内容，并对招标图纸提出通用要求。

（2）《水利水电工程标准施工招标文件》（2009 年版）与《标准施工招标文件》（2007 年版）比较

《水利水电工程标准施工招标文件》（2009 年版）严格遵从《标准施工招标文件》（2007 年版）的框架和架构，充实了专用合同条款、图纸、合同技术条款，调整了工程量清单格式，并根据水利水电行业管理的需要，补充细化了投标人须知、评标办法、通用合同条款相关内容。具体如下：

1）充实了《标准施工招标文件》（2007 年版）空白章节（专用合同条款、图纸、合同技术条款）。

①专用合同条款在通用合同条款的基础上重点约定反映项目具体要求的内容。

②图纸规定了招标阶段图纸组成及编绘规定。

③技术标准和要求（合同技术条款）编写了一个示例，共 24 章，内容基本涵盖了水利水电工程的各个施工专项工程，供招标人参考。

2）调整了工程量清单格式。

《水利水电工程标准施工招标文件》（2009 年版）工程量清单编印了两种模式，第一种模式的编制基础是《水利工程工程量清单计价规范》GB 50501—2007；第二种模式的编制基础是《水利水电工程施工合同和招标文件示范文本》GF—2000—0208。

3）在约定空间处补充细化了《标准施工招标文件》（2007 年版）要求不加修改引用的章节（投标人须知、评标办法、通用合同条款）。补充细化方式如下：

第 2 章投标人须知，全文引用了《标准施工招标文件》（2007 年版）相应内容，并根据水利水电行业管理的需要规范统一了往来文件时间及书面格式、踏勘现场和投标预备会、分包、备选投标方案、资格审查资料年份、投标文件编制、开标时间和地点、开标程序、定标方式、重新招标、纪律和监督等内容。

第 3 章评标办法，全文引用了《标准施工招标文件》（2007 年版）相应内容，并根据水利水电行业管理的需要，列出形式评审通用标准（如投标人名称一致性、投标文件签字盖章、格式、份数、装订符合性）、资格评审通用标准（如营业执照、安全生产许可证、资质证书的有效性及业绩、信誉、主要人员的响应性）和响应性评审通用标准（如投标内容、工期、工程质量、投标保证金、权利和义务的符合性、工程量清单填报的响应性、技术标准和要求的合规性）。本章综合评估法在水利水电行业中使用最多，为方便使用，水利水电工程标准施工招标文件补充了评标基准价和投标报价偏差率的计算方法，并给出一个综合评估法应用示例供参考。

第 4 章通用合同条款，引用了《标准施工招标文件》（2007 年版）相应内容，根据水利水电行业合同管理的需要，重点补充了分包、发包人和承包人的施工安全责任、事故处理、水土保持、文明工地、防汛度汛、清除不合格工程、质量评定、试验和检验、预付款、质量保证金、竣工财务决算和竣工审计、验收、缺陷责任与保修责任。补充条款与原有条款形成完整的适用于水利水电行业需要的通用合同条款。

2. 主要内容

《水利水电工程标准施工招标文件》（2009 年版）共包含封面格式和四卷 8 章的内容，第一卷包括第 1 章～第 5 章，涉及招标公告（投标邀请书）、投标人须知、评标办法、合同条款及格式和工程量清单等内容；第二卷由第 6 章图纸（招标图纸）组成；第三卷由第 7 章技术标准和要求组成；第四卷由第 8 章组成。其中，第 1 章并列 3 个，第 3 章并列 2 个，第 5 章并列 2 个。各章内容简要介绍如下：

第 1 章分"未进行资格预审"、"邀请招标"、"已进行资格预审"三种模式编列，包括招标条件、项目概况与招标范围、投标人资格要求、招标文件的获取、投标文件的递交、踏勘现场和投标预备会、发布公告的媒介和联系方式等公告内容。

第 2 章投标人须知，包括投标人须知前附表、正文和附件格式。主要内容有：

（1）总则，包括项目概况、资金来源和落实情况、招标范围、计划工期和质量要求、投标人的资格要求、费用承担、保密、语言文字、计量单位、踏勘现场、投标预备会、分包和偏离等；

（2）招标文件，包括招标文件的组成、招标文件的澄清和招标文件的修改等；

（3）投标文件，包括投标文件的组成、投标报价、投标有效期、投标保证金、资格审查资料、备选投标方案和投标文件的编制等内容；

（4）投标，包括投标文件的密封和标记、投标文件的递交和投标文件的修改与撤回等内容；

（5）开标，包括开标时间、地点和开标程序；

（6）评标，包括评标委员会、评标原则和评标等内容；

（7）合同授予，包括定标方式、中标通知、履约担保和签订合同等内容；

（8）重新招标或经批准不招标；

（9）纪律和监督，包括对招标人、投标人、评标委员会成员的纪律要求及投诉等；

（10）需要补充的其他内容，包括类似项目、已标价工程量清单电子版、原件、中标人的投标文件。附件格式分别是：招标文件澄清申请函、招标文件澄清通知、招标文件修改通知、招标文件澄清通知、修改通知确认函、开标记录表、中标通知书、中标结果通知书等格式。

第 3 章评标办法，分为经评审的最低投标价法和综合评估法两种，每种办法都包括评标办法前附表、正文和附件格式。主要内容包括评标方法、评审标准和评标程序等内容。附件格式包括投标文件澄清通知、投标文件澄清函、评分标准。

第 4 章合同条款及格式，包括通用合同条款、专用合同条款和合同附件格式等内容。主要内容包括一般约定、发包人义务、监理人、承包人、材料和工程设备、施工设备和临时设施、交通运输、测量放线、施工安全、治安保卫和环境保护、进度计划、开工和竣工（完工）、暂停施工、工程质量、试验和检验、变更、价格调整、计量与支付、竣工验收

（验收）、缺陷责任和保修责任、保险、不可抗力、违约、索赔、争议的解决。专用合同条款对应于通用合同条款，提供了编制格式，由招标人根据招标项目具体特点和实际需要编制。合同附件包括合同协议书、履约担保、预付款担保三个格式文件。

第 5 章工程量清单，编印了两种模式，主要内容包括：工程量清单说明、投标报价说明和工程量清单相关表格。

第 6 章图纸（招标图纸），包括招标文件的组成、编绘、目录。本章供招标人根据招标项目具体特点和实际需要参考使用。

第 7 章技术标准和要求（合同技术条款）共 24 节：

第 1 节　一般规定
第 2 节　施工临时设施
第 3 节　施工安全措施
第 4 节　环境保护和水土保持
第 5 节　施工导流工程
第 6 节　土方明挖
第 7 节　石方明挖
第 8 节　地下洞室开挖
第 9 节　支护工程
第 10 节　钻孔和灌浆工程
第 11 节　基础防渗墙工程
第 12 节　地基及基础工程
第 13 节　土石方填筑工程
第 14 节　混凝土工程
第 15 节　沥青混凝土工程
第 16 节　砌体工程
第 17 节　疏浚和吹填工程
第 18 节　屋面和地面建筑工程
第 19 节　压力钢管制造和安装
第 20 节　钢结构的制作和安装
第 21 节　钢闸门及启闭机安装
第 22 节　预埋件埋设
第 23 节　机电设备安装
第 24 节　工程安全监测

第 8 章投标文件格式，包括评标要素索引表、投标函及投标函附录、法定代表人身份证明（授权委托书）、联合体协议书、投标保证金、已标价工程量清单、施工组织设计、项目管理机构、拟分包项目情况表、资格审查资料、资格审查自审表、原件的复印件和其他材料等。

3. 使用要求

（1）凡列入国家或地方投资计划的大中型水利水电工程按《水利水电工程标准施工招标文件》（2009 年版）使用，小型水利水电工程可参照使用。

(2) 根据《水利水电工程施工合同和招标文件示范文本》GF—2000—0208 完成招标工作的项目仍按原合同条款执行。

(3)《水利水电工程标准施工招标文件》(2009 年版) 是《标准施工招标文件》(2007 年版) 在水利水电工程应用上的补充和细化,上述文件应结合使用,两者相同条款号若内容不一致时,则以《水利水电工程标准施工招标文件》(2009 年版) 为准。

(4) "投标人须知" (投标人须知前附表及附件格式除外)、"评标办法"(评标办法前附表及附件格式除外)、"通用合同条款",应不加修改地引用。其他内容,供招标人参考。

(5) "投标人须知前附表" 用于进一步明确 "投标人须知" 正文中的未尽事宜,招标人应结合招标项目具体特点和实际需要编制和填写,但不得与 "投标人须知" 正文内容相抵触,否则抵触内容无效。

(6) "评标办法前附表" 用于进一步补充、明确评标的因素、标准。招标人应根据招标项目具体特点和实际需要,详细列明正文之外评审因素、标准,没有列明的因素和标准不得作为或评标的依据。

(7) "专用合同条款" 可根据招标项目的具体特点和实际需要,按其条款编号和内容对 "通用合同条款" 进行补充、细化,但除 "通用合同条款" 明确 "专用合同条款" 可作出不同约定外,补充和细化的内容不得与通用合同条款规定相抵触,不得违反法律、法规和行业规章的有关规定和平等、自愿、公平、诚实的信用原则。

(8) 技术标准和要求(合同技术条款)" 是参考性的文本,招标人可根据工程项目的具体需要进行修改,但应注意与 "通用合同条款"、"专用合同条款" 以及 "工程量清单" 的衔接。"技术标准和要求(合同技术条款)" 应符合国家强制性标准,不得要求或标明某一特定的专利、商标、名称、设计、原产地或生产供应者,不得含有倾向或者排斥投标人的其他内容。如果必须引用某一生产供应者的技术标准才能准确或清楚地说明拟招标项目的技术标准时,则应当采用 "参照或相当于×××技术标准" 字样。"技术标准和要求(合同技术条款)" 有关竣工验收(验收)以及质量评定与 "合同条款及格式" 相关条款不一致时,以 "合同条款及格式" 中采用的有关条款为准。

(9)《水利水电工程标准施工招标文件》(2009 年版) 中须不加修改引用的内容,若确因工程的特殊条件需要改动时,应按项目的隶属关系报项目主管部门批准。

4. 主要条款解读

《水利水电工程标准施工招标文件》(2009 年版) 仅包含根据水利水电行业管理要求和特点补充细化的内容,不能直接应用。招标人编制招标文件时必须将《水利水电工程标准施工招标文件》(2009 年版) 和《标准施工招标文件》(2007 年版) 相关条款完整引用。本条款解读仅针对补充细化的内容。

(1) 投标人须知

1) 踏勘现场

根据招标项目的具体情况,招标人可自主决定组织潜在投标人踏勘现场,向其介绍工程场地和相关环境的有关情况,但应注意招标人不得单独或者分别组织任何一个投标人进行现场踏勘。投标人可自主决定是否参加踏勘现场,投标人依据招标人介绍情况作出的判断和决策,由投标人自行负责。踏勘现场对于投标人实地掌握工程项目实施场地和周围环境情况,进而获取信息制订投标策略是有益的。组织踏勘现场时需注意:

①踏勘现场的时间、地点、交通工具等安排应在招标公告中告知；

②组织投标人踏勘现场的时间应统筹考虑投标人购买招标文件后消化吸收的时间、投标预备会的时间和招标文件的澄清（修改）截止时间；

③组织踏勘现场时不得有登记、点名等可能泄露投标人名单的行为；

④招标人不得强制投标人（或投标人的某些岗位人员）参加踏勘现场，不得利用组织踏勘现场口头约定违反招标文件或相关法律法规。

2) 投标预备会

投标预备会应在踏勘现场后随即进行，组织投标预备会的要求同踏勘现场。投标预备会一般由招标人主持，招标人、设计人、监理人等宜在投标预备会上介绍招标项目的概况、招标文件编制背景和投标注意事项。投标预备会给招标人和投标人提供了一个交流平台，双方在会上对招标文件的澄清要求和答复必须在会后经书面确认后才有效。

3) 分包

承包人将其承包的部分工程发包给其他施工企业完成但仍履行并承担与发包人所签合同确定的责任和义务的活动。是否允许分包，招标人应在招标文件投标人须知前附表中明确。招标人不得要挟、暗示投标人在中标后分包部分工程给本地区、本系统的承包商、供货商。不允许分包的，投标人在投标阶段不得提出分包，若中标实施阶段也不得提出分包；允许分包的，招标文件投标人须知前附表应按《水利建设工程施工分包管理规定》（水建管〔2005〕304号）规定明确列出不能分包的主要建筑物的主体结构（可在工程量清单中标识）等内容，提出限制分包的金额，并按《建筑业企业资质等级标准》中的专业承包资质要求分包人资质。投标人宜在投标文件中提出是否分包，若投标人提出分包，应填写第8章投标文件格式中的"八、拟分包项目情况表"并附相关材料（不分包的也必须在此表处申明），投标人的分包行为应符合招标文件规定的分包内容、分包金额以及第三人资质要求，评标时评标委员会应对分包人进行评审。承包人实施阶段时根据招标项目提出分包的，应符合《通用合同条款》4.3分包的约定。

4) 偏离

按照是否实质性偏离招标文件的要求和条件将偏离区分为实质性偏离和非实质性偏离，招标文件的实质性要求和条件对应于第3章评标办法中的形式评审要求、资格评审要求、响应性评审要求，按相应的标准判断和处理；偏离招标文件的非实质性要求和条件的，是否属于重大偏差要看偏离的幅度，偏离幅度不同，处理方式也不同。如计算性算术错误的修正，在一定幅度内的错误是一种细微偏差，可通过扣分或加价处理，但超过约定的范围，则可视为重大偏差。招标人可在前附表中约定偏离的幅度和处理方式，但需注意约定的幅度要合理。

5) 招标文件的澄清和修改

招标文件的澄清是对招标文件相关内容进一步明确，招标人可主动澄清招标文件，投标人也可提出招标文件澄清申请函，由招标人根据具体情况决定是否澄清；招标文件的修改是改正招标文件的错误或改变招标文件的相关内容。招标文件的澄清或修改可合并进行。

招标文件的澄清或修改中，招标人与投标人往来文件的规范通畅至关重要。附件一～附件四格式用于规范双方的往来文件，招标人编制招标文件时可参考使用。编入招标文件的附件格式，招标人和投标人应使用。投标人应在购买招标文件时准确填写联络方式，并在收到招标文件的澄清或修改后及时给予确认。招标文件的澄清或修改往来文件必须采用书面方式，发送范围是所有投标人，无论投标人是否提出澄清申请。

6）备选投标方案

水利水电工程施工方案受当地自然地理条件和施工工艺和设计深度的影响，设计人考虑的方案通常有优化的空间。允许投标人可提交备选方案，目的是鼓励投标人发挥自身最大潜力，提出最优方案。投标人也可不提出备选方案。只有中标人的备选方案经评标委员会比较确定优于原投标方案时，才能被采用。需要注意的是，备选投标方案应按投标文件的要求编制、密封和标记，并在封套上另注明"备选投标方案"。备选方案的内容、编制深度、评审应在招标文件中明确。

7）投标文件编制

"投标文件编制"条款对应于评标办法的形式评审要求，也适用于工程量清单修改情形。但需注意的是，签字必须是手签，不得使用签章；盖章必须是盖单位公章，不得使用投标专用章等。同时已标价工程量清单必须由水利工程造价工程师加盖注册水利工程造价工程师执业印章。

8）开标

开标是招投标程序中重要的一环，开标有严格的程序，开标会上公布的投标文件要素关系投标人的利益。"开标"条款规定了三个方面的内容：

一是投标人的法定代表人或委托代理人不参加开标会的，招标人可以拒绝其投标文件或按无效标处理。开标会上，投标人不仅关注自己的投标文件是否按规定程序开启、唱标，也对其他投标人的投标文件的开标情况起到监督作用。作为投标人的核心成员，投标人的法定代表人或委托代理人熟悉投标文件的编制过程和投标决策，参加开标会有利于投标人掌握竞争对手优势，提高自身投标水平，及时保护自身合法权益，对于避免程序纠纷是有益的。法定代表人或委托代理人参加开标会时应持有与投标文件一致的法定代表人证明文件或授权委托书及身份证。

二是规定除另有约定外由投标人推荐的代表检查投标文件的密封情况。招标人在接收投标文件时应检查投标文件的密封情况，不符合要求的应拒收。开标时由投标人推荐的代表对招标人接受的投标文件的密封情况进行验证。需要注意的是除验证密封外，投标人推荐的代表有义务检查投标文件的标识、正、副本份数和有无修改函。有标底时，投标人推荐的代表也有义务检查标底的唯一性。上述检查内容应在开标会上公开宣示，反映在开标记录中，提交评标委员会评审认定。投标文件未按规定密封的，招标人可按无效标处理。根据招标项目具体情况，招标人也可约定其他第三方（如公证机构、行政监督部门、监察部门）检查投标文件的密封情况。

三是规定投标文件按递交投标文件先后顺序的逆序开标。逆序开标有利于防止在投标截止时间后递交投标文件。逆序开标下，投标文件接收登记表应按递交顺序登记。

9）签订合同

中标通知书具有法律效力，发出中标通知书后，招标人无正当理由拒签合同的，招标人向中标人退还投标保证金，并按投标保证金双倍的金额补偿投标人损失。

10）重新招标

"重新招标"条款中，（2）和（3）项评标委员会否决所有投标的情形是不同的，（2）

中所有投标均有问题;(3)是仅有部分投标有问题,由于缺少竞争的原因导致评标委员会否决所有投标,如果评标委员会否决不合格投标或者界定为废标后有效投标不足三个但仍不缺少竞争,评标委员会应当继续评标。

"重新招标"条款中,(4)和(5)项规定了投标人的行为引起的重新招标。(4)项中招标人需要给投标人一定补偿,但非招标人原因除外;(5)项中投标人需承担不签合同的责任,但非投标人原因除外。需要注意的是,重新招标时,对原投标人不应当再收取招标文件费用。

需要注意的是,由于(1)的原因引起重新招标时,招标人应当将投标文件原样退回,已开启投标文件的应注意对投标文件的保密。

11)不再招标

重新招标依然招标失败的,属于必须审批的水利工程建设项目,由行政监督部门(通常是建设管理部门)批准不再招标,避免了前期工作和建设实施管理主体不同引起的矛盾。

12)需要补充的其他内容

①类似项目的要求可根据项目具体特点从功能、结构、规模、造价中的一个或多个方面原则提出。

②已标价工程量清单电子版是为评标服务的,有利于检查工程量清单中的计算性算术错误,不构成投标文件的一部分。电子版份数一般为两份。电子版格式多为 EXCEL 格式,招标人可根据招标项目具体情况要求投标人提供其他格式,但不能以此为借口加大投标人投标负担。

③招标人可根据项目具体情况在招标文件中明确投标人是否提交原件,招标文件要求投标人提交原件的,投标人应提交。无论是否提交原件,原件的复印件都构成投标文件的一部分。投标人提交原件的,招标人在签收投标文件时应对照原件清单查验登记原件并留存其复印件。原件经审验后应及时退回。经审验一致的原件复印件将提交评标委员会,评标委员会对复印件存有疑问的,仍可要求投标人提交相应原件,投标人应提交。评标委员会对原件的要求应合理且应尽早查验退回。

(2)评标办法——综合评估法

综合评估法的评标步骤分为初步评审和详细评审。初步评审包括形式评审、资格评审、响应性评审;详细评审是根据载明的评审因素和标准赋分的过程。详细评审对评标基准价设计了两种方法。需要注意的是:

1)招标人标底可以是一个具体数字,也可以是一个具体的计算方法(如招标人的标底为所有投标人开标记录表上载明的投标报价的算术平均值)。

2)有效报价需要在前附表中进一步约定。如可约定,有效报价指标底 92%~105%范围内的所有投标人投标报价,投标报价指开标记录表载明的报价;也可约定有效报价指经初步评审合格的所有投标人的投标报价,投标报价指经算术性错误修正后的报价。设最高限价或拦标价的,也可在有效报价中约定。

3)招标人标底在评标基准价中所占权重在前附表中约定。权重约定时需考虑有效报价的约定,如果按照有效报价的约定导致有效报价的个数为 0,则招标人标底权重值应为 100%。

评分因素宜参照评分标准格式并结合招标项目具体特点和实际情况确定,分值应根据评分因素的重要性（如造价高、技术复杂）确定，并不得以本地区本系统奖项作为加分条件；评分标准说明应具有操作性，标准级差一般取 1，特殊情况可取 2。评标委员会应根据招标文件载明的评分标准评分，投标人适用于哪种评分档次（如什么是合理、什么是基本合理、什么是不合理）由评标委员会根据项目特点讨论后认定，但必须适用于所有投标人。

为了防止评标委员会成员之间对同一投标人评分差距过大，招标人可在评标办法前附表中进一步约定投标人得分的最终计算方法。如对最终得分，可约定除掉一个最高分和一个最低分后的其他评标委员会成员打分的算术平均值为投标人的最终得分。

(3) 通用合同条款

1) 提供施工场地

对发包人提供施工场地的责任进行了细化。施工用地范围内的征地移民工作由发包人负责办理（特殊条件下，临时征地也可由承包人负责实施，但责任仍旧是发包人的），并应按合同约定的施工进度要求提供给承包人。发包人应在招标文件中标明施工用地的范围及其可提供给承包人使用的期限。发包人应按合同约定及时提供，避免由于发包人原因而造成工程延误。

2) 监理人职责和权利

监理人是受发包人委托在施工现场实施合同管理的执行者，发包人应在合同条款中写明对监理人的授权范围和内容。监理人按发包人与承包人签订的施工合同进行监理，监理人不是合同的第三方，他无权修改合同，无权免除或变更合同约定的发包人与承包人的责任、权利和义务。他的任务是忠实地执行合同双方签订的合同，监理人的指示被认为已取得发包人授权。

水利水电工程合同管理中，发包人宜将工程的进度控制、质量监督、安全管理和日常的合同支付签证尽量授权给监理人，使其充分行使职权。有关工程分包、工期调整和重大变更（可规定合同价格限额）等重大问题，监理人应在作出指示前得到发包人的批准。但是为了保护工程建设各方的利益，避免损失扩大，即使未得到发包人的授权，监理人也可指示承包人采取必要的处理措施及相应的费用处理。施工现场紧急事态处置权给监理人考虑了监理人对施工现场比较熟悉，如果履行报批手续将会失去防止事态发展的良机，最终危害工程建设，危害发包人的利益。监理人按照施工现场紧急事态处置权作出的处理决定应及时告知发包人并履行补办手续。

3) 履约担保

工程通过合同工程完工验收后，就进入缺陷责任期（工程质量保修期），而缺陷责任期（工程质量保修期）内缺陷修复工作量不大，且发包人在历次付款中尚扣留一定比例的质量保证金，其额度已足以补偿缺陷修复费用时，宜尽早解除承包人为履约担保被冻结的资金。因此本款规定在合同工程完工证书颁发后应及时退还履约担保。

4) 分包

根据《水利建设工程施工分包管理规定》（水建管〔2005〕304号），合同条款必须根据分包类型，明确处理程序。如指定分包程序中发包人、承包人、分包人之间的权利义务关系和承包人、分包人在分包管理中的管理职责和义务等。允许承包人工程分包的范围和工作内容以及分包金额等应符合投标人须知的规定，承包人应按照投标文件的承诺实施分包。在合同实施过程中，承包人可提出新的分包要求，但须经发包人同意并签订分包补充协议。

5) 不利物质条件

水利水电工程的不利物质条件,指在施工过程中遭遇诸如地下工程开挖中遇到发包人进行的地质勘探工作未能查明的地下溶洞或溶蚀裂隙和坝基河床深层的淤泥层或软弱带等,使施工受阻,需要改变原批准的施工方案而引起工期延误和费用增加,应按合同变更处理。

6) 材料和设备

水利水电工程所需材料宜由承包人负责采购;主要工程设备(如闸门、启闭机、水泵、水轮机、电动机)可由发包人另行组织招标采购。而对于电气设备、清污机、起重机、电梯等设备可根据招标项目具体情况在专用合同条款中进一步约定。

发包人提供的材料和工程设备的详细情况(名称、规格、数量、交货地点、交货方式、计划交货日期)应在专用合同条款中进一步约定。承包人是材料和工程设备的使用者,相对于材料和工程设备供应商而言,承包人更有能力组织卸货和运输。承包人可根据自身实际需要选定地点进行仓储和保管,所需费用包含在投标报价中。

需要指出的是,在发包人提供材料时,材料费的支付有两种情形:一种是材料费包含在承包人签约合同价中,根据合同约定的计量规则计量(通常以监理人批准的领料计划作为领料和扣除的依据),按约定的材料预算价格(通常比该材料供应商中标价低)作为扣除价,由发包人在工程进度支付款中扣除发包人供应材料费;另外一种是材料费不包括在承包人签约合同价中,合同规定材料预算价格及其损耗率的计入和扣回方式,承包人只获得该材料预算价格带来的费率滚动产生的费用,材料费由发包人直接向材料供应商支付。无论哪种情形,发包人均需注意合同界面的清晰(如验收、卸货、二次倒运、计量规则等)。

7) 补充地质勘探

根据水利水电工程特点新增内容。监理人指示承包人进行补充地质勘探的,发包人应在工程量清单中专门列项并估列工程量,由承包人在投标时报价。否则按通用合同条款第15条约定的变更处理。前述规定适用于发包人责任情形(如为永久工程服务的地质勘探深度不足或变更导致重新获取勘探资料)。承包人为临时设施和临时工程施工所需的地质勘探工作属承包人的责任,其费用应由承包人承担,包括在该临时设施和临时工程项目的投标报价内。

8) 施工安全、治安保卫和环境保护

水利水电工程中,发包人掌握前期工作信息,由发包人提供施工现场及相邻区域相关资料有利于工程顺利实施,是适宜的。发包人提供的资料应保证真实、准确、完整,但承包人据此的推断应由承包人承担相应责任。发包人可根据招标项目具体特点和实际需要在专用合同条款中明确发包人提供的资料名称,但不得违背合同公平原则。

合同规定的安全措施费是承包人落实安全生产和应急救援措施发生的费用,属于专款专用费用。承包人必须在投标报价时明确填报安全措施费,发包人按照技术标准和要求(合同技术条款)规定的标准,检查承包人安全措施落实情况,决定支付的进度。发包人有权要求承包人专项列出安全生产经费,并不定期检查。承包人未能履行安全生产职责的,发包人有权冻结该笔费用。

发包人的安全生产措施方案应当自开工报告批准之日起15日内报有管辖权的水行政主管部门、流域管理机构或者其委托的水利工程建设安全生产监督机构(以下简称安全生产监督机构)备案。建设过程中安全生产的情况发生变化时,应当及时对保证安全生产的措施方案进行调整，并报原备案机关。

发包人的安全生产措施方案内容应包括：项目概况、编制依据、安全生产管理机构及相关负责人、安全生产的有关规章制度制定情况、安全生产管理人员及特种作业人员持证上岗情况等、生产安全事故的应急救援预案、工程度汛方案、措施和其他有关事项。

承包人特种作业人员指垂直运输作业人员、安装拆卸工、爆破作业人员、起重信号工、登高架设作业人员等与安全生产紧密相关的人员。这些人员须持证上岗。

危险性较大的工程，如基坑支护与降水工程、土方和石方开挖工程、模板工程、起重吊装工程、脚手架工程、拆除爆破工程、围堰工程等需要编制专项施工方案。高边坡、深基坑、地下暗挖工程、高大模板工程施工方案还应当组织专家论证。

9）开工和竣工（完工）

由于发包人原因造成工期延误，承包人有权要求发包人支付赶工费用和合理利润，并在不改变完工日期的前提下，调整进度计划。需要注意的是，并不是所有延误都要求发包人承担责任，只有在关键线路项目的进度计划拖后并造成合同工期延误，才可要求推迟完工日期。

需要注意的是异常恶劣气候条件界定的原则、处理程序及范围。异常恶劣气候条件的界定，应按当地政府气象部门的气象报告为准，专用合同条款约定的五项气候数据是因以气候异常恶劣，影响工程施工安全而必须指令承包人暂停施工，或部分暂停施工为界限。发包人应根据本合同工程当地的气象气候特点，填写界定为异常恶劣气候条件的具体范围。

根据招标项目具体情况和实际需要，提前完工可使发包人提前获得经济效益的，发包人应采取激励措施鼓励承包人提前完工。

10）工程质量

工程质量的管理包括质量评定和质量事故处理。

质量评定是将质量检验结果与国家或行业技术标准以及合同约定的质量标准所进行的比较活动。水利水电工程质量评定应当遵守《水利水电工程施工质量检验与评定规程》SL 176—2007 相关规定。

11）试验和检验

试验和检验是根据《水利水电工程施工质量检验与评定规程》相关规定新增的内容，约定了材料、工程设备的检验、验收，并对涉及工程结构的试块、试件及有关材料见证取样要求。见证取样是指在监理人或发包人监督下，由承包人有关人员现场取样，并送到具有相应资质等级的工程质量检测单位所进行的检测。见证取样资料由承包人制备，记录应真实齐全，参与见证取样人员应在相关文件上签字。实行见证取样的试块、构件及有关材料应在专用合同条款中约定。

12）变更

变更的范围和内容中，只有关键项目的变更走出约定的工程量才予调整单价。关键项目指控制工程主要施工设备容量选择的土石方开挖和填筑量以及混凝土浇筑量等。在关键线路的工期内，这些工程量的增加超出了约定的范围，需要增加施工设备而影响原定的项目合同价时，应予调整该项目的单价；这些工程量的减少超出了约定的范围，造成这些单价项目中主要施工设备的利用率降低而使摊销费增加，影响了原定的项目合同价时，应予调整该项目的单价。关键项目及其工程量变化的额度、单价的调整方式在专用合同条款中约定，如对于工程量超过15%的可约定对于超过15%以外的部分单价下浮10%；对于工程量减少15%可约定该项目单价上浮10%。工程量清单应对由于工程量变化导致调价的关键项目作出标识。

变更条款中还需处理的问题是暂估价项目。暂估价项目是指项目确定但受设计深度影响还不能准确确定数量和单价的项目。暂估价项目视项目合同额大小决定是否必须招标。必须招标的暂估价项目，合同项目承包人有能力且有意愿完成暂估价项目承包任务的，为形成竞争，避免与合同项目承包人直接谈判的困难应由发包人组织招标，承包人投标，若合同项目承包人中标，则只需调整暂估价项目价格即可，否则，由合同项目承包人与暂估价项目中标人签订分包合同，同时调整合同项目承包人暂估价项目价格；必须招标的暂估价项目，合同项目承包人无意愿完成暂估价项目承包任务的，应由发包人与承包人联合组织招标，合同项目承包人与暂估价项目中标人签订分包合同。合同双方应根据暂估价项目的具体情况在专用合同条款中选定必须招标的项目及相应招标方式，联合招标的需进一步明确发包人与承包人在招标组织中的权利和义务。无论哪种组织方式，发包人参加招标有利于控制暂估价项目价格。暂估价项目的名称和暂估价格应在工程量清单中明示。

13) 计量和支付

预付款是在工程建设早期的施工准备阶段，为了解决承包人大量投入资金，以满足其采购与调遣施工材料和设备，以及建设施工临时设施的需要，由发包人在签约后预付的一项无息贷款，分为工程预付款和工程材料预付款。水利水电工程发包人宜提供工程预付款，工程预付款的额度和预付办法应当在专用合同条款中约定，一般工程预付款为签约合同价的10%，分两次支付，招标项目包含大宗设备采购的可适当提高但不宜超过20%。水利水电工程发包人一般不提供工程材料预付款，发包人提供主要材料的，不得再提供工程材料预付款。特殊情况下，发包人可根据招标项目具体情况和实际需要在专用合同条款中合理确定工程材料预付款的额度和预付办法。

承包人在第一次收到工程预付款的同时需提交等额的工程预付款保函（担保）；第二次工程预付款保函（担保）可用承包人进入工地的主要设备（其估算价值已达到第二次预付款金额）代替。需要注意的是，在当履约担保的保证金额度大于预付款额度，发包人分析认为可以确保履约安全的情况下，承包人可与发包人协商不提交预付款保函，但应在履约保函中写明其兼具预付款保函的功能。

预付款开始扣款及全部扣清的时间可视工程的具体情况酌定。一般情况下，工程预付款由发包人从月进度付款中扣回。开始扣款的时间通常为合同累计完成金额达到合同价格的20%时，全部扣清的时间通常为合同累计完成金额达到合同价格的80%～90%时，可视工程的具体情况酌定。对于工期较短的项目及签约合同价不大的项目，工程预付款可按固定百分比扣回；工程材料预付款的扣回与还清可根据项目具体情况在专用合同条款中约定。

质量保证金扣留的比例和金额应当在专用合同条款中约定。一般情况下，质量保证金总额为签约合同价的2.5%～5%，从第一个付款周期在付给承包人的工程进度付款中（不包括预付款支付和扣回）扣留5%～8%，直至达到规定的质量保证金总额。

14) 竣工验收（验收）

当工程具备验收条件时，应及时组织验收。未经验收或验收不合格的工程不应交付使用或进行后续工程施工。验收工作应相互衔接，不应重复进行。合同双方应按照要求及时完成并提交验收资料。需要注意的是，合同项目中需要移交非水利行业管理的工程，验收宜同时参照相关行业主管部门的有关规定进行。

(3) 工程量清单

水利工程工程量清单主要包括分类分项工程量清单（与计价表结合，下同）、措施项目清单、其他项目清单、计日工项目清单。

1) 分类分项工程量清单

包括水利建筑工程工程量清单和水利安装工程工程量清单。水利建筑工程量清单分为：土方开挖工程，石方开挖工程，土石方填筑工程，疏浚和吹填工程，砌筑工程，锚喷支护工程，钻孔和灌浆工程，基础防渗和地基加固工程，混凝土工程，模板工程，钢筋、钢构件加工及安装工程，预制混凝土工程，原料开采及加工工程和其他建筑工程，共计14类；水利安装工程工程量清单分为机电设备安装工程、金属结构设备安装工程和安全监测设备采购及安装工程，共计3类。招标文件应根据招标项目具体情况和实际需要选择使用或合并使用（如，招标人如要求将模板使用费摊入混凝土工程单价中，各摊入模板使用费的混凝土单应包括模板周转使用摊销费）。编制分类分项工程量清单计价表时需注意：

①分类分项工程量清单计价表的工程量是按照招标图纸计算的，而工程结算计量是按照施工图纸计算的，两者仅是计算深度不同，但计算的方法原则必须保持相同。

②承包人提供的工程设备制造（采购）清单可列在相应设备安装之后（或并列），无须编码；制造（采购）费与安装费分不开的（如小额电气设备），可合并借用安装编码，但需在项目名称或备注中加以说明。

③除另有说明外，分类分项工程量清单中的工程量是对单价承包而言的，工程量与单价包含的费用界限应清楚，且与合同技术条款相应章节的计量与支付内容适应。分类分项工程中的总价承包项目工程量仅供参考之用，结算工程量计量遵循通用合同条款的约定。分类分项工程中的总价承包项目应参考分类分项工程格式进行分解。

④发包人提供工程设备和材料的，应在合同条款中约定工程设备和材料的名称、规格（型号）数量、交货地点、交货方式、计划交货日期。需要从承包人合同款中扣除材料价款的，应在工程量清单或合同条款中写明领料计划及材料预算价格、扣除时的计量规则和计价方式；发包人提供材料的，发包人可给予承包人一定的未采购材料损失补偿，工程量清单应写明进入单价分析表的材料预算价格，承包人仅能获得进入单价分析表的材料预算价格衍生的费用。

⑤房屋建筑工程工程量清单可按照《水利工程工程量清单计价规范》GB 50501—2007 附录 A.14 其他建筑工程编写，也可在 A.14 其他建筑工程中列出房屋建筑工程的名称、编码、单位、工程量，然后进行二级分解，分解的工程量清单参考《建设工程工程量清单计价规范》GB 50500—2008 编写。

⑥模板工程不单独计量支付的，可不编写模板工程工程量清单，模板工程费用包含在混凝土工程相关单价中，工程量清单应予说明。

⑦分类分项工程如果以暂估价形式出现的（如启闭机房、桥头堡、管理房、厂房），应在工程量清单中注明，暂估价项目的设置及暂估价格应合理。暂估价项目按通用合同条款 15.8 款的约定管理。

2) 措施项目清单

对照技术标准和要求（合同技术条款）第1章~第5章编制，一般包括：进场费、退场费、保险费、现场施工测量、现场试验、施工交通设施、施工及生活供电设施、施工及生活供水设施、施工供风设施、施工照明设施、施工通信和邮政设施、砂石料生产系统、混凝土生产系统、附属加工厂、仓库和堆存料场、弃渣场、临时生产管理和生活设施、非直接属于具体工程项目的施工安全防护措施、环境保护和水土保持专项措施费、文明施工专项措施费、施工期安全防洪度汛措施费、大型施工设备安拆费等。招标人还可根据招标项目具体情况和实际需要调整措施项目清单，但不得将不属于措施项目的内容列入（如招标代理服务费、验收费、第三方检验试验费、开工费等）。

3）其他项目清单

可列暂列金额一项，金额由招标人填写，其数额可视招标设计深度及估计可能引起的变更额度确定，一般可取估算合同价格的5%左右。暂列金额列入合同价格，但属于发包人所有，只能按照监理人的指示使用。按照合同约定暂列金额的使用情形实际发生后，才成为承包人应得金额，纳入合同结算价款中。

4）计日工项目清单

列出人工（按工种）、材料（按名称和型号规格）、机械（按名称和型号规格）的计量单位。计日工项目费用由暂列金额支付，不列入合同总价中。

5）工程量清单计价表格构成

本款17个表中，分类分项工程量清单计价表、措施项目清单计价表、其他项目清单计价表、计日工项目清单计价表、招标人供应材料价格汇总表（若招标人提供）和招标人提供施工台时（班）费汇总表（若招标人提供）等6个表格同时体现了工程量清单和工程量清单计价的概念，加上体现工程量清单计价的概念的投标总价和工程项目总价表构成主表。其他表格体现了工程量清单计价的概念构成辅表。分类分项工程量清单计价表等6个体现工程量清单概念的表格由招标人根据《水利工程工程量清单计价规范》GB 50501—2007编写序号、项目编码、项目名称、计量单位、工程数量、主要技术条款编码等应当由招标人编写的内容，这些内容投标人的投标文件必须引用，不得修改。

6）工程量清单计价表格填写要求

①投标报价执行《水利工程工程量清单计价规范》GB 50501—2007规定的计价格式。投标人已标价的工程量清单（包括主表和辅表）应由注册水利工程造价工程师编制和签章。

②投标总价、工程项目总价表、分类分项工程量清单计价表、措施项目清单计价表、其他项目清单计价表和计日工项目计价表是主表，除另有约定外，投标人应严格按工程量清单格式填报单价和合价（总价），不得改动工程量清单。投标人填报上述表格时应结合合同技术条款相关计量支付的要求和《水利工程工程量清单计价规范》GB 50501—2007附录A、B规定的主要工作内容、工程量计算规则及其他相关问题处理规定；投标人应注意措施项目总价计价和分类分项工程单价计价的界限，如承包人完成临时导流泄水建筑物的建设和拆除（或封堵）工作所需的费用，由发包人按《工程量清单》相应项目的工程单价或总价支付；临时导流泄水建筑物的运行维护费用包含在"施工期安全防洪度汛"项目总价中，发包人不另行支付。

③工程单价汇总表、工程单价费（税）率汇总表、投标人生产电、风、水、砂石基础单价汇总表、投标人生产混凝土配合比材料费表、招标人供应材料价格汇总表、投标人自

行采购主要材料预算价格汇总表、招标人提供施工机械台时（班）费汇总表、投标人自备施工机械台时（班）费汇总表、工程单价计算表、总价项目分类分项工程分解表、工程单价计算表和人工费单价汇总表是辅助表格，是主表填报的基础和依据；也是合同执行中处理变更的重要依据，需按照规定填写，不得遗漏。为便于评标和归档，主表和辅助表格应形成一个完整的电子版随投标文件提交。辅助表格填报应按照招标文件规定，填报时应结合《水利工程工程量清单计价规范》GB 50501—2007 和合同技术条款相关规定。本款使用时还需注意：

A. 工程单价汇总表不仅是工程单价计算表的结果汇总，还包括以工程单价计算表的结果为基础分析的综合单价。除约定不分析单价的工程项目外，分类分项工程量清单填报的单价均应当在工程单价汇总表中反映。工程单价计算表的施工方法应与投标文件施工组织设计方案相一致。

B. 工程单价费（税）率汇总表列出施工管理费、企业利润、税金三项费（税）率，与现行《水利工程设计概（估）算编制规定》（水总［2002］116 号）并不一致，使用时需要根据《水利工程设计概（估）算编制规定》和措施项目清单内容合理确定。

C. 招标人供应材料价格汇总表中，招标人供应材料的材料预算价格由招标人在工程量清单中说明，投标人考虑材料二次运输、仓储后分析的材料预算价格进入单价分析表，按照约定了扣除方式计算合同单价（包含材料款）或合同执行单价（不包含材料款）。

D. 总价项目分类分项工程分解表适用于对分类分项工程工程量清单计价表中标注"总价"的项目进行分解，暂估价项目不属于必须分解的项目。措施项目可按照招标文件规定分解，措施项目的分解主要是支付进度的分解。

E. 辅助表格可参照《关于发布〈水利建筑工程预算定额〉、〈水利建筑工程概算定额〉、〈水利工程施工机械台时费定额〉及〈水利工程设计概（估）算编制规定〉的通知》（水总［2002］116 号）、《关于发布〈水利工程概预算补充定额〉的通知》（水总［2005］389 号）、《关于颁发〈水土保持工程概（估）算编制规定和定额〉的通知》（水总［2003］67 号）、《关于发布〈水利水电设备安装工程预算定额和〈水利水电设备安装工程概算定额〉的通知》（水建管［1999］523）规定和格式编制，前述有关定额不足的，可借用其他行业或地方定额补充。

F. 辅助表格的编写应与投标文件施工组织设计方案相一致。

(4) 技术标准和要求（合同技术条款）解读

1）框架

新技术条款的编制结构，将原技术条款第 1 章分解为"一般规定"、"施工临时设施"、"施工安全措施"、"环境保护和水土保持"四章；

其中第 1 章"一般规定"除具体划分发包人和承包人各自的工作责任外，还详细说明发包人进行合同管理的工作内容和工程验收程序以及合同的计量支付规则。

第 2 章"施工临时设施"说明发包人与承包人对建设施工临时设施的分工，以及施工临时设施的工作内容。

第 3 章"施工安全措施"提出承包人应承担的施工安全责任和应采取的安全措施。

第 4 章"环境保护和水土保持"强调承包人应遵守国家的法律、法规，以及要求承包人采取的环境保护和水土保持措施。

其后的第5~24章则按专业工程的施工顺序和不同的施工技术内容,以大型水利水电工程的各类建筑物施工为基本目标,并按各专业工程技术独立成章的方式,根据国家与行业新颁布的标准及规程规范,修编各章的施工技术内容。

2) 合同与技术条款的关系

施工合同的主要任务是约定履行合同双方的责任、权利和义务。而"技术条款"则是针对具体工程项目,将合同双方的责任、权利和义务延伸为实物操作内容,通过指导招标文件编制人员对技术标准的引用,技术条款旨在指导工程项目编制好安全、经济的项目实物标准,通过合同约定的"按实支付"规则,以及按技术条款要求实施的施工监理,有效地按合同要求进行监督管理,以确保工程的质量和安全。

3) 技术条款在施工合同中的功能

①技术条款不是技术标准,不能直接作为技术标准使用,其功能是提供施工招标文件的编制者编写项目技术条款时参考使用的编制范例。技术条款的主要作用是指导施工招标文件编制者根据国家的法律法规,以及国家和行业颁布的技术标准和规程规范,编写出符合工程项目施工安装要求的项目技术条款。

②编入施工合同的技术条款是构成施工合同的重要组成部分,施工合同条款划清发包人和承包人双方在合同中各自的责任、权利和义务,而技术条款则是双方责任、权利和义务在工程施工中的具体工作内容,也是合同责任、权利和义务在工程安全和施工质量管理等实物操作领域的具体延伸。技术条款是发包人委托监理人进行合同管理的实物标准,也是发包人和监理人在工程施工过程中实施进度、质量和费用控制的操作程序和方法。

③技术条款是投标人进行投标报价和发包人进行合同支付的实物依据。投标人应按合同进度要求和技术条款规定的质量标准,根据自身的施工能力和水平,参照行业定额,运用实物法原理编制其企业的施工定额,计算投标价进行投标;中标后,承包人应根据合同约定和技术条款的规定组织工程施工;在施工过程中,发包人和监理人则应根据技术条款规定的质量标准进行检查和验收,并按计量支付条款的约定执行支付。

④由于水利水电工程不同项目的建筑物差异较大,其特殊性远大于共性,建筑物结构的标准化程度不高,即使有了通用性的技术条款,也仍需针对具体工程项目的特点和要求进行大量修改和补充,才能满足项目的施工要求。编写用于项目施工的技术条款应是项目招标人的工作。

4) 技术条款的编制结构模式

①技术条款是针对发包人将整个工程的施工安装作业交由一个承包人进行总承包的模式编写的。若发包人根据其建设管理和招投标工作安排的需要进行分标时,则应由招标文件编制单位针对各分标项目的承包内容,参照技术条款的格式和内容,另行编制各分标项目的技术条款。各工程项目发包人对项目分标及其工作内容的安排差异较大,技术条款不对其分标方法,及其合同界面的处理作专门叙述。

②技术条款的内容是以大中型水利水电工程为施工对象,按土石方明挖和洞挖、土石方填筑、混凝土生产和施工、河道疏浚、基础处理和防渗、屋面和地面建筑工程、钢结构建筑物的制作和安装、金属结构和机电设备安装、建筑物安全监测等,以专业工程技术为构架编写成章的。招标文件编制单位在使用技术条款时,应针对工程项目的特点和各项具体建筑物的施工工序和工艺要求进行增删、修改和补充。需要时可自行编列章节。

③技术条款的内容，除已包含了全部土建工程的施工技术外，还编入了"压力钢管的制造和安装"、"钢结构的制作和安装"、"闸门及启闭机的安装"以及"机电设备安装"等水利水电工程金属结构的制作安装和机电设备安装的基本内容，以适应工程总承包文本技术条款编制框架的需要。若发包人根据工程的具体情况或为有利于招标工作计划的安排，欲将其中某项制造或安装工程进行单项招标时，则应由发包人自行修改和调整技术条款内容，划清土建承包人和制造安装承包人各自的承包责任，并在各承包合同中分别写明双方相互提供的条件和监理人的协调工作内容。

④在土建工程施工中需要多次交叉埋设的永久观测仪器设备以及某些布设在土建工程建筑物中的小型或零星的永久设备，为避免出现过多的合同接口，减少相互干扰，技术条款将上述这些永久设备的采购和安装包括在合同范围内。倘若发包人将其单独招标，则应由发包人自行修改和调整技术条款内容，并在两个合同中分别写明发包人和承包人各自的合同责任以及相互提供的条件。

⑤由于土建工程招标一般处于工程的初期施工阶段，当时土建工程建筑物的完工距离项目完工日期还有一些时日。此时，设计单位早期提出的建筑装修设计很难达到发包人（或运行单位）要求的装修效果。吸取以往工程经验，为避免事后发包人对前期的装修不满意而重新返工，浪费资源。为此，技术条款第 18 章 "屋面和地面建筑工程" 的装修工作仅为满足工程建筑物前期投运的需要，先作好设备安装时必不可少的装修。而发包人则应在本合同土建工程即将全部完工前，由发包人委托设计人按整体环境规划的要求，参考建筑行业的标准和规程规范，编制工程全面装修的招标文件，另行招标，以达到发包人要求的装修目标。

5）合同技术条款与引用标准的关系

①本技术条款所采用的工程等级、防洪标准、施工验收与安全鉴定标准、工程施工和设备安装技术要求，以及材料和工艺的质量标准等条款内容，均引自相关的国家或行业颁发的标准和规程规范，以及标准化协会颁发的规范系列。

②在合同技术条款中，只有引入本合同的技术标准内容才对合同双方具有约束力，亦即在履行合同中，合同双方执行技术标准和规程规范应以技术条款引用的内容为准。若合同双方对技术条款中引用标准的内容发生争议时，若属于必须执行的强制性条款，则合同双方必须按技术标准的强制性规定执行；若属于非强制性条款，则应由合同双方共同参照本技术条款引用的标准内容，根据工程实际情况，并按新颁发的技术标准修正原合同技术条款。此时应由发包人（或委托监理人）签发修改后的技术条款才有合同效力，涉及变更的应按本合同通用合同条款约定办理。

③编入技术条款的各章内容，除第 1~4 章外，其他各章均参照国家和行业的标准和规程规范，汇集了水利水电工程施工中常用的施工方法、安装技术以及材料和工艺，具有普遍性和通用性，其内容不可能涵盖各种不同工程和各种类型建筑物的特殊要求。为此，发包人在编制特定工程的技术条款时，不可照抄照搬技术条款的各章内容，而应针对各工程的特点、规模大小以及对材料和工艺的不同要求，将本技术条款各章相应的内容进行修改补充和增删取舍，使之符合各特定工程项目的施工要求。

④技术条款采用的材料和工艺的质量标准、施工安装技术要求、工程等级、防洪和安全标准等条款内容均必须引自相关的国家或行业颁发的标准和规程规范。

若发包人需采用优于现行规程规范规定的内容时，或需要采用尚未编入规程规范，并已在其他类似工程应用的新技术、新材料和新工艺时，必须进行充分论证或通过生产性试验，拟定新技术、新材料和新工艺的施工技术要求和质量标准，经发包人组织专家鉴定，并由国家主管部门批准后，方可编入技术条款。

⑤原水利水电行业的标准和规程规范，现已按水利和水电两个分行业进行管理，虽然已颁布的 SL 与 DL 同名标准，其大部分内容大同小异，但也存在着某些数据、指标、试验检验、验收与施工程序上的差异，要作为水利水电行业统一的"合同范本技术条款"，其在遵守行业标准的要求方面出现一些矛盾。为此，本技术条款的做法是在安全、经济、先进、合理的原则下，根据水利、水电两个分行业的要求，将新的"合同范本技术条款"分成适用于水利和水电两套文本，各自引用 SL 与 DL 的标准和规程规范。但由于"水利"、"水电"两个分行业均未形成各自完整的标准体系，为此，本技术条款以引用 SL 标准为主，必要时，根据需要也引用 DL 和其他行业标准。

⑥根据施工合同的总体结构要求，技术条款的编制范围和内容，应与招标设计图纸和《工程量清单》的编制内容相协调一致，并互相对应，编制施工招标文件应做到：

A. 工程量清单的项目编序应与各章技术条款的项目相对应。

B. 技术条款各专项施工章节的应用范围和条款内容应能用于招标图纸所示全部工程建筑物的所有部位、部件及其结构细部。

C. 工程建筑物的任何部位和部件，及其结构细部进行施工时，所采用材料和工艺的标准和技术要求，均应规定在相应的技术条款中。

D. 工程量清单所列各项工程量，应按技术条款规定的计算原则和招标图纸所示工程建筑物的所有部位和部件及其结构细部进行分项计算，防止重复和遗漏。

E. 工程量清单每个项目的支付，应在相对应的技术条款中说明具体支付范围和方法。

6）技术条款用语解释

①条款中提及的"施工图纸要求"和"施工图纸规定"等是指由监理人发出的包括勘测、设计、施工、试验等图纸和文件提出的要求，亦即是需要由发包人、监理人（或设计人）在编制招标文件和合同实施过程中予以确定和补充的条款内容。

②技术条款各章的表格中有横杠空格的部位，均需由编标单位填入数据；已有数据下加有横杠的，其数据亦仅为参考值，亦需在编制项目招标文件时，根据工程实际情况选定和合理修正。

③条款中提及的"提交监理人批准"的文件是指必须由承包人向监理人报审，并须经监理人批准后，才能实施的文件；条款中提及的"提交监理人"的文件，则可由监理人决定是否需要审批后执行，或仅作为监理人备案的文件。

5.8 工程技术标准体系

5.8.1 水利标准的分类和体系

根据《中华人民共和国标准化法》的规定，中国标准分为国家标准、行业标准、地方标准和企业标准四大类。保障人体健康、人身、财产安全的标准和法律、行政法规规定强制执行的标准是强制性标准，其他标准是推荐性标准。

水利部是中国水利标准化的行政主管部门，组织制定了《水利技术标准体系表》。根据标准体系的内在联系特征和水利行业的具体特点，体系表采用由专业门类、专业序列和层次构成的三维框架结构（图 5.8-1）。

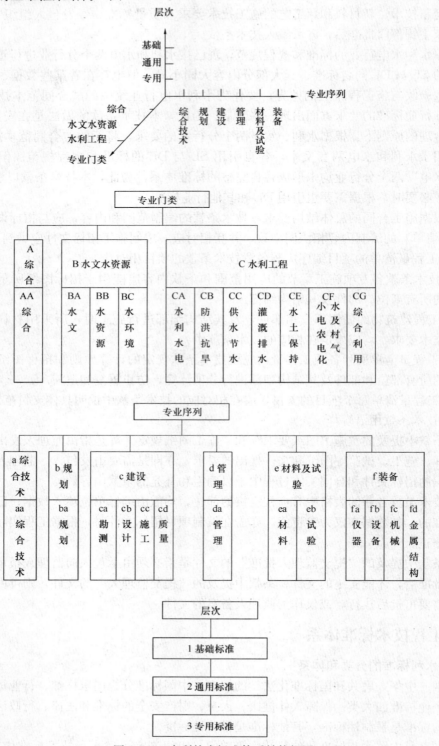

图 5.8-1　水利技术标准体系结构框图

5.8.2 主要水利水电工程设计和施工标准

现行有效的主要水利水电工程设计和施工标准详见表 5.8-1。

主要水利水电工程设计和施工标准　　　　　　表 5.8-1

序号	标准编号	标 准 名 称
1		水利技术标准体系表
2	SL 1—2002	水利技术标准编写规定
3	SL 15—2011	水利水电专用混凝土泵技术条件
4	SL 17—90	疏浚工程施工技术规范
5	SL 18—2004	渠道防渗工程技术规范
6	SL 19—2008	水利基本建设项目竣工财务决算编制规程
7	SL 23—2006	渠系工程抗冻胀设计规范
8	SL 25—2006	砌石坝设计规范
9	SL 26—92	水利水电工程技术术语标准
10	SL 27—91	水闸施工规范
11	SL 31—2003	水利水电工程钻孔压水试验规程
12	SL 32—92	水工建筑物滑动模板施工技术规范
13	SL 36—2006	水工金属结构焊接通用技术条件
14	SL 37—91	偏心铰弧形闸门技术条件
15	SL 38—92	水利水电基本建设工程单元工程质量等级评定标准（七）碾压式土石坝和浆砌石坝工程
16	SL 46—94	水工预应力锚固施工规范
17	SL 47—94	水工建筑物岩石基础开挖工程施工技术规范
18	SL 352—2006	水工混凝土试验规程
19	SL 49—94	混凝土面板堆石坝施工规范
20	SL52—93	水利水电工程施工测量规范
21	SL 53—94	水工碾压混凝土施工规范
22	SL 60—94	土石坝安全监测技术规范
23	SL 62—94	水工建筑物水泥灌浆施工技术规范
24	SL/T 64—94	两栖式清淤机
25	SL/T 65—94	SLWY—60 型水陆两用液压挖掘机技术条件
26	SL/T66—94	SLQY—30 型两栖式清淤机技术条件
27	SL 74—95	水利水电工程钢闸门设计规范
28	SL 101—94	水工钢闸门和启闭机安全检测技术规程
29	SL/T 102—1995	水文自动测报系统设备基本技术条件
30	SL 103—95	微灌工程技术规范
31	SL 105—2007	水工金属结构防腐蚀规范
32	SL 110—95	切土环刀校验方法
33	SL 111—95	透水板校验方法

续表

序号	标准编号	标准名称
34	SL 112—95	击实仪校验方法
35	SL 115—95	变水头（常水头）渗透仪校验方法
36	SL 116—95	应变控制式直剪仪校验方法
37	SL 117—95	应变控制式无侧限压缩仪校验方法
38	SL 118—95	应变控制式三轴仪校验方法
39	SL 119—95	岩石三轴试验仪校验方法
40	SL 120—95	岩石声波参数测试仪校验方法
41	SL 121—95	岩石直剪（中型剪）仪校验方法
42	SL 122—95	岩石变形测试仪校验方法
43	SL 126—2011	砂石料试验筛检验方法
44	SL 127—95	容重筒检验方法
45	SL 128—95	试验室用混凝土搅拌机检验方法
46	SL 129—95	混凝土成型用标准振动台检验方法
47	SL 130—95	混凝土试模检验方法
48	SL 131—95	混凝土坍落度仪校验方法
49	SL 132—95	气压式含气量测定仪校验方法
50	SL 138—2011	混凝土标准养护室检验方法
51	SL/T 153—95	低压管道输水灌溉工程技术规范（井灌区部分）
52	SL/T 154—95	混凝土与钢筋混凝土井管标准
53	SL 163—2010	水利水电工程施工导流和截流模型试验规范
54	SL 164—2010	溃坝洪水模拟技术规范
55	SL 168—96	小型水电站建设工程验收规程
56	SL 169—96	土石坝安全监测资料整编规程
57	SL 172—96	小型水电站施工技术规范
58	SL 174—96	水利水电工程混凝土防渗墙施工技术规范
59	SL 176—2007	水利水电工程施工质量检验与评定规程
60	SL/T 188—2005	堤防工程地质勘察规程
61	SL 189—96	小型水利水电工程碾压式土石坝设计导则
62	SL 191—2008	水工混凝土结构设计规范
63	SL 197—97	水利水电工程测量规范（规划设计阶段）
64	SL 203—97	水工建筑物抗震设计规范
65	SL 210—98	土石坝养护修理规程
66	SL 211—2006	水工建筑物抗冰冻设计规范
67	SL 212—98	水工预应力锚固设计规范
68	SL 214—98	水闸安全鉴定规定
69	SL 223—2008	水利水电建设工程验收规程

续表

序号	标准编号	标 准 名 称
70	SL/T 225—98	水利水电工程土工合成材料应用技术标准
71	SL 227—98	橡胶坝技术规范
72	SL 228—98	混凝土面板堆石坝设计规范
73	SL 230—98	混凝土坝养护修理规程
74	SL/T 231—98	聚乙烯（PE）土工膜防渗工程技术规范
75	SL 234—1999	泵站施工规范
76	SL 239—1999	堤防工程施工质量评定与验收规程（试行）
77	SL 242—2009	周期式混凝土搅拌楼（站）
78	SL 251—2000	水利水电工程天然建筑材料勘察规程
79	SL 252—2000	水利水电工程等级划分及洪水标准
80	SL 253—2000	溢洪道设计规范
81	SL 258—2000	水库大坝安全评价导则
82	SL 260—98	堤防工程施工规范
83	SL 265—2001	水闸设计规范
84	SL 266—2001	水电站厂房设计规范
85	SL 274—2001	碾压式土石坝设计规范
86	SL 275.1—2001	表层型核子水分——密度仪现场测试规程
87	SL 275.2—2001	深层型核子水分——密度仪现场测试规程
88	SL 279—2002	水工隧洞设计规范
89	SL 281—2003	水电站压力钢管设计规范
90	SL 282—2003	混凝土拱坝设计规范
91	SL 285—2003	水利水电工程进水口设计规范
92	SL 288—2003	水利工程建设项目施工监理规范
93	SL 290—2009	水利水电工程建设征地移民安置规划设计规范
94	SL 302—2004	水坠坝技术规范
95	SL 303—2004	水利水电工程施工组织设计规范
96	SL 313—2004	水利水电工程施工地质勘察规程
97	SL 314—2004	碾压混凝土坝设计规范
98	SL 316—2004	泵站安全鉴定规程
99	SL 317—2004	泵站安装及验收规范
100	SL 319—2005	混凝土重力坝设计规范
101	SL 320—2005	水利水电工程钻孔抽水试验规程
102	SL 328—2005	水利水电工程设计工程量计算规定
103	SL 352—2006	水工混凝土试验规程
104	SL 381—2007	水利水电工程启闭机制造、安装及验收规范
105		工程建设标准强制性条文（水利工程部分）（2010年版）

续表

序号	标准编号	标准名称
106		工程建设标准强制性条文（电力工程部分）（2006年版）
107	DL/T 822—2002	水电厂计算机监控系统试验验收规程
108	DL/T 827—2002	灯泡贯流式水轮发电机组启动试验规程
109	DL/T 835—2003	水工钢闸门和启闭机安全检测技术规程
110	DL/T 944—2005	混凝土泵技术条件
111	DL/T 946—2005	水利电力建设用起重机
112	DL/T 949—2005	水工建筑物塑性嵌缝密封材料技术标准
113	DL 5108—1999	混凝土重力坝设计规范
114	DL/T 5006—2007	水利水电工程岩体观测规程
115	DL/T 5010—2005	水电水利工程物探规程
116	DL/T 5016—2011	混凝土面板堆石坝设计规范
117	DL 5017—2007	水利水电工程压力钢管制造安装及验收规范
118	DL/T 5018—2004	水电水利工程钢闸门制造安装及验收规范
119	DL/T 5039—95	水利水电工程钢闸门设计规范
120	DL/T 5055—2007	水工混凝土掺用粉煤灰技术规范
121	DL/T 5057—1996	水工混凝土结构设计规范
122	DL/T 5058—1996	水电站调压室设计规范
123	DL 5061—1996	水利水电工程劳动安全与工业卫生设计规范
124	DL 5073—2000	水工建筑物抗震设计规范
125	DL 5077—1997	水工建筑物荷载设计规程
126	DL/T 5082—1998	水工建筑物抗冰冻设计规范
127	DL/T 5083—2010	水电水利工程预应力锚索施工规范
128	DL/T 5085—1999	钢—混凝土组合结构设计规程
129	DL/T 5086—1999	水电水利工程混凝土生产系统设计导则
130	DL/T 5087—1999	水电水利工程围堰设计导则
131	DL/T 5088—1999	水电水利工程工程量计算规定
132	DL/T 5098—2010	水电工程砂石加工系统设计规范
133	DL/T 5099—2011	水工建筑物地下开挖工程施工技术规范
134	DL/T 5100—1999	水工混凝土外加剂技术规程
135	DL 5108—1999	混凝土重力坝设计规范
136	DL/T 5109—1999	水电水利工程施工地质规程
137	DL/T 5110—2000	水电水利工程模板施工规范
138	DL/T 5111—2000	水电水利工程施工监理规范
139	DL/T 5112—2009	水工碾压混凝土施工规范
140	DL/T 5113.1—2005	水电水利基本建设工程单元工程质量等级评定标准　第1部分：土建工程
141	DL/T 5113.8—2000	水电水利基本建设工程单元工程质量等级评定标准　第8部分水工碾压混凝土工程

续表

序号	标准编号	标准名称
142	DL/T 5113.11—2005	水电水利基本建设工程单元工程质量等级评定标准 第11部分：灯泡贯流式水轮发电机组安装工程
143	DL/T 5114—2000	水电水利工程施工导流设计导则
144	DL/T 5115—2008	混凝土面板堆石坝接缝止水技术规范
145	DL/T 5116—2000	水电水利工程碾压式土石坝施工组织设计导则
146	DL/T 5123—2000	水电站基本建设工程验收规程
147	DL/T 5127—2001	水力发电工程CAD制图技术规定
148	DL/T 5128—2001	混凝土面板堆石坝施工规范
149	DL/T 5129—2001	碾压式土石坝施工规范
150	DL/T 5133—2001	水电水利工程施工机械选择设计导则
151	DL/T 5134—2001	水电水利工程施工交通设计导则
152	DL/T 5135—2001	水电水利工程爆破施工技术规范
153	DL/T 5144—2001	水工混凝土施工规范
154	DL/T 5148—2001	水工建筑物水泥灌浆施工技术规范
155	DL/T 5150—2001	水工混凝土试验规程
156	DL/T 5151—2001	水工混凝土砂石骨料试验规程
157	DL/T 5152—2001	水工混凝土水质分析试验规程
158	DL 5162—2002	水电水利工程施工安全防护设施技术规范
159	DL/T 5166—2002	溢洪道设计规范
160	DL/T 5167—2002	水电水利工程启闭机设计规范
161	DL/T 5169—2002	水工混凝土钢筋施工规范
162	DL/T 5173—2003	水电水利工程施工测量规范
163	DL/T 5176—2003	水电工程预应力锚固设计规范
164	DL/T 5178—2003	混凝土安全监测技术规范
165	DL/T 5179—2003	水电水利工程混凝土预热系统设计导则
166	DL/T 5180—2003	水电枢纽工程等级划分及设计安全标准
167	DL/T 5181—2003	水电水利工程锚喷支护施工规范
168	DL/T 5186—2004	水力发电厂机电设计技术规范
169	DL/T 5192—2004	水电水利工程施工总布置设计导则
170	DL/T 5195—2004	水工隧洞设计规范
171	DL/T 5198—2004	水电水利工程岩壁梁施工规程
172	DL/T 5199—2004	水电水利工程混凝土防渗墙施工规范
173	DL/T 5200—2004	水电水利工程高压喷射灌浆技术规范
174	DL/T 5201—2004	水电水利工程地下工程施工组织设计导则
175	DL/T 5207—2005	水工建筑物抗冲磨防空蚀混凝土技术规范
176	DL/T 5208—2005	抽水蓄能电站设计导则
177	DL/T 5209—2005	混凝土坝安全监测资料整编规程

续表

序号	标准编号	标准名称
178	DL/T 5211—2005	大坝安全监测自动化技术规范
179	DL/T 5212—2005	水电工程招标设计报告编制规程
180	DL/T 5213—2005	水电水利工程钻孔抽水试验规程
181	DL/T 5214—2005	水电水利工程振冲法地基处理技术规范
182	DL/T 5215—2005	水工建筑物止水带技术规范
183	DL/T 5238—2010	土坝坝体灌浆技术规范
184	DL/T 5330—2005	水工混凝土配合比设计规程
185	DL/T 5331—2005	水电水利工程钻孔压水试验规程
186	DL/T 5332—2005	水工混凝土断裂试验规程
187	DL/T 5333—2005	水电水利工程爆破安全监测规程
188	DL/T 5337—2006	水电水利工程边坡工程地质勘察技术规程
189	DL/T 5363—2006	土石坝碾压式沥青混凝土防渗墙施工规范
190	DL/T 5370—2007	水电水利工程施工通用安全技术规程
191	DL/T 5371—2007	水电水利工程土建施工安全技术规程
192	DL/T 5372—2007	水电水利工程金属结构及机电设备安装安全技术规程
193	DL/T 5373—2006	水电水利工程施工作业人员安全技术操作规程
194	GB/T 50107—2010	混凝土强度检验评定标准
195	GBJ 132—90	工程结构设计基本术语和通用符号
196	GB 6722—2003	爆破安全规程
197	GB/T 1346—2011	水泥标准稠度用水量、凝结时间、安定性检验方法
198	GB/T 14684—2011	建筑用砂
199	GB/T 17638—1998	土工合成材料　短纤针刺非织造土工布
200	GB/T 17639—2008	土工合成材料　长丝纺粘针刺非织造土工布
201	GB/T 17640—2008	土工合成材料　长丝机织土工布
202	GB/T 17641—1998	土工合成材料　裂膜丝机织土工布
203	GB/T 17642—1998	土工合成材料　非织造复合土工膜
204	GB/T 17678.1—1999	CAD电子文件光盘存储、归档与档案管理要求　第一部分：电子文件归档与档案管理
205	GB/T 17678.2—1999	CAD电子文件光盘存储、归档与档案管理要求　第二部分：光盘信息组织结构
206	GB/T 17679—1999	CAD电子文件光盘存储归档一致性测试
207	GB/T 17688—1999	土工合成材料　聚氯乙烯土工膜
208	GB 17741—2005	工程场地地震安全性评价
209	GB/T 17920—1999	土方机械　提升臂支承装置
210	GB/T 18148—2000	压实机械压实性能试验方法
211	GB 50003—2011	砌体结构设计规范
212	GB 50007—2011	建筑地基基础设计规范

续表

序号	标准编号	标准名称
213	GB 50009—2001	建筑结构荷载规范
214	GB 50010—2010	混凝土结构设计规范
215	GB 50026—2007	工程测量规范
216	GB 50027—2001	供水水文地质勘察规范
217	GB 50071—2002	小型水力发电站设计规范
218	GB 50086—2001	锚杆喷射混凝土支护技术规范
219	GB 50181—93	蓄滞洪区建筑工程技术规范
220	GB 50191—93	构筑物抗震设计规范
221	GB 50194—93	建设工程施工现场供用电安全规范
222	GB 50202—2002	建筑地基基础工程施工质量验收规范
223	GB 50203—2011	砌体结构工程施工质量验收规范
224	GB 50204—2002	混凝土结构工程施工质量验收规范
225	GB 50205—2001	钢结构工程施工质量验收规范
226	GB 50208—2011	地下防水工程质量验收规范
227	GB 50209—2010	建筑地面工程施工质量验收规范
228	GB 50214—2001	组合钢模板技术规范
229	GB 50218—94	工程岩体分级标准
230	GB 50224—2010	建筑防腐蚀工程施工质量验收规范
231	GB 50265—2010	泵站设计规范
232	GB/T 50266—99	工程岩体试验方法标准
233	GB/T 50279—98	岩土工程基本术语标准
234	GB 50286—98	堤防工程设计规范
235	GB 50287—2006	水利水电工程地质勘察规范
236	GB 50288—99	灌溉与排水工程设计规范
237	GB 50290—98	土工合成材料应用技术规范
238	GB 50296—99	供水管井技术规范
239	GB 50300—2001	建筑工程施工质量验收统一标准
240	GB 50303—2002	建筑电气工程施工质量验收规范
241	GB 50319—2000	建设工程监理规范
242	GB/T 8077—2000	混凝土外加剂均质性试验方法
243	GF—2000—0208	水利水电工程施工合同和招标文件示范文本
244	GF—2000—0211	水利工程建设监理合同示范文本
245		水利水电工程项目建议书编制暂行规定
246	SD 105—82	水工混凝土试验规程
247	SD 108—83	水工混凝土外加剂技术标准
248	SD 220—87	土石坝碾压式沥青混凝土防渗墙施工规范（试行）

续表

序号	标准编号	标准名称
249	SD 266—88	土坝坝体灌浆技术规范
250	SD 267—88	水利水电建筑安装安全技术工作规程
251	SDJ 20—78	水工钢筋混凝土结构设计规范（试行）
252	SDJ 57—85	水利水电地下工程锚喷支护施工技术规范
253	SDJ 173—85	水力发电厂机电设计技术规范（试行）
254	SDJ 207—82	水工混凝土施工规范
255	SDJ 212—83	水工建筑物地下开挖工程施工技术规范
256	SDJ 213—83	碾压式土石坝施工技术规范
257	SDJ 249—88	水利水电基本建设工程单元工程质量等级评定标准（一）（试行）
258	SDJ 249.2—88	水利水电基本建设工程单元工程质量等级评定标准金属结构及启闭机械安装工程（试行）
259	SDJ 249.4—88	水利水电基本建设工程单元工程质量等级评定标准水力机械辅助设备安装工程（试行）
260	SDJ 336—89	混凝土大坝安全监测技术规范（试行）
261	SLJ 1—88	土石坝沥青混凝土面板和心墙设计准则
262	CECS 13：2009	钢纤维混凝土试验方法
263	CECS 25：90	混凝土结构加固技术规范
264	CECS 28：90	钢管混凝土结构设计与施工规程
265	CECS 40：92	混凝土及预制混凝土构件质量控制规程
266	CECS 68：94	氢氧化钠溶液（碱液）加固湿陷性黄土地基技术规程
267	JGJ/T 23—2011	回弹法检测混凝土抗压强度技术规程
268	JC 475—2004	混凝土防冻剂
269	JTJ 239—2005	水运工程土工织物应用技术规程
270	JTS 133-1-2010	港口工程地质勘察规范
271	JTS 147-1-1010	港口工程地基规范
272	JTS 204—2008	水运工程爆破技术规范
273	JTS 202—2001	水运工程混凝土施工规范
274	JTJ 298—98	防波堤设计与施工规范
275	JTJ/T 321—96	疏浚工程土石方计量标准
276	JTJ 312—2003	航道整治工程技术规范
277	JTJ 319—99	疏浚工程技术规范
278	JTJ/T 320—96	疏浚岩土分类标准
279		淮河流域水污染防治暂行条例
280		国务院关于环境保护工作的决定
281		国务院关于进一步加强环境保护工作的决定
282		国务院关于环境保护若干问题的决定

续表

序号	标准编号	标 准 名 称
283		国家环保局关于贯彻《国务院关于环境保护若干问题的决定》有关问题的通知
284		中华人民共和国水土保持法
285		中华人民共和国水土保持法实施条例
286		中华人民共和国河道管理条例
287		开发建设项目水土保持方案编报审批管理规定
288		建设项目环境保分类管理名录（试行）
289		关于执行建设项目环境影响评价制度有关问题的通知
290		水库大坝安全管理条例
291		中华人民共和国防洪法
292		建设工程质量管理条例
293		蓄滞洪区运用补偿暂行办法
294		中华人民共和国水法版
295		中华人民共和国水污染防治法
296		中华人民共和国水污染防治法实施细则
297		饮用水水源保护区污染防治管理规定
298		建设项目环境保护管理办法
299		建设项目环境保护设计规定
300		关于建设项目环境影响报告书审批权限问题的通知
301		关于进一步做好建设项目环境保护管理工作的几点意见
302		关于《建设项目环境保护管理办法》适用范围问题的复函
303		中华人民共和国标准化法
304		中华人民共和国标准化法条文解释
305		中华人民共和国电力法
306		中华人民共和国海洋环境保护法
307		中华人民共和国森林法
308		中华人民共和国档案法
309		中华人民共和国建设项目环境保护管理条例
310		基本农田保护条例
311		中华人民共和国土地管理法
312		中华人民共和国土地管理法实施条例
313		水库大坝注册登记办法
314		水库大坝安全鉴定办法
315		综合利用水库调度通则
315		中华人民共和国合同法
316		重点用能单位节能管理办法
317		水利工程质量事故处理暂行规定

续表

序号	标准编号	标准名称
318		国务院办公厅关于加强基础设施工程质量管理的通知
319		工程勘察设计单位年检管理办法
320		建设工程勘察设计市场管理规定
321		水利产业政策实施细则
322		电力行业标准化管理办法
323		中华人民共和国标准化法实施条例
324		水利水电勘测设计技术标准管理办法
325		水电勘测设计技术标准管理办法
326		中华人民共和国招投标法
327		中华人民共和国招投标法释义
328		国家科学技术奖励条例
329		水土保持生态环境监测网络管理办法
330		中华人民共和国专利法
331		堤防和疏浚工程施工合同范本
332		中华人民共和国产品质量法
333		地震安全性评价管理条例
334		水利工程建设项目招标投标管理规定
335		水利工程设备制造监理规定
336		水利工程设备制造监理单位与监理人员资格管理办法
337		采用国际标准管理办法
338		中国工程咨询协会全国优秀工程咨询成果奖奖励条例
339		中华人民共和国安全生产法
340		中华人民共和国政府采购法
341		建设项目水资源论证管理办法
342		水利工程供水价格管理办法
343		工程建设项目勘察设计招标投标办法
344		水利工程建设项目勘察（测）设计招投标管理办法
345		黄河河口管理办法
346		入河排污口监督管理办法
347		水行政许可实施办法
348		水利部关于修改部分水利行政许可规章的决定
349		水利部关于修改或者废止部分水利行政许可规范性文件的决定
350		水利标准化工作管理办法
351		水文水资源调查评价资质和建设项目水资源论证资质管理办法（试行）
352		建设工程安全生产管理条例
353		中华人民共和国建筑法

续表

序号	标准编号	标准名称
354		开发建设项目水土保持方案编报审批管理规定
355		开发建设项目水土保持设施验收管理办法

5.9 工程质量创优

5.9.1 大禹工程奖

1. 评选范围

根据国务院《质量振兴纲要》和水利部有关规定，为提高我国水利工程建设质量水平，中国水利工程协会（简称中水协）组织评选中国水利工程优质（大禹）奖（简称大禹工程奖），该奖是水利工程行业优质工程的最高奖项，奖励以工程质量为主，兼顾工程建设管理、工程效益和社会影响等因素的优秀水利工程。

大禹工程奖评选对象为我国境内已经建成并投入使用的水利工程，原则上以批准的初步设计作为一个项目评选。获奖单位为工程建设项目法人（或建设单位）与主要参建单位。

大禹工程奖每年评选一次。评选工作按申报、初审、复查与现场抽查、评审和奖励等程序进行。

凡在中华人民共和国境内建设的水利工程项目，符合基本建设程序，具备申报条件的都可以参加评选。

评选范围包括：已建成投产或使用的新建大中型水利工程；工程量较大，具有显著经济、社会和生态效益的大中型改建、扩建和除险加固工程。

2. 申报条件及程序单位

申报工程应具备以下条件：

（1）符合基本建设程序且已经竣工验收，工程质量达到现行规范要求的等级；

（2）主要单位工程和主要分部工程的工程质量等级评定为优良；

（3）水利枢纽工程、堤防工程和引水工程在通过竣工验收后，原则上应达到或接近设计标准（不低于80%）的运行考验，且未发生质量问题；

（4）具有有关主管部门或单位关于推荐评选的签署意见和加盖的公章。

以下单位负责程序申报：

（1）由工程建设项目法人（或建设单位）负责申报；

（2）中央项目按项目管理权限，由部主管司局或主管流域机构签署意见；地方项目由省、自治区、直辖市水利（水务）厅（局）或省级地方相关协会签署意见。

3. 申报资料的内容和要求

（1）申报资料内容

1）申报资料总目录一份；

2）《中国水利工程优质（大禹）奖申报表》一式两份；

3）《中国水利工程优质（大禹）奖申报表》电子版一份；

4）工程项目初步设计批准文件复印件一份；

5）工程竣工验收资料一份；

6）反映工程情况且有解说词的多媒体光盘两件。

（2）申报资料要求

1）必须使用由中水协统一制定的《中国水利工程优质（大禹）奖申报表》，填写内容必须全面、准确、真实；

2）有关部门或单位推荐评选的签署意见；

3）申报单位负责确定该工程设计单位（仅一个）、监理单位（不超过两个）和施工单位（不超过三个）为主要参建单位，并填写有关内容；

4）工程多媒体光盘为技术性资料，内容要反映工程全貌、工程质量、主要建筑物内外处理效果与工程管理范围内环境景观、使用的新技术与新工艺等。多媒体光盘限时6分钟。

4. 评选程序

（1）中水协对申报工程的资料进行初审并将没有通过初审的工程告知申报单位。

（2）中水协组织专家组对初审合格的工程按大禹工程奖的评审要点进行申报资料复查，并形成复查报告。必要时，专家组应对某些工程进行现场抽查。

（3）工程现场抽查的内容与要求：

1）听取申报单位情况介绍并实地查看工程质量水平；

2）查阅工程有关立项、审批和技术与质量等档案资料；

3）听取工程运行管理单位对工程质量及运行状况的评价意见；

4）工程现场抽查情况应纳入复查报告。

（4）大禹工程奖的评审工作由中国水利工程优质（大禹）奖评审委员会进行。评审委员以无记名投票方式评选优质工程。

（5）评选结果在相关媒体上公示，接受社会公众监督指导。

（6）中水协对获奖工程的项目法人（或建设单位）授予大禹工程奖奖牌、荣誉证书；对主要参建单位授予荣誉称号。

5.9.2　中国电力优质工程奖

1. 评选范围及申报条件

为贯彻国务院颁发的《质量振兴纲要》和《关于加强基础设施建设质量的通知》精神，推动电力建设企业加强质量管理，提高工程建设质量和投资效益，中国电力建设企业协会（简称中电建协）特设中国电力优质工程奖。该奖项是我国电力建设行业工程质量的最高荣誉奖。中国电力优质工程奖每年评选一次，由中电建协负责并组织实施。审核工作由中国电力建设专家委员会负责。审定工作由中电建协组织评审委员会负责。中电建协本着优中选优的原则，从中国电力优质工程奖的项目中，推荐有代表性的项目申报国家优质工程奖（金奖或银奖）和中国建筑工程鲁班奖。

中国电力优质工程奖本着自愿申报的原则，采取严格审查、重点抽查、资料核查、关键部位和重要工序过程追溯核查、客观公正评价的方法进行。

申报中国电力优质工程奖应具备以下条件：

（1）电力建设工程符合国家的法律、法规和有关规定。

（2）工程开工时，应根据质量方针和目标，制订创优质工程的计划，并按照计划在工程中组织实施。

（3）工程建设期间和评选考核期间，未发生过人身死亡责任事故和工程重大质量事故，未发生过重大社会影响事件。

（4）投产并使用一年及以上且不超过三年的电力工程。

（5）容量和规模：

1）单机容量为 300MW 及以上的新建、扩建或改建的火电工程（含燃机）；

2）单机容量为 1000MW 及以上的核电常规岛工程；

3）装机容量为 250MW 及以上的水电工程（含抽水蓄能）；

4）装机容量为 50MW 及以上的风电工程；

5）电压等级 500kV 及以上（线路长度 100km 及以上、变电容量 750MVA 及以上）的输变电工程。

（6）工程通过了电力工程达标投产考核。

（7）工程设计合理、先进。

（8）工程主要技术经济指标满足设计或合同保证值，且达到国内同期、同类项目先进水平。

（9）工程档案完整、准确、系统、有序，便于快捷检索。

不具备以上容量和规模的中小型电力工程，但工程造价 1 亿元以上或建安工作量 5000 万元以上并满足下列条件之一的电力工程，可以申报：

（1）节约型、环保型、新能源等电力工程；

（2）本地区规模最大或电压等级最高的电力工程；

（3）新纪录、专利、技术进步、管理创新等成果显著的电力工程；

（4）工艺质量精细，观感质量优良的电力工程；

（5）性能指标在电力行业领先的电力工程。

2. 申报材料

中国电力优质工程奖申报材料包括以下三项内容：

（1）申报表

独立装订一册。

（2）申报材料

独立装订一册。包括以下内容：

1）工程质量创优简介（1500 字以内）。

① 工程概况；

② 工程建设的合法性；

③ 工程质量管理的有效性；

④ 建筑、安装工程质量优良的符合性；

⑤ 性能、技术指标的先进性；

⑥ "四新"应用、工程获奖情况；

⑦ 经济效益和社会效益。

2）工程建设合法性证明文件（复印件）。

① 项目核准文件；

② 土地使用证；
③ 移交生产签证书；
④ 建设期无较大安全事故证明；
⑤ 档案专项验收证书；
⑥ 消防专项验收证书；
⑦ 竣工财务决算审计报告（首页、审计结论页和审定部门盖章页）；
⑧ 环保专项验收证书；
⑨ 工程竣工验收签证书。
3）达标投产证书。
4）工程质量监督中心站对工程投产后的质量监督评价意见。
5）反映工程质量全貌和工程亮点的6寸数码彩照12张（其中工程全貌3张、与工程结构和使用安全相关的3张、主体设备安装工程2张、工程独具特色部位4张），粘贴在A4纸上（照片粘贴页），并附电子版（照片要有简要说明，JPEG格式3M及以上，不得用Word文档和扫描件）。
（3）DVD光盘
反映工程质量的DVD中的主要内容参见"工程质量创优简介"，光盘配有解说词，播放时间5分钟。

3. 申报和评选程序
中国电力优质工程奖申报单位应是建设单位或主体施工单位。主体工程由两个及以上单位共同承建的，可联合申报。
中国电力优质工程奖的评选，分为申报材料预审、现场复查、审定和表彰三个阶段。
（1）申报材料预审，主要是审查申报材料是否符合申报条件的规定。
（2）现场复查的主要内容及方法：
1）首次会
① 听取工程建设质量情况简要汇报；
② 播放DVD光盘；
③ 参建单位补充发言；
④ 听取工程质量监督中心站对工程质量监督评价意见。
2）现场复查
核查现场复查结果表内容。
3）末次会
由复查组提出书面复查报告（1500字以内）和该工程的现场复查结果表，现场复查工作结束。
（3）审定和表彰。
按申报规定，依据复查组提出的复查报告及复查结果表，经中电建协组织的评审委员会审定后，由中电建协批准，在中电建协网站 www.cepca.org.cn 上公示10天。公示期满后，符合要求的工程将被授予中国电力优质工程奖。
受奖单位应是建设和参加主体工程设计、施工、监理、调试、生产运行的单位。其中，受奖主体施工单位的承包工程结算额应不小于总建筑安装工作量的15%（以合同价款或工程结算书为准)。

对获得中国电力优质工程奖的建设、设计、主体施工、监理、调试和生产运行单位等,由中电建协予以表彰,颁发证书和奖牌,并在相关媒体宣传。

获奖单位的主管单位,可根据有关规定,对获奖单位及做出突出贡献的人员,给予精神和物质奖励。

6 水利水电工程工法与专题

6.1 施工工法

6.1.1 建筑施工工法简介

1. 概述

建筑施工工法是指以工程为对象、以工艺为核心，运用系统工程的原理，把先进技术和科学管理结合起来，经过工程实践形成的综合配套的施工方法。它必须具有先进、适用和保证工程质量与安全、提高施工效率、降低工程成本等特点。工法是企业标准的重要组成部分，是企业开发应用新技术工作的一项重要内容，是企业技术水平和施工能力的重要标志。

20 世纪 80 年代，国家利用世界银行贷款，建设鲁布革水电站，部分工程项目实行国际招标。外国工程公司进入我国参与投标，最终日本企业签下了工程合同。在日本企业凭借严格的管理制度和完善的施工工法按时保质地完成施工任务以后，其开创的施工工法制度引起了有关部门的注意。

1987 年，建设部在以推广鲁布革工程经验为主题的全国施工工作会议上，首次提出实施项目法施工的概念。有关领导多次建议在我国建筑业推行工法制度，1989 年建设部下发了《施工企业实行工法制度的试行管理办法》，选择一些大型建筑企业作为第一批工法编制试点单位，着手进行工法编制工作。1996 年建设部发布了《建筑施工企业工法管理办法》（建建［1996］163 号），规范了建设施工工法的管理。

2. 施工工法的分类

工法分为国家级（一级）、省（部）级（二级）和企业级（三级）三个等级。企业经过工程实践形成的工法，其关键技术达到国内领先水平或国际先进水平、有显著经济效益或社会效益的为国家级工法；其关键技术达到省（部）先进水平、有较好经济效益或社会效益的为省（部）级工法；其关键技术达到本企业先进水平、有一定经济效益或社会效益的为企业级工法。

3. 施工工法的编写

工法的编写应由企业分管施工生产的副经理或总工程师负责推行工法的领导工作，技术管理部门负责归口工法的日常管理工作，并指定专人承办。企业要根据承建工程任务的特点，制订工法开发与编写的年度计划，由项目领导层组织实施。经过工程实践形成的工法，应指定专人编写。工法的内容一般应包括：前言、特点、适用范围、工艺原理、工艺流程及操作要点、材料、机具设备、劳动组织及安全、质量要求、效益分析、应用实例。

4. 施工工法的审定和转让

工法的审定工作按工法等级分别由企业和相应主管部门组织进行。经工法审定委员会审定的企业级、省（部）级和国家级工法，分别由企业和相应的主管部门批准公布。经公布的企业级工法只可申报省（部）级工法。经公布的省（部）级工法才能申报国家级工法。企业开发编写的工法，可根据国务院国发［1985］7号《关于技术转让的暂行规定》，实行有偿转让。工法中的关键技术，凡符合国家专利法、国家发明奖励条例和国家科学技术进步奖励条例的，可分别申请专利、发明奖和科学技术进步奖。

6.1.2 水利工程相关工法简介

1. 等厚掘搅水泥土防渗墙施工工法

在支撑移动车的三支点垂直立柱梃（导）杆上装载着ESMTW（ESMW）挖掘搅拌驱动装置，通过5（3）根掘削搅拌轴将ESMTW（ESMW）的回转动力传至下面的挖掘头（麻花钻头）及壁面切削器上，同时于3（2）根转轴的内孔管将水泥浆液固化剂、2（1）根转轴轴孔内高压空气直接压送到挖掘头（麻花钻头）最前端，动力传动装置能随搅拌轴上下滑动，降低了重心；壁面切削器旋挖了主搅未掘削的剩余部分；三支点导架可以跟踪纠偏，多轴间的旋转方向互为相反，能自衡平稳，利用顶部升降限位器，动力头传动限位装置，止摆套管限位和加长的螺旋叶片导向的组合作用来保证ESMTW（ESMW）机的垂直精度，被挖掘的基土由装在搅拌轴上的多组螺旋叶片、搅拌翼、壁面切削、麻花钻头及水泥浆液固化剂和压缩空气有效地搅拌、混掺在一起；被注入的水泥浆液固化剂与基土中的水发生水解、水化反应，使透水或软弱的基土凝结固化，从而形成由水、水泥、基土等组成的等厚、均匀、壁面平整的地下连续的混合墙体。

2. 深层搅拌桩施工工法

深层搅拌法不仅适用于软土地基加固，而且也适用于地下室基坑的挡土止水帷幕；这种施工方法于1993年使用至今，在道路、地下室基坑挡土止水帷幕，基坑重力式挡土墙，软土地区基础等项目中已有成功的应用，并取得了较好的经济效益。深层搅拌桩施工具有无噪声、无振动、无污染、工效高、成本低等优点。为使深层搅拌桩的设计及应用过程更符合技术先进、安全可靠、高效优质、经济合理的要求，特编制本工法。本工法规定了湿法和干法的施工程序、质量控制方法、劳动力的组合、工程质量的检验等。

3. 深基坑围、支护施工工法

（1）特点

本工法安全可靠、保证质量，无不良影响，造价较低。钻孔灌注桩桩顶锁口梁使挡土墙连成整体；钢筋混凝土内支撑平面布置灵活，节点处理方便，挖土空间大；挡土墙后双排深层搅拌桩阻水效果明显。

（2）适用范围

软土地基条件下，开挖深度在7~13m之间，用地系数大、场地小、周边民宅多、周围管线复杂及闹市中心环境要求高的基坑都能适用。

（3）工艺原理

1）结合工程及地质情况，利用钻孔灌注桩作为挡土结构，内设钢筋混凝土支撑，有效控制基坑变形、稳固基坑，保证施工顺利进行。

2）利用深层搅拌桩改变土体原始结构及密度，形成止水帷幕，将基坑内外隔离，防止坑外地下水位下降、地表开裂。

（4）施工要求

1）结合工程挖土方案进行围护设计。

2）挡土墙施工时，为了让泥浆循环、沉淀、废储，防止施工场地软化，泥浆横溢，现场要形成泥浆循环管理系统，并设专人管理。

3）严格控制钻孔灌注桩桩孔护壁泥浆的密度、孔内液面高度等，以免孔壁坍落。

4）当穿过砂夹层时，为防止坍孔，宜加大泥浆稠度，排出泥浆密度可增至 1.3～1.5。当缩颈、坍孔严重，或泥浆突然漏失时应立即回填黏土，待孔壁稳定后再钻。

5）严格控制钻孔灌注桩垂直度在 1/300 以内；混凝土浇筑时应严格控制导管的埋入深度，避免引起桩身夹泥或断桩，同时注意保护好各种监测材料及电线。

6）深层搅拌桩水泥掺量控制在 12%～14%的范围内。桩与桩必须搭接 200mm，以形成整体，遇特殊情况或超过 24h，在已完成搅拌桩处咬钻 200mm 或外围加桩补强。同时严格实施两次沉入两次喷浆的施工工艺，掌握搅拌及下降机提升的速度。

7）当地质条件较差时，在适当部位用压密注浆填补钻孔灌注桩与深层搅拌桩之间的空隙，使阻水效果更佳。

8）挖土应严格按设计计算的工况进行施工，严禁超挖。

9）支撑设计不考虑堆载时，严禁挖机及钢筋等物置于支撑表面。

10）支撑施工、施工组织及分段次序应考虑尽可能对称和尽早形成独立体系，以尽早承受挡土墙传来的土压力。

11）当支撑混凝土强度达到设计要求、形成整体后方可进行下一土层开挖。

12）当换撑的支撑混凝土达到设计强度时方可拆除原支撑实施换撑。

13）应有的监测内容：围护结构的变形和沉降；支撑的位移及应力；坑外水位；坑外管线及建筑物的沉降和位移。

（5）质量标准

1）钻孔灌注桩除必须符合《建筑地基基础工程施工质量验收规范》GB 50202 要求外，垂直度必须控制在 1/300 以内。

2）深层搅拌桩及压密注浆必须保证水泥掺入量和桩长，并按相应规程检验。

3）支撑施工必须符合《钢结构工程施工质量验收规范》GB 50205 规范规定。

4）所有材料必须有质保书。

6.1.3 部分国家工法

每年国家都会公布国家工法，选择了近年来公布的同水利工程相关的部分工法列于表 6.1-1，供施工时选用。

水利工程有关的部分工法　　　　　　　　　　表 6.1-1

工　法　名　称	工法级别	年度
单跨大悬臂双预应力劲性钢筋混凝土大梁施工工法	国家级工法	2007 年
虹吸式屋面雨水排水系统施工工法	国家级工法	2007 年
后切式背栓连接干挂石材幕墙施工工法	国家级工法	2007 年
水冲法（内冲内排）辅助静压桩沉桩施工工法	国家级工法	2007 年
高压旋喷桩加高强土工格室处理软基施工工法	国家级工法	2007 年
面砖效果真石漆施工工法	国家级工法	2009 年
两次振动饱和水密法填砂施工工法	国家级工法	2009 年
空腹封闭式钢沉箱桥梁深水基础加固施工工法	国家级工法	2009 年

续表

工 法 名 称	工法级别	年度
新型施工缝止水带 P-201 施工工法	国家级工法	2009 年
屋面泡沫混凝土施工工法	省部级工法	2007 年
石膏砌块施工工法	省部级工法	2007 年
预应力空心板窄间隙布置施工工法	省部级工法	2007 年
自粘性高强度合成高分子复合防水卷材施工工法	省部级工法	2008 年
全钢大模板施工工法	省部级工法	2008 年
中埋式钢边氯丁橡胶止水带完全变形缝施工工法	省部级工法	2008 年
大面积混凝土面原浆一次性机械抹光成活施工工法	省部级工法	2009 年
钢筋滚轧直螺纹连接施工工法	省部级工法	2009 年
砂卵石层长螺旋黏土置换与挤密成孔灌注桩施工工法	省部级工法	2009 年

6.2 与工程建设相关的专题

专题内容不在本教材中反映，开展继续教育培训时根据区域和对象选取不同题材。

网上增值服务说明

为了给注册建造师继续教育人员提供更优质、持续的服务，应广大读者要求，我社提供网上免费增值服务。

增值服务主要包括三方面内容：①答疑解惑；②我社相关专业案例方面图书的摘要；③相关专业的最新法律法规等。

使用方法如下：

1. 请读者登录我社网站（www.cabp.com.cn）"图书网上增值服务"板块，或直接登录（http：//www.cabp.com.cn/zzfw.jsp），点击进入"建造师继续教育网上增值服务平台"。
2. 刮开封底的防伪码，根据防伪码上的 ID 及 SN 号，上网通过验证后下载相关内容。
3. 如果输入 ID 及 SN 号后无法通过验证，请及时与我社联系：

E-mail：jzs_bjb@163.com

联系电话：4008-188-688；010-58934837（周一至周五）

防盗版举报电话：010-58337026

网上增值服务如有不完善之处，敬请广大读者谅解并欢迎提出宝贵意见和建议，谢谢！